电子元器件检测维修技能全图解

王红明　张　军◎编著

中国铁道出版社有限公司
CHINA RAILWAY PUBLISHING HOUSE CO., LTD.

内 容 简 介

电子元器件是具有独立电路功能、构成电路的基本单元；本书系统地讲解了电阻器、电容器、电感器、二极管、三极管等多种常用电子元器件的识别、标注等实用知识，然后总结了这些电子元器件的常见故障诊断技巧、好坏检测方法、代换方法等实用维修技术，最后通过实践检修案例将所讲维修技术落地。

全书结合实操和图解来讲解，方便初学者快速掌握电子元器件好坏的检测方法。

本书内容全面，图文并茂，强调动手能力和实用技能的培养，结合图解有助于增加实践经验。本书适合作为从事专业硬件维修工作人员的参考用书，也可作为电子技术培训机构和高等专业学校相关专业师生的参考资料。

图书在版编目（CIP）数据

电子元器件检测维修技能全图解/王红明，张军编著. —北京：中国铁道出版社有限公司，2021.8
ISBN 978-7-113-28010-9

Ⅰ.①电… Ⅱ.①王… ②张… Ⅲ.①电子元器件-检修-图解 Ⅳ.①TN606-64

中国版本图书馆CIP数据核字（2021）第104704号

书　　名：电子元器件检测维修技能全图解
DIANZI YUANQIJIAN JIANCE WEIXIU JINENG QUANTUJIE
作　　者：王红明　张　军

责任编辑：荆　波　　**编辑部电话：**（010）51873026　　**邮箱：**the-tradeoff@qq.com
封面设计：高博越
责任校对：孙　玫
责任印制：赵星辰

出版发行：中国铁道出版社有限公司（100054，北京市西城区右安门西街8号）
印　　刷：国铁印务有限公司
版　　次：2021年8月第1版　2021年8月第1次印刷
开　　本：787 mm×1 092 mm　1/16　印张：16.5　字数：332千
书　　号：ISBN 978-7-113-28010-9
定　　价：59.80元

前言

为什么写这本书

任何电气设备的电路板都是由最基本的电子元器件所组成的，这些电气设备出现故障，通常都是由电路板中的电子元器件故障引起，因此掌握电子元器件的故障维修方法，是学会各种硬件设备故障维修的基础。

那么如何掌握电子元器件的维修技能呢？其实也不难，只要“多看、多学、多问、多练”即可。

首先，工具仪表（如万用表、数字电桥、电烙铁、吸锡器等）的使用方法和技巧是必须要掌握的。检修电路板时，如何才能知道电路的工作状态是否正常，哪些电子元器件出现了问题，出现了什么样的问题，如何去维修等等，这些都需要借助一些工具仪表，这首先就需要掌握它们的使用方法和技巧。

其次，要掌握常见电子元器件的基本工作原理、好坏判断思路和检测技术，这些是电子元器件检修的基本技能，也是踏入电子电气维修的第一步；本书中我们会结合实践案例掌握电子元器件故障检修思路，梳理实践维修流程，总结检测维修方法并不断积累维修经验。

最后，要掌握基本单元电路的功能和检修技术，随着集成化的提升，基本单元电路维修技能的掌握在检修中越来越重要，将各个单元电路的工作原理熟记于心，对于维修时分析判断故障大有帮助。

要掌握以上知识和技能，一本“理论 + 实践”的维修书籍是必不可少的，它会像一位经验丰富的电气工程师一样，帮你夯实电子元器件的基本原理，带你循序渐进地掌握电子元器件维修方法和技巧，使初学者快速成长为维修工程师，这就是笔者编写这本书的目的。

全书学习地图

本书共分11章，从整体上来讲，可以划分为以下三个部分：

第1章细致讲解了各种维修工具的工作原理和使用技巧，并通过案例进行了实践演示。

第2~10章讲解了9种常见电子元器件的原理、故障判断方法和维修实战。

第11章讲述了6种基本单元电路的结构组成、工作机制以及故障检修方法。

本书特色

1 技术实用，内容丰富

本书讲解了各种电子元器件的实用知识，同时总结了日常维修中最实用的元器件维修检测技术（如元器件故障诊断技术、检测方法、代换方法等）。另外，本书还结合实操讲解了使用数字万用表和指针万用表检测电路板中的元器件的方法。

2 大量实训，增加经验

本书结合了大量的检测实操对电路板中的各种电子元器件的好坏判断，进行了实际检测判断，配备了大量的实践操作图，总结了丰富的实践经验，读者学过这些实训内容，可以轻松掌握电子元器件的好坏检测方法。

3 实操图解，轻松掌握

本书讲解过程使用了直观图解的同步教学方式，上手更容易，学习更轻松。读者可以一目了然地看清元器件的检测判断过程，可以快速掌握所学知识。

检修视频与整体下载包

为了帮助读者更加扎实地掌握电子元器件检测维修的重点和难点，笔者特地制作了13段现场检修视频，并把它们整理成为一个整体下载包，读者可通过封底二维码与下载链接获取。

备用下载链接：

https://pan.baidu.com/s/1nBRsGwXUfX5aqUuT5L7dyA

提取码：mh33

读者对象

本书适合作为从事专业硬件维修、电子电路维修工作人员的参考用书；也可作为电子技术培训机构和高等专业学校相关专业师生的参考资料。

感谢

一本书的出版，从选题到出版，要经历很多环节，在此感谢中国铁道出版社有限公司以及负责本书的编辑，不辞辛苦，为本书出版所做的大量工作。

编者

2021年5月

目 录

第1章 常用维修检测仪器使用方法

第 2 章

电阻器现场检测维修实操

第3章 电容器现场检测维修实操

第 4 章

电感器现场检测维修实操

第 6 章 三极管现场检测维修实操

第7章 场效应管现场检测维修实操

第8章 变压器现场检测维修实操

第 10 章 集成电路现场检测维修实操

第1章 常用维修检测仪器使用方法

工欲善其事，必先利其器。要掌握电子元器件的检测与维修，首先要学会元器件检测工具的使用方法。本章重点讲解数字万用表、指针万用表、电烙铁、热风焊台等常用工具的工作原理和使用技能。

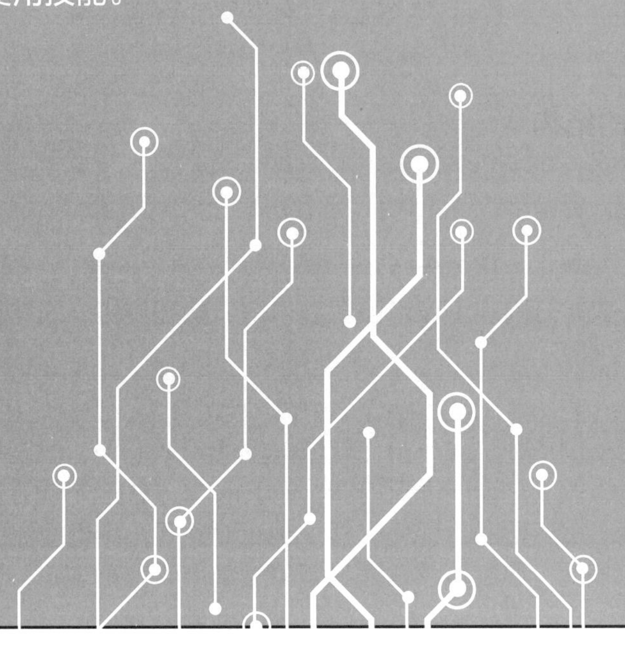

1.1 万用表操作方法

万用表是一种多功能、多量程的测量仪表，万用表有很多种，目前常用的有指针万用表和数字万用表两种，如图 1-1 所示。

万用表可测量直流电流、直流电压、交流电流、交流电压、电阻和音频电平等，是电工和电子维修中必备的测试工具。

（a）指针万用表

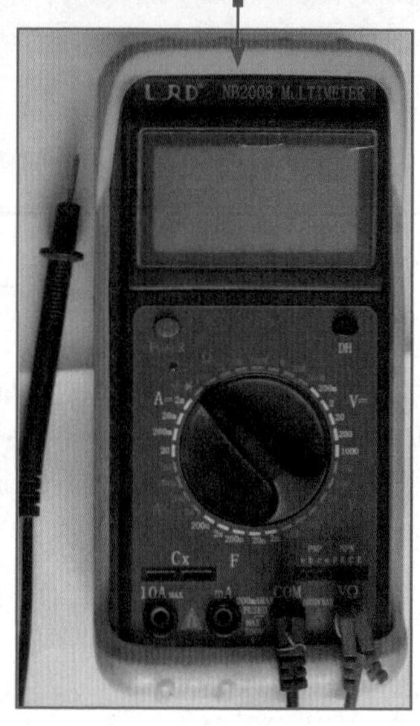

（b）数字万用表

图 1-1　万用表

1.1.1　万用表的结构

1. 数字万用表的结构

数字万用表具有显示清晰、读取方便、灵敏度高、准确度高、过载能力强、便于携带、使用方便等优点。数字万用表主要由液晶显示屏、功能旋钮、表笔插孔以及三极管插孔等组成，如图 1-2 所示。

其中，功能旋钮可以将万用表的挡位在电阻挡（Ω）、交流电压挡（V～）、直流电压挡（V—）、交流电流挡（A～）、直流电流挡（A—）、温度挡（℃）和二极管挡之间进行转换；COM 插孔用来插黑表笔，A、mA、VΩHz℃插孔用来插红表笔，测量电压、电阻、频率和温度时，红表笔插 VΩHz℃插孔，测量电流时，根据电流大小红表笔插 A 或 mA 插孔；温度传感器插孔用来插温度传感器表笔；三极管插孔用来插三极管，检测三极管的极性和放大系数。

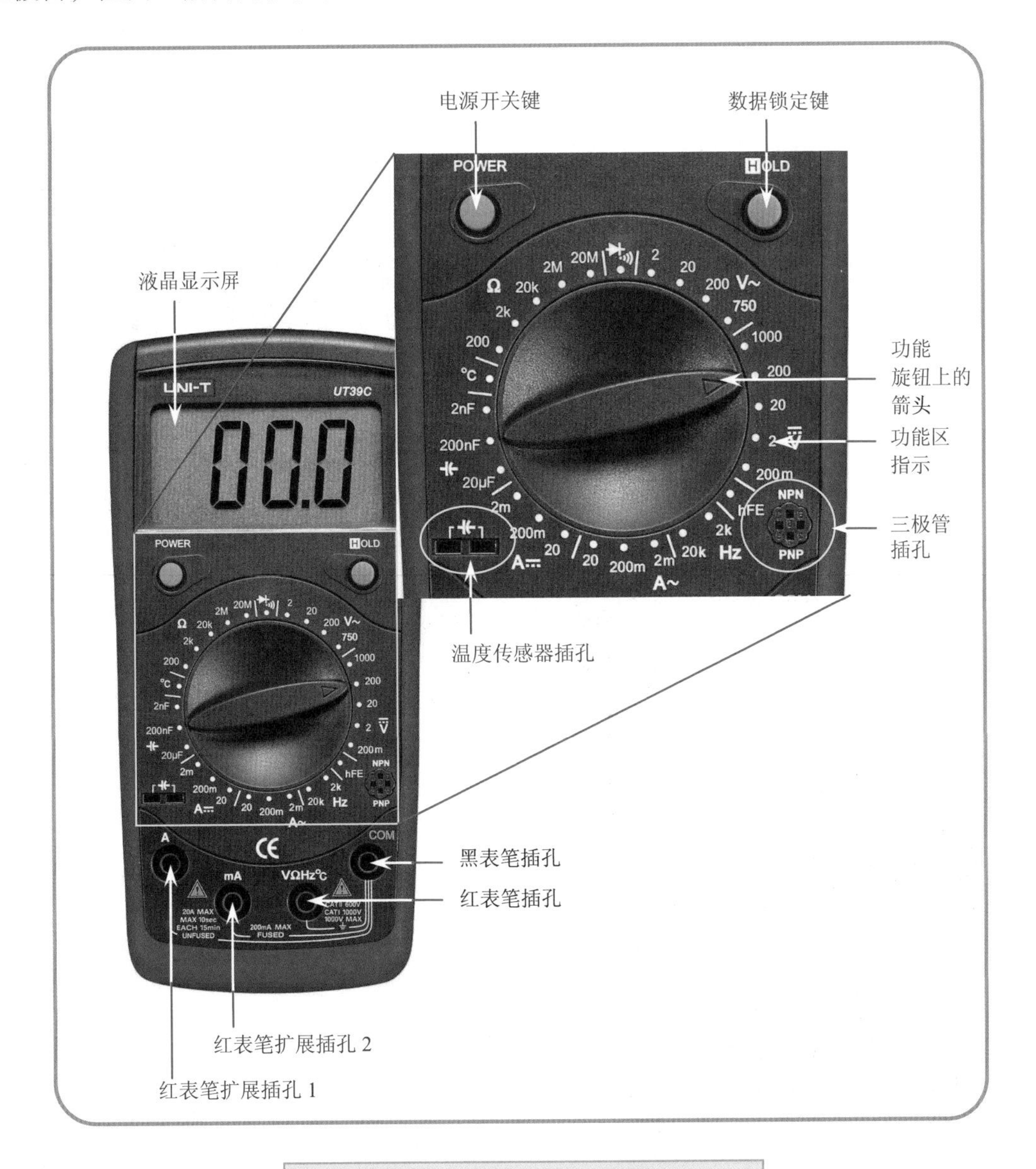

图 1-2　数字万用表的结构

2. 指针万用表的结构

指针万用表可以显示出所测电路连续变化的情况，且指针万用表电阻挡的测量电流较大，特别适合在路检测元器件。图 1-3 所示为指针万用表表体，其主要由功能旋钮、欧姆调零旋钮、表笔插孔及三极管插孔等组成。其中，功能旋钮可以将万用表挡位在电阻挡（Ω）、交流电压挡（V ～）、直流电压挡（V—）、交流电流挡（A ～）、直流电流挡（A—）之间进行转换；COM 插孔用来插黑表笔，＋、10 A、2500 V 插孔用来插红表笔，测量 1 000 V 以内电压、电阻、500 mA 以内电流，红表笔插 + 插孔，测量大于 500 mA 以上电流时，红表笔插 10 A 插孔；测量 1 000 V 以上电压时，红表笔插 2 500 V 插孔；三极管插孔用来插三极管，检测三极管的极性和放大系数。欧姆调零旋钮用来给欧姆挡置零。

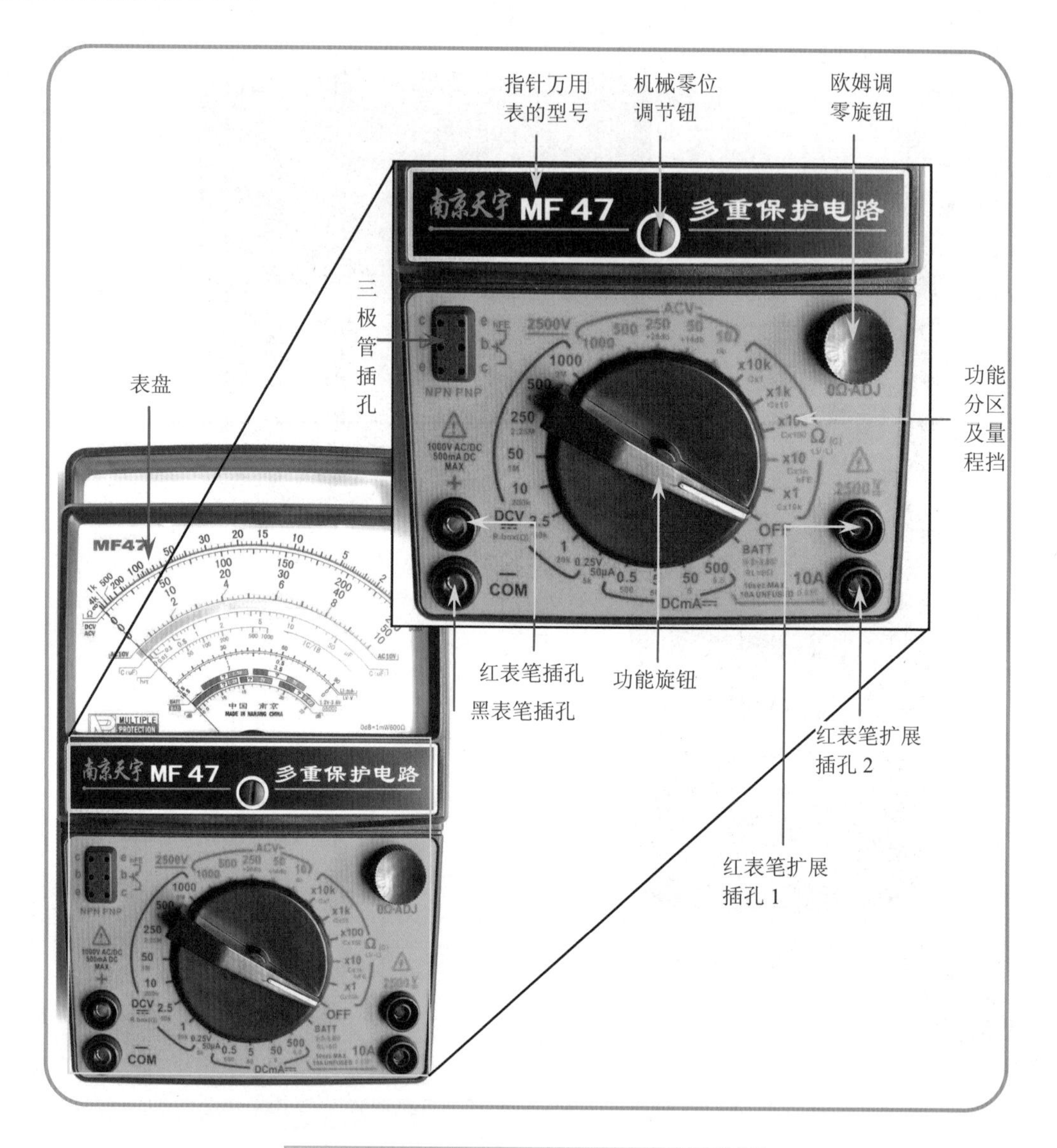

图 1-3　指针万用表的表体

图 1-4 所示为指针万用表表盘，表盘由表头指针和刻度等组成。

1.1.2　指针万用表量程的选择方法

使用指针万用表测量时，首先要选择对合适的量程，这样才能测量准确。

指针万用表量程的选择方法如图 1-5 所示（以测量电阻器为例）。

第一条刻度为电阻值刻度，读数从右向左读。

第二条刻度为交、直流电压电流刻度，读数从左向右读。

机械调零旋钮。当万用表水平放置时，若指针不在交直流挡标尺的零刻度位，可以通过机械调零旋钮使指针回到零刻度。

图 1-4　指针万用表表盘

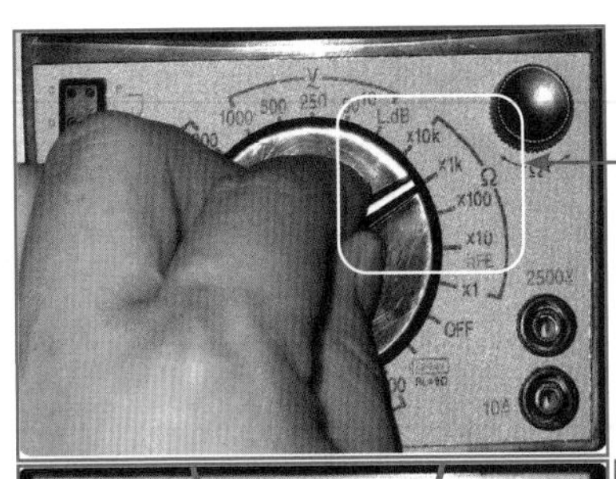

第 1 步：试测。先粗略估计所测电阻阻值，再选择合适的量程，如果被测电阻不能估计其值，一般情况下将开关拨在 R×100 或 R×1k 挡的位置进行初测。

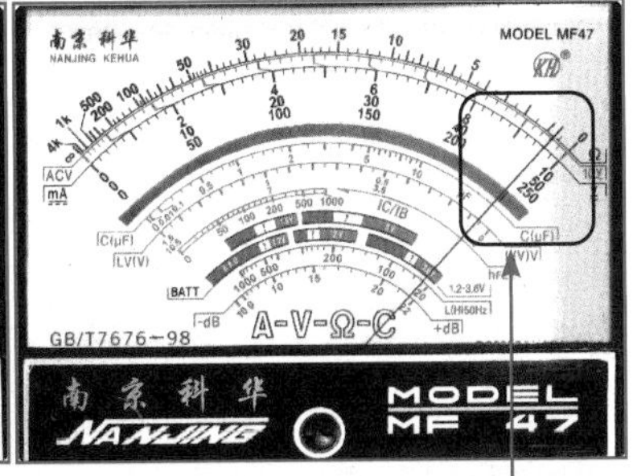

第 2 步：选择正确的挡位。看指针是否停在中线附近，如果是，说明挡位合适。

如果指针太靠近零位，则要减小挡位；如果指针太靠近无穷大位，则要增加挡位。

图 1-5　指针万用表量程的选择方法

1.1.3　指针万用表的欧姆调零实战

量程选准以后在正式测量前必须调零，如图 1-6 所示。

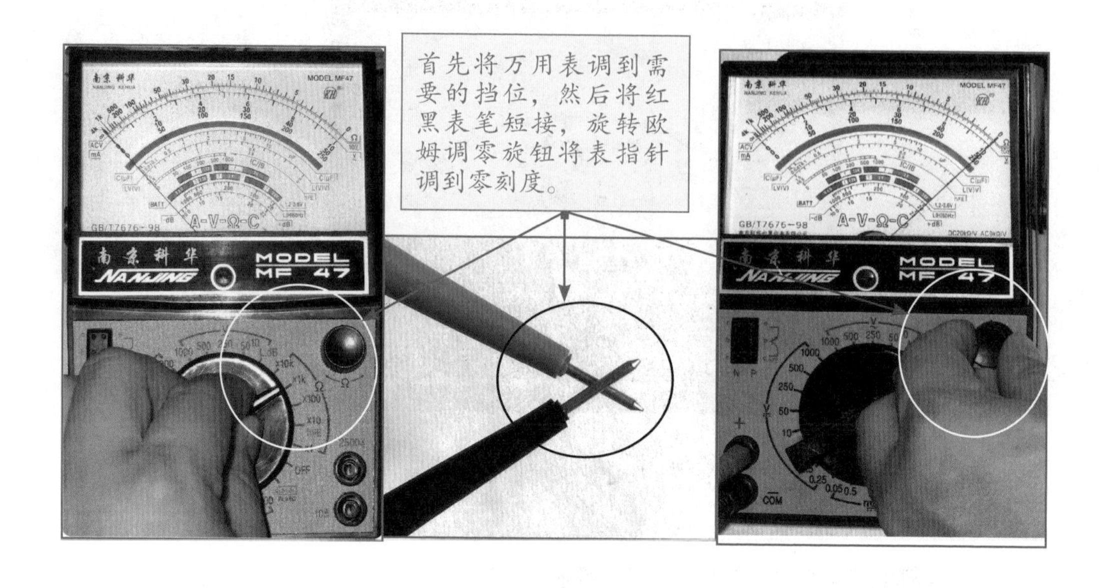

首先将万用表调到需要的挡位，然后将红黑表笔短接，旋转欧姆调零旋钮将表指针调到零刻度。

图 1-6　指针万用表的欧姆调零

注意：如果重新换挡，在测量前也必须重新调零。

1.1.4　万用表测量实战

1. 用指针万用表测量电阻实战

用指针万用表测量电阻的方法如图 1-7 所示。

注意：调零操作永远是指针式万用表正式测量前的必备步骤，前面已经讲过，不再赘述。

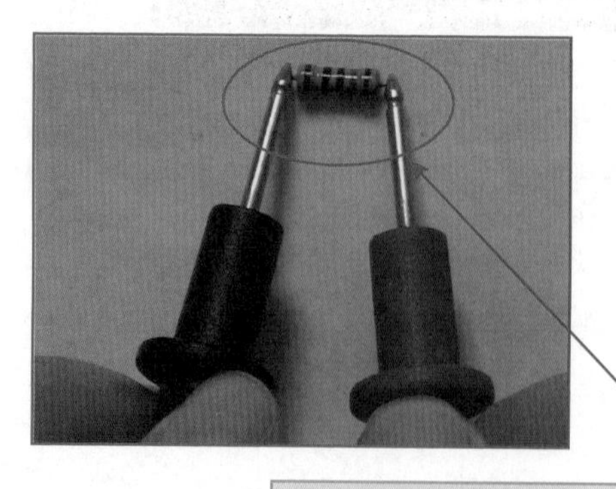

第 1 步：测量时应将两表笔分别接触待测电阻器的两极（要求接触稳定踏实），观察指针偏转情况。如果指针太靠左，那么需要换一个稍大的量程。如果指针太靠右，那么需要换一个较小的量程。直到指针落在表盘的中部（因表盘中部区域测量更精准）。

图 1-7　用指针万用表测量电阻的方法

第 2 步：读取表针读数，然后将表针读数乘以所选量程倍数。如果选用“R×1k”挡测量，指针指示 17，则被测电阻阻值为 17×1 k = 17 kΩ。

图 1-7　用指针万用表测量电阻的方法（续）

2. 用指针万用表测量直流电流实战

用指针万用表测量直流电流的方法如图 1-8 所示：

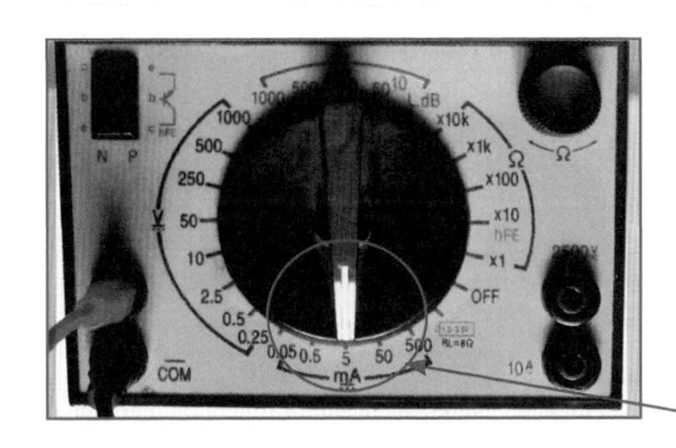

第 1 步：把转换开关拨到直流电流挡，估计待测电流值，选择合适的量程。如果不确定待测电流值的范围需选择最大量程，待粗测量待测电流的范围后改用合适的量程。断开被测电路，将指针万用表串接于被测电路中，不要将极性接反，保证电流从红表笔流入，黑表笔流出。

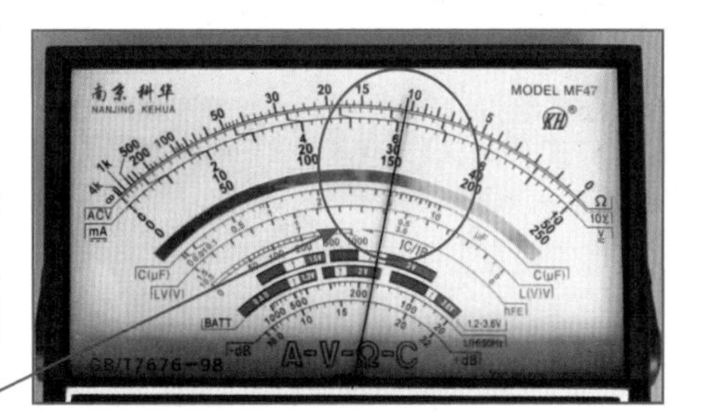

第 2 步：根据指针稳定时的位置及所选量程，正确读数。读出待测电流值的大小，为万用表测出的电流值，指针万用表的量程为 5 mA，指针走了 3 个格，因此本次测得的电流值为 3 mA。

图 1-8　用指针万用表测量直流电流的方法

3. 用指针万用表测量直流电压实战

测量电路的直流电压时，选择万用表的直流电压挡，并选择合适的量程。当被测电压数值范围不清楚时，可先选用较高的量程挡，不合适时再逐步选用低量程挡，使指针停在满刻度的 2/3 处为宜。

用指针万用表测量直流电压的方法如图 1-9 所示。

第 2 步：读数，根据选择的量程及指针指向的刻度读数。由图可知，该次所选用的量程为 0~50 V，共 50 个刻度，因此这次的读数为 19 V。

第 1 步：把功能旋钮调到直流电压挡 50 量程。将指针万用表并接到待测电路上，黑表笔与被测电压的负极相接，红表笔与被测电压的正极相接。

图 1-9　用指针万用表测量直流电压的方法

4. 用数字万用表测量直流电压实战

用数字万用表测量直流电压的方法如图 1-10 所示。

第 1 步：因为本次是对电压进行测量，所以将黑表笔插入万用表的“COM”孔，将红表笔插入万用表的“VΩ”孔。

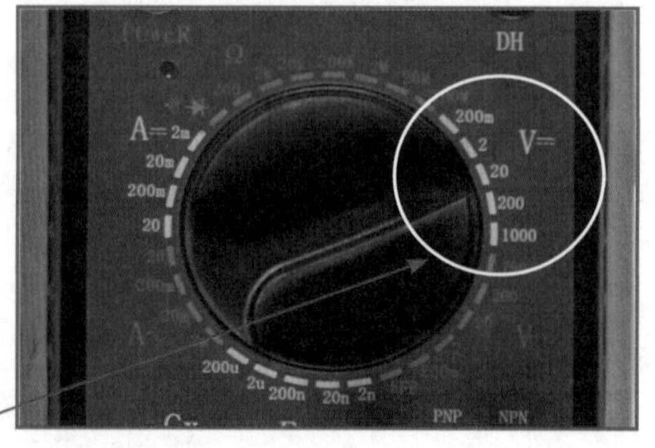

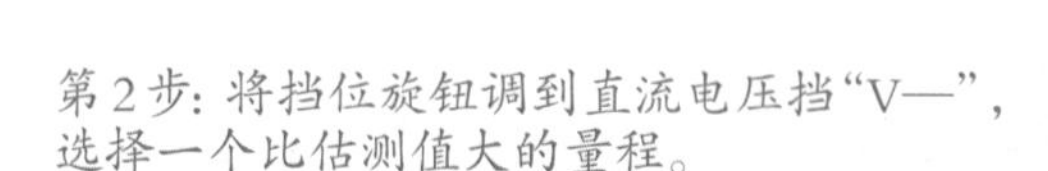

第 2 步：将挡位旋钮调到直流电压挡“V—”，选择一个比估测值大的量程。

图 1-10　用数字万用表测量直流电压的方法

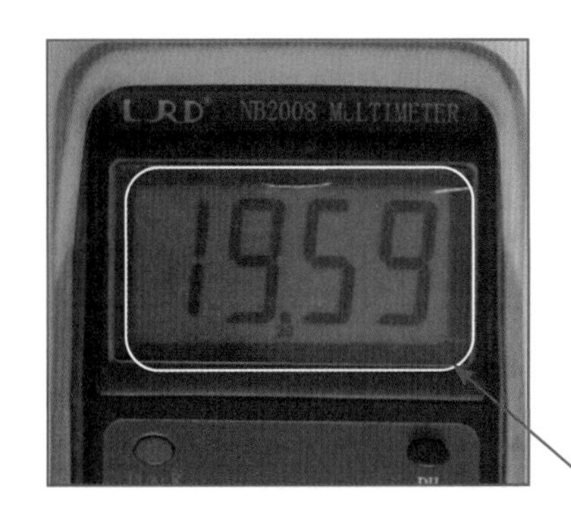

第3步：将两表笔分别接电源的两极，正确的接法是红表笔接正极，黑表笔接负极。读数，若测量数值为"1."，说明所选量程太小，需改用大量程。如果数值显示为负，说明极性接反（调换表笔）。表中显示的19.59即为测量的电压值。

图1-10 用数字万用表测量直流电压的方法（续）

5. 用数字万用表测量直流电流实战

用数字万用表测量直流电流的方法如图1-11所示。

提示：交流电流的测量方法与直流电流的测量方法基本相同，不过需将旋钮放到交流挡位。

第1步：测量电流时，先将黑表笔插入"COM"孔。若待测电流估测大于200 mA，则将红表笔插入"10 A"插孔，并将功能旋钮调到直流"20 A"挡；若待测电流估测小于200 mA，则将红表笔插入"200 mA"插孔，并将功能旋钮调到直流200 mA以内适当的量程。

第2步：将数字万用表串联接入电路中，使电流从红表笔流入，黑表笔流出，保持稳定。

图1-11 用数字万用表测量直流电流的方法

第 3 步：读数，若显示为“1.”，则表明量程太小需要加大量程，本次电流的大小为 4.64 A。

图 1-11　用数字万用表测量直流电流的方法（续）

6. 用数字万用表测量二极管实战

用数字万用表测量二极管的方法如图 1-12 所示。

提示：一般锗二极管的压降为 0.15 ~ 0.3 V，硅二极管的压降为 0.5 ~ 0.7 V，发光二极管的压降为 1.8 ~ 2.3 V。如果测量的二极管正向压降超出这个范围，则二极管损坏。如果反向压降为 0，则二极管被击穿。

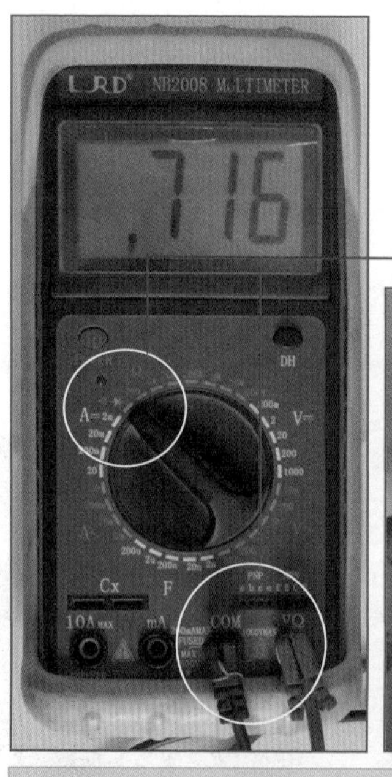

第 1 步：将黑表笔插入“COM”孔，红表笔插入“VΩ”。然后将功能旋钮调到二极管挡。

第 2 步：用红表笔接二极管正极，黑表笔接二极管负极（有黑圈的一端为负极），测量其压降。

图 1-12　用数字万用表测量二极管的方法

第 3 步：将两表笔对调再次测量，测量结果为无穷大。

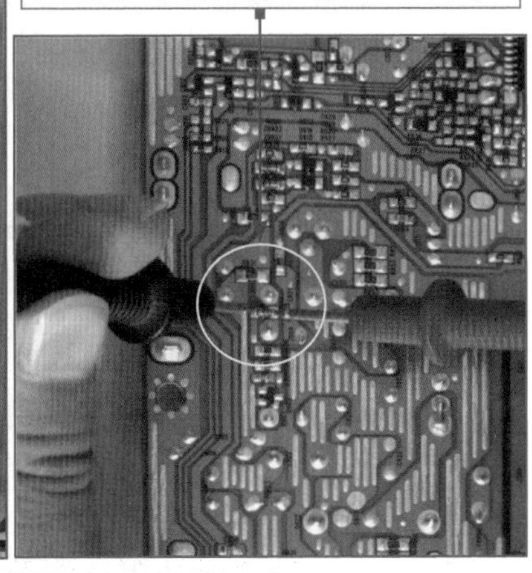

图 1-12　用数字万用表测量二极管的方法（续）

由于该硅二极管的正向压降约为 0.716 V，与正常值 0.7 V 接近，且其反向压降为无穷大。该硅二极管的质量基本正常。

1.2 数字电桥使用方法

数字电桥是一种测量仪器，简单地说就是用于测量电阻、电容、电感等的仪器。数字电桥的测量对象为阻抗元件的参数，包括交流电阻 R、电感 L 及其品质因数 Q，电容 C 及其损耗因数 D。因此，又常称数字电桥为数字式 LCR 测量仪，如图 1-13 所示。数字电桥的测量频率一般为 4 Hz~8 MHz。基本测量误差为 0.02 %，一般均在 0.1 % 左右。

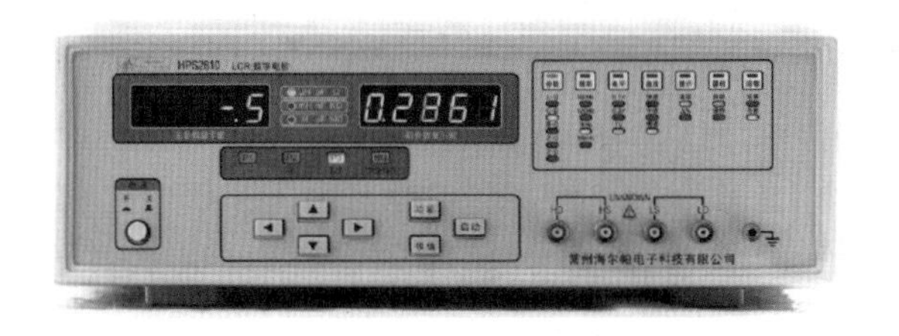

图 1-13　数字电桥

1. 测量电容器

测量电容器时，将主参数设置为 C，然后设置频率和串并联模式，最后将两个线夹接电容器两只引脚即可测量。一般容量小于 1 μF 的电容器，采用 1 kHz 频率，并联（PAR）方式测量；不小于 1 μF 的非电解电容，采用 100 Hz 频率，并联（PAR）方式测量；不小于 1 μF 的电解电容，采用 100 Hz 频率，串联（SER）方式测量。测量时除了观察电容器容量是否符合标称容量外，还要看 *D* 值大小。一般 *D* 值小于 0.1 视为正常，*D* 值在 0.1~0.2 视为特效变差，*D* 值大于 0.2 视为损坏，如图 1-14 所示。

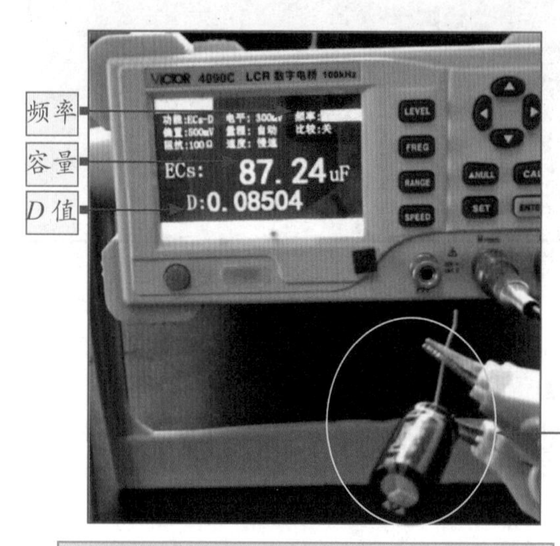

图 1-14　测量电容器

2. 测量电阻器

测量电阻器时，将主参数设置为 *R*，然后设置频率和串并联模式，最后将两个线夹接电阻器两只引脚即可测量，如图 1-15 所示。一般阻值小于 10 kΩ 的电阻，采用 100 Hz 频率，串联（SER）方式测量；不小于 10 kΩ 的非电解电容，采用 100 Hz 频率，并联（PAR）方式测量。由于万用表对于几欧姆以上的电阻器，可以基本准确测量出其阻值，但对于 1 Ω 以下的电阻器，无法准确测量其阻值，但数字电桥可以准确测量小阻值电阻的阻值。因此对于微电阻的测试，数字电桥就可以发挥其优势，如电感线圈阻值，变压器线圈阻值等可以用数字电桥准确测量。

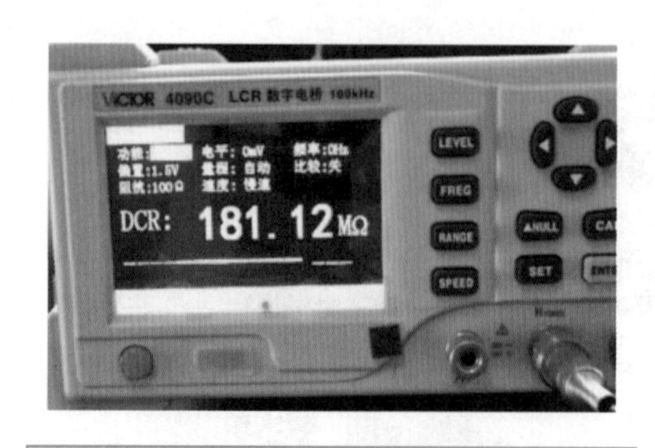

图 1-15　测量电阻器

3. 测量电感

数字电桥除了可以测试电感在不同频率下的电感量，还可以测试电感的 Q 值和 D 值，我们可以通过对比 Q 值或 D 值来判断电感的内部损坏情况。

4. 测量变压器

数字电桥可以测量变压器的线圈是否损坏，通过变压器的 D 值来判断变压器线圈间是否有短路情况。测量时，频率选择 10 kHz，电压选择最小，测试初级线圈，如果 D 值小于 0.1，则变压器线圈间有短路情况。

1.3 电烙铁的焊接姿势与操作实战

电烙铁是通过熔解锡进行焊接修理一种必备工具，主要用来焊接电子元器件之间的引脚。

1.3.1 电烙铁的种类

电烙铁的种类较多，如图 1-16 所示为电烙铁的分类标准和常用的电烙铁。

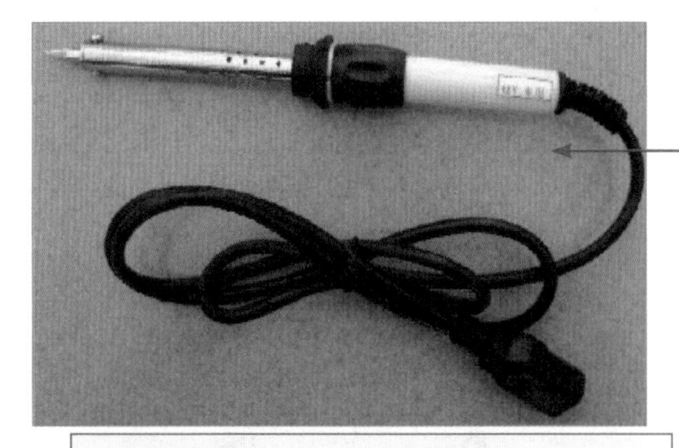

电烙铁的种类比较多，常用的电烙铁分为内热式、外热式、恒温式和吸锡式等几种。

外热式电烙铁由烙铁头、烙铁芯、外壳、木柄、电源引线、插头等组成。

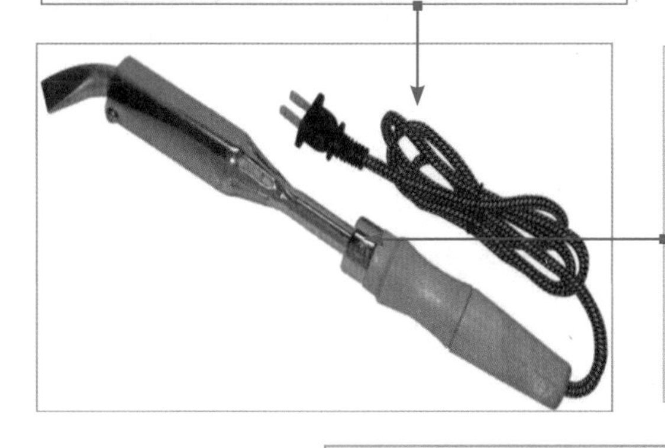

外热式电烙铁的烙铁头一般由紫铜材料制成，用于存储和传导热量。使用时烙铁头的温度必须要高于被焊接物的熔点。烙铁的温度取决于烙铁头的体积、形状和长短。另外为了适应不同焊接要求，有不同规格的烙铁头，常见的有锥形、凿形、圆斜面形等。

图 1-16　电烙铁

当给恒温电路图通电时，电烙铁的温度上升，当到达预定温度时，其内部的强磁体传感器开始工作，使磁芯断开停止通电。当温度低于预定温度时，强磁体传感器控制电路接通控制开关，开始供电使电烙铁的温度上升。

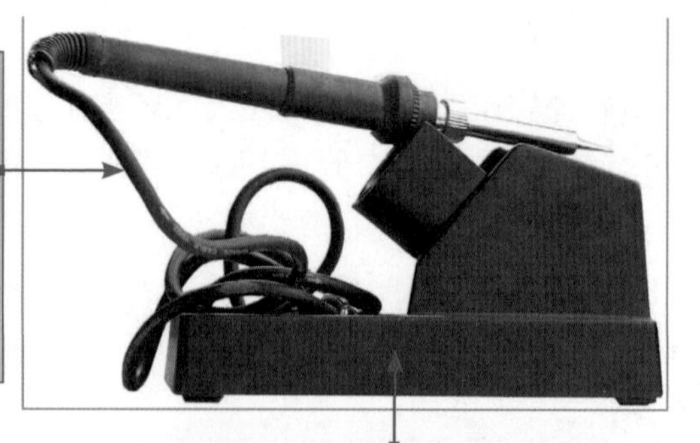

恒温电烙铁头内，一般装有电磁铁式的温度控制器，通过控制通电时间而实现温度控制。

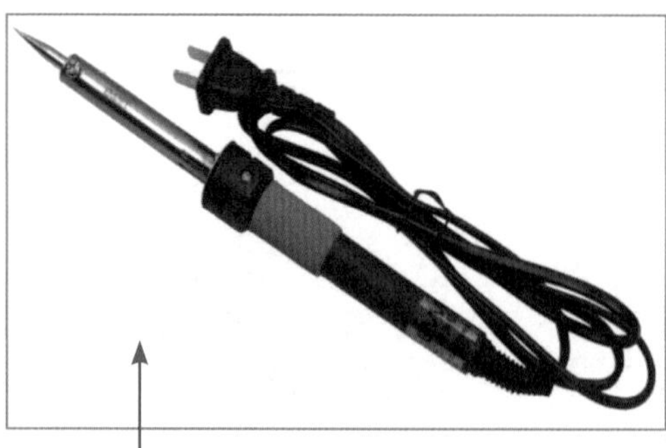

内热式电烙铁因其烙铁芯安装在烙铁头里面而得名。内热式电烙铁由手柄、连接杆、弹簧夹、烙铁芯、烙铁头组成。内热式电烙铁发热快，热利用率高（一般可达350℃）且耗电少、体积小，因而得到了更加普通的应用。

吸锡电烙铁是一种将活塞式吸锡器与电烙铁融为一体的拆焊工具。其具有使用方便、灵活、适用范围宽等优点，不足之处在于其每次只能对一个焊点进行拆焊。

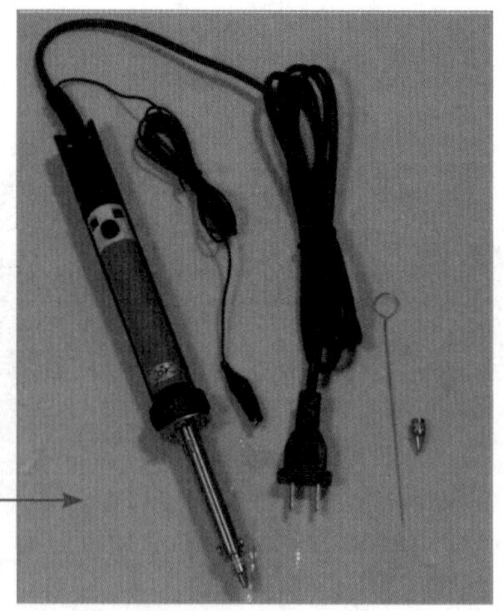

图 1-16　电烙铁（续）

1.3.2　焊接操作正确姿势

手工锡焊接技术是一项基本功，即使在大规模生产的情况下，维护和维修也必须使用手工焊接。因此，必须通过学习和实践操作练习才能熟练掌握。如图 1-17 所示为电烙铁的几种握法。

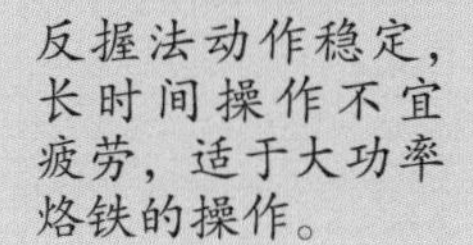

反握法动作稳定，长时间操作不宜疲劳，适于大功率烙铁的操作。

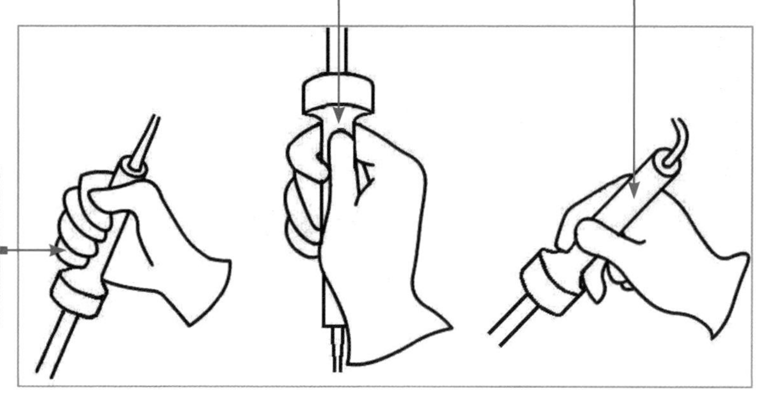

正握法适于中等功率烙铁或带弯头电烙铁的操作。
握笔法一般在操作台上焊印制板等焊件时采用。

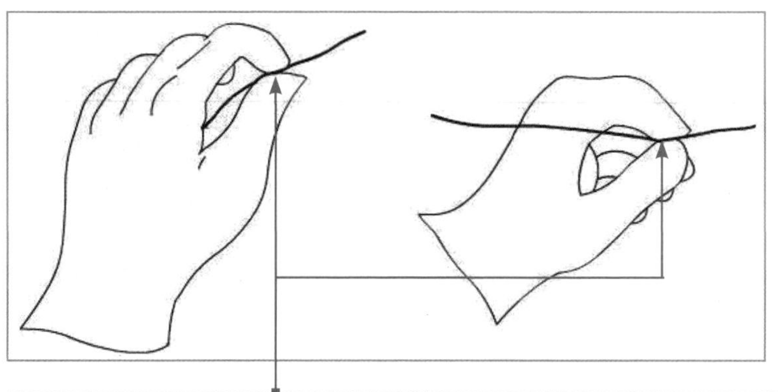

在电焊时，焊锡丝一般有两种拿法，由于焊锡丝中含有一定比例的铅，而铅是对人体有害的一种重金属，因此操作时应该戴手套或在操作后洗手，避免食入铅尘。

图 1-17　电烙铁和焊锡丝的握法

为减少焊剂加热时挥发出的化学物质对人的危害，减少有害气体的吸入量，一般情况下，电烙铁距离鼻子的距离应该不少于 20 cm，通常以 30 cm 为宜。

1.3.3　电烙铁的使用方法

一般新买来的电烙铁在使用前都要将铁头上均匀地镀上一层锡，这样便于焊接并且防止烙铁头表面氧化。

在使用前一定要认真检查确认电源插头、电源线无破损，并检查烙铁头是否松动。如果有出现上述情况请排除后使用。

以更换电容为例，电烙铁的使用方法如图 1-18 所示。

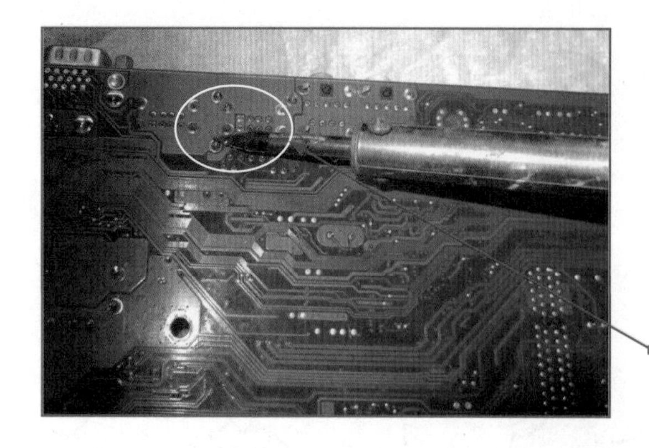

第 1 步：首先观察滤波电容器外观是否爆裂、烧焦等情况。如果有，则电容器损坏，直接更换。如果外观正常，先清洁电容器引脚准备测量。

第 2 步：当焊件加热到能熔化焊料的温度后将焊丝置于焊点，焊料开始熔化并润湿焊点。

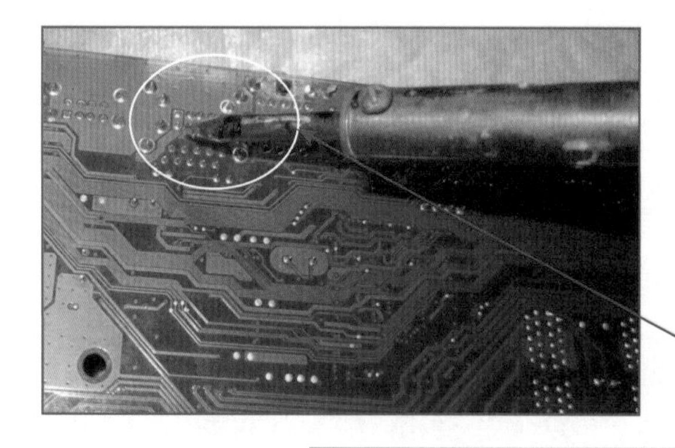

第 3 步：当熔化一定量的焊锡后将焊锡丝移开。当焊锡完全润湿焊点后移开烙铁，注意移开烙铁的方向应该是大致 45 度的方向。

图 1-18　电烙铁的使用方法

1.3.4　焊料与助焊剂有什么用处

电烙铁使用时的辅助材料和工具主要包括焊锡、助焊剂等。如图 1-19 所示。

焊锡：熔点较低的焊料。主要用锡基合金做成。

助焊剂：松香是最常用的助焊剂，助焊剂的使用，可以帮助清除金属表面的氧化物，这样利于焊接，又可保护烙铁头。

图 1-19　电烙铁的辅助材料

1.4 吸锡器操作方法

1. 认识吸锡器

吸锡器是拆除电子元件时，用来吸收引脚焊锡的一种工具，有手动吸锡器和电动吸锡器两种，如图 1-20 所示。

吸锡器是维修拆卸电子元器件所必需的工具，尤其对于集成电路，如果拆除时不使用吸锡器吸收焊锡，很容易导致印制电路板损坏。

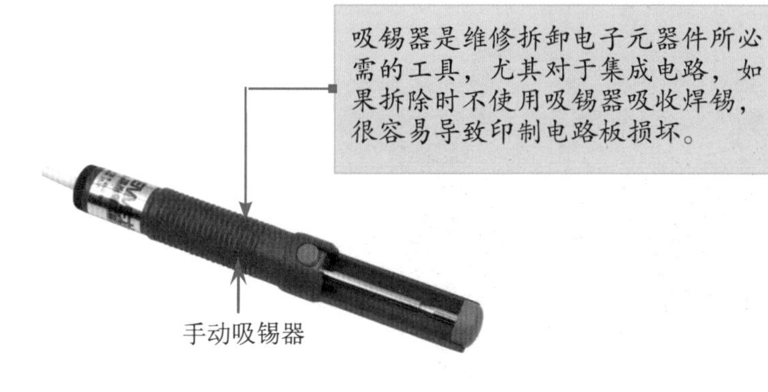

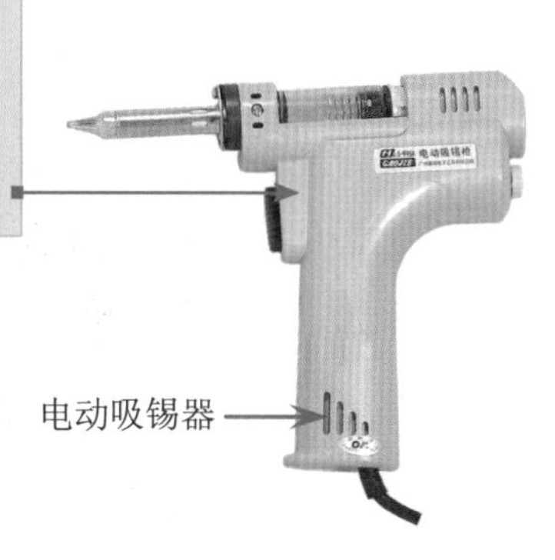

图 1-20　常见的吸锡器

2. 吸锡器的使用方法

吸锡器的使用方法如图 1-21 所示。

首先按下吸锡器后部的活塞杆，然后用电烙铁加热焊点并熔化焊锡。如果吸锡器带有加热元件，可以直接用吸锡器加热吸取。当焊点熔化后，用吸锡器嘴对准焊点，按下吸锡器上的吸锡按钮，锡就会被吸锡器吸走。如果未吸干净可对其重复操作。

图 1-21 使用吸锡器

1.5 热风焊台操作方法

热风焊台是一种常用于电子焊接的手动工具，通过给焊料（通常是指锡丝）供热，使其熔化，从而达到焊接或分开电子元器件的目的。热风焊台外形如图 1-22 所示。

热风焊台主要由气泵、线性电路板、气流稳定器、外壳、手柄组件和风枪组成。

图 1-22 热风焊台外形

1.5.1　使用热风焊台焊接贴片小元器件实战

焊接操作时，热风焊台的风枪前端网孔通电时不得插入金属导体，否则会导致发热体损坏甚至使人体触电，发生危险。另外，在使用结束后要注意冷却机身，关电后不要迅速拔掉电源，应等待发热管吹出的短暂冷风结束，以免影响焊台使用寿命。

使用热风焊台焊接贴片小元器件的方法如图 1-23 所示（如贴片电阻器、贴片电容器等）。

第 1 步：将热风焊台的温度开关调至 3 级，风速调至 2 级，然后打开热风焊台的电源开关。

第 2 步：用镊子夹着贴片元器件，将电阻器的两端引脚蘸少许焊锡膏。然后将电阻器件放在焊接位置，将风枪垂直对着贴片电阻器加热。

第 3 步：将风枪嘴在元件上方 2~3 cm 处对准元件，加热 3 秒后，待焊锡熔化停止加热。最后用电烙铁给元器件的两个引脚补焊，加足焊锡。

图 1-23　使用热风焊台焊接贴片小元器件的方法

提示：对于贴片电阻器的焊接一般不用电烙铁，用电烙铁焊接时，由于两个焊点的焊锡不能同时熔化可能焊斜，焊第二个焊点时由于第一个焊点已经焊好如果下压第二个焊点会损坏电阻器或第一个焊点。

提示：用电烙铁拆焊贴片电容器时，要用两个电烙铁同时加热两个焊点使焊锡熔化，在焊点熔化状态下用烙铁尖向侧面拨动使焊点脱离，然后用镊子取下。

1.5.2　热风焊台焊接四面引脚集成电路实战

四面引脚贴片集成电路的焊接方法如图 1–24 所示。

首先将热风焊台的温度开关调至 5 级，风速调至 4 级，然后打开热风焊台的电源开关。

向贴片集成电路的引脚上蘸少许焊锡膏。用镊子将元器件放在电路板中的焊接位置，并紧紧按住，然后用电烙铁将集成电路 4 个面各焊一个引脚。

风枪垂直对着贴片集成电路旋转加热，待焊锡熔化后，停止加热，并关闭热风焊台。

焊接完毕后，检查一下有无焊接短路的引脚，如果有，用电烙铁修复，同时为贴片集成电路加补焊锡。

图 1–24　四面引脚贴片集成电路的焊接方法

1.6 清洁及拆装工具

下面主要讲解清洁电路板和拆装电子元器件时常用的工具。

1.6.1 清洁工具

清洁工具主要用来清洁电路板上的灰尘和脏污，清洁工具主要包括刷子和皮老虎。

1. 刷子

刷子也称为毛刷，主要用来清洁电路板上的灰尘。毛刷如图 1-25 所示。

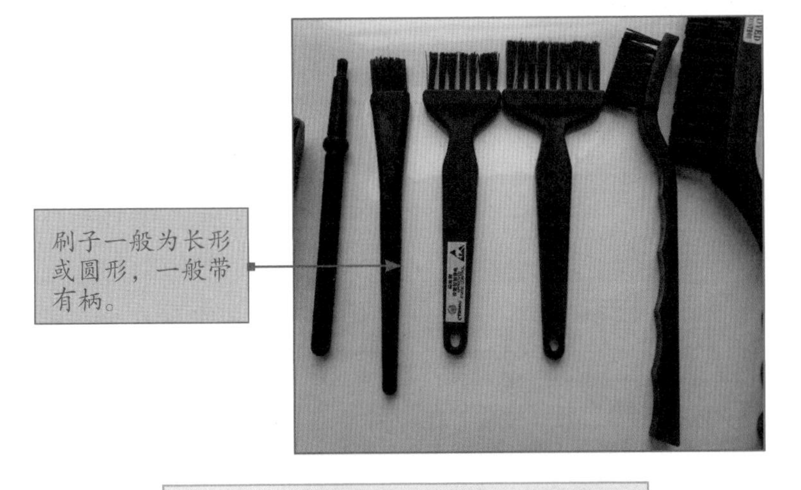

刷子一般为长形或圆形，一般带有柄。

图 1-25　刷子

2. 皮老虎

皮老虎是一种清除灰尘用的工具，也称皮吹子。常见的皮老虎如图 1-26 所示。

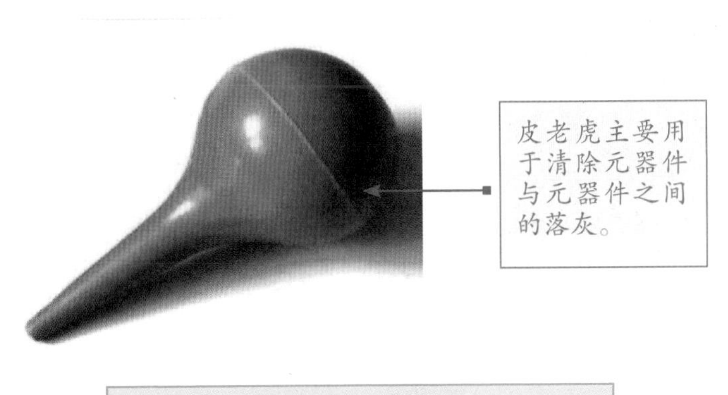

皮老虎主要用于清除元器件与元器件之间的落灰。

图 1-26　皮老虎

1.6.2 拆装工具

常用的拆装工具主要有：旋具、镊子、钳子等，下面分别讲解。

1. 旋具

旋具是常用的电工工具，也称为螺丝刀，是用来紧固和拆卸螺钉的工具。常用的旋具主要有一字形旋具和十字形旋具，另外还要准备各种规格的旋具，如图 1-27 所示。

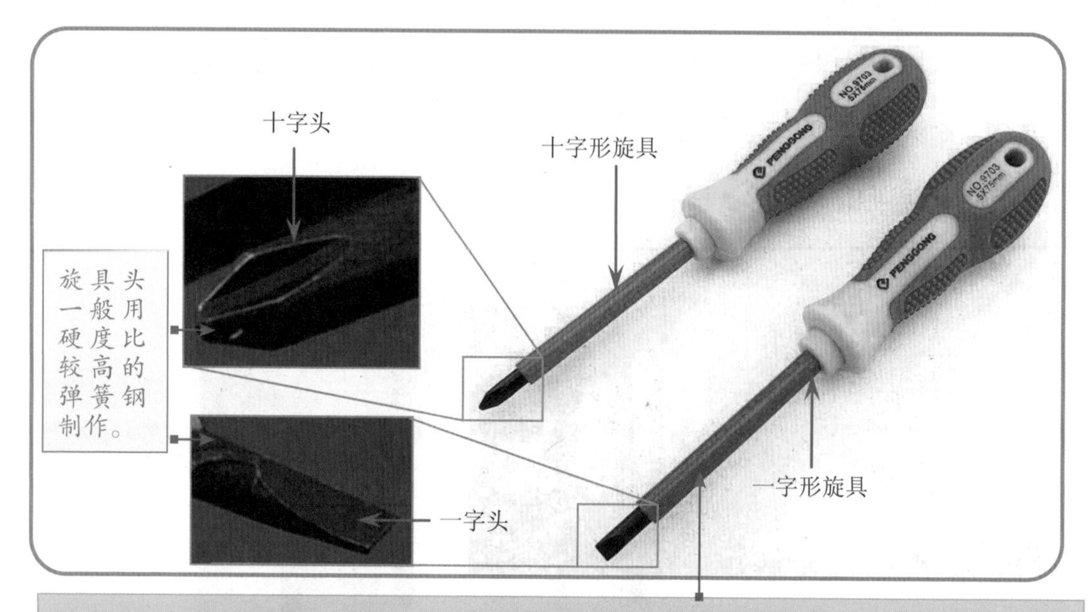

在使用旋具时，需要选择与螺钉大小相匹配的旋具头，太大或太小都不行，容易损坏螺钉和旋具。另外，电工用旋具的把柄要选用耐压 500 V 以上的绝缘体把柄。

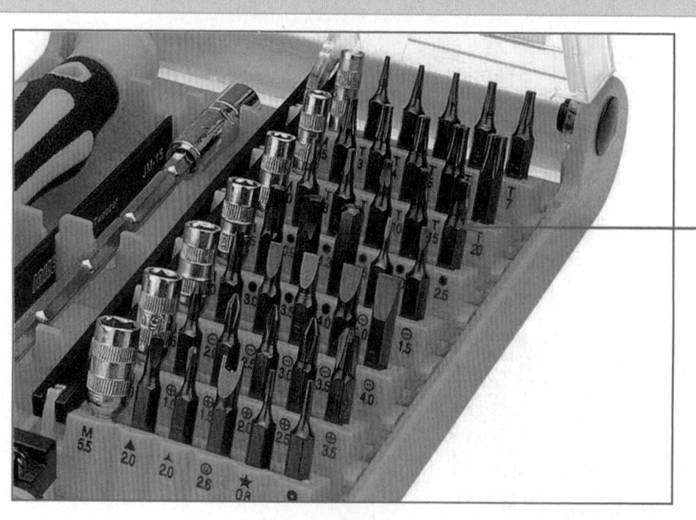

准备各种规格的旋具，如内六角、梅花等。

图 1-27　旋具

2. 镊子

镊子是电路板检修过程中经常使用的一种辅助工具，如在拆卸或者焊接电子元器件的过程中，常使用镊子夹取或者固定电子元器件，方便拆卸或者焊接过程的顺利进行。而夹较大的元器件或导线头，用刚性大、较硬的镊子比较好用。常用的镊子有平头、弯头等类型，要多准备几种镊子，如图 1-28 所示。

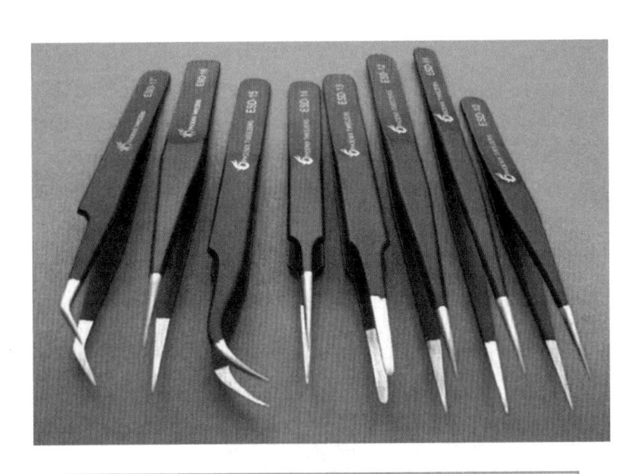

图 1-28 镊子

3. 钳子

常用的钳子主要有钢丝钳、尖嘴钳、斜口钳、剥线钳等。一般钢丝钳用于夹持螺钉头劈裂的螺钉，便于拧松。尖嘴钳用于夹取螺钉、导线等小部件；斜口钳用于剪切导线及焊接后过长的元器件引脚；剥线钳用于剥除导线的塑料表皮，如图 1-29 所示。

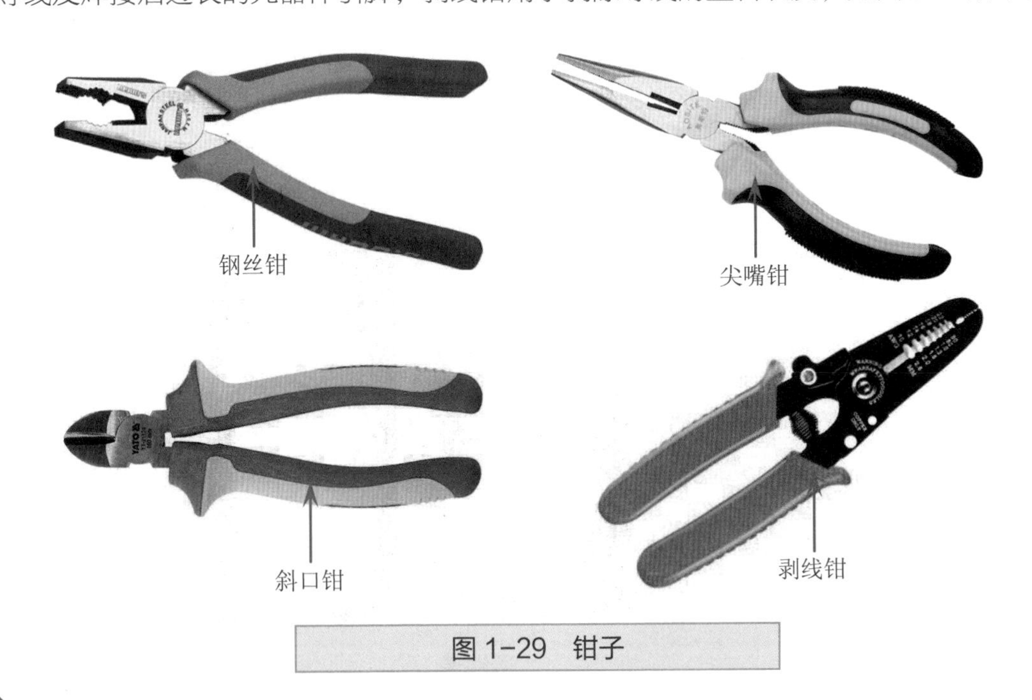

图 1-29 钳子

1.7 其他工具

除了上述工具外，还要准备一些辅助工具，如放大镜、清洗液等在维修时使用。

1.7.1 放大镜

放大镜用于观察电路板上的小元器件及各种元器件的型号，电路板元器件引脚焊接情况（看是否有虚焊等）。放大镜最好选用带照明灯的，放大倍数在 20 倍或 40 倍的，如图 1-30 所示。

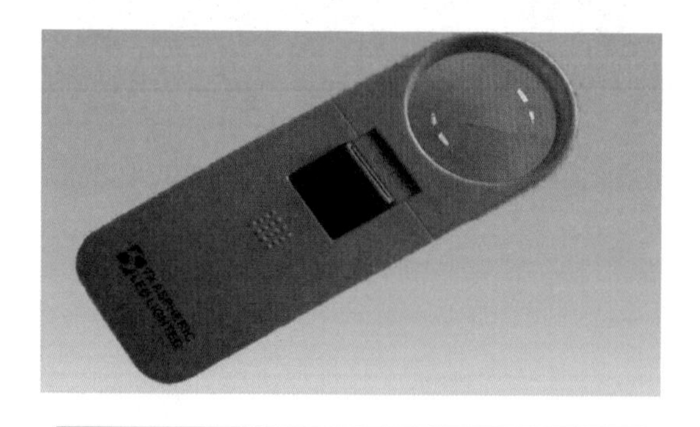

图 1-30　放大镜

1.7.2 电路板清洗液

常用的电路板清洗液主要有洗板水、天那水（香蕉水）、双氧水、无水乙醇、异丙醇、硝基涂料等（注意有些溶液有毒，使用时避免接触皮肤）。图 1-31 为部分清洗液。

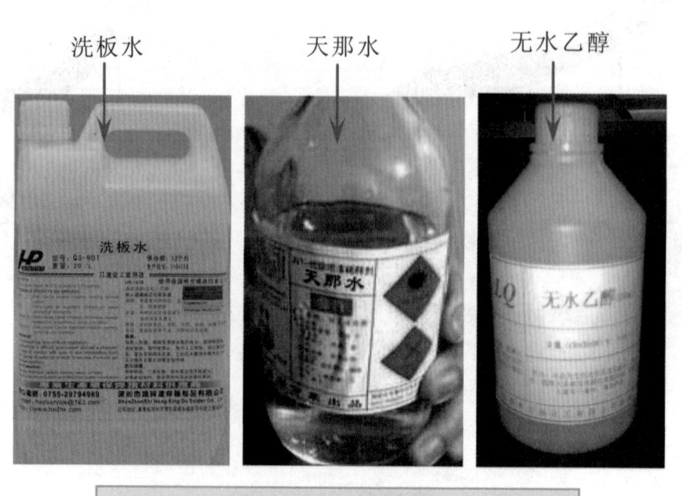

图 1-31　清洗液

第2章 电阻器现场检测维修实操

在电路中，电阻器有很多种，每种电阻器的功能和特性都不一样。要学习电阻器的检测维修方法，首先要掌握电阻器的基本知识。除此之外，还需掌握电阻器在应用电路中的好坏检测和代换方法。

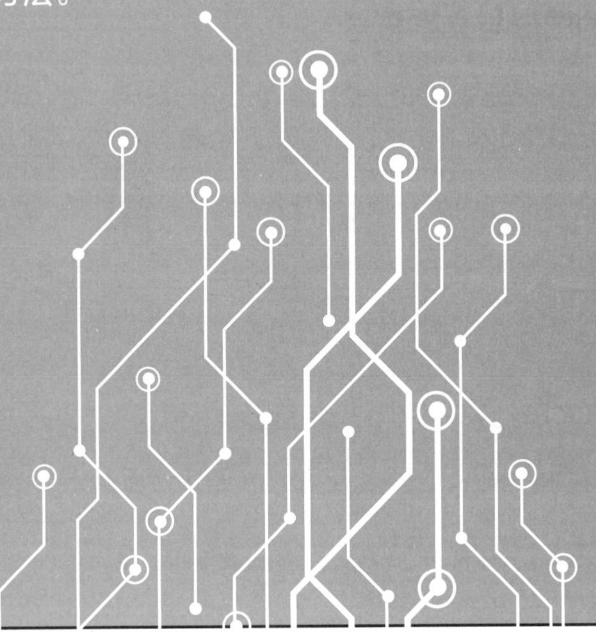

电阻器在电路中的主要作用是稳定和调节电路中的电流和电压，即控制某一部分电路的电压和电流比例的作用。电阻器是电路元器件中应用最广泛的一种，在电子设备中约占元器件总数的 30%。图 2-1 所示为电路中常见的电阻器。

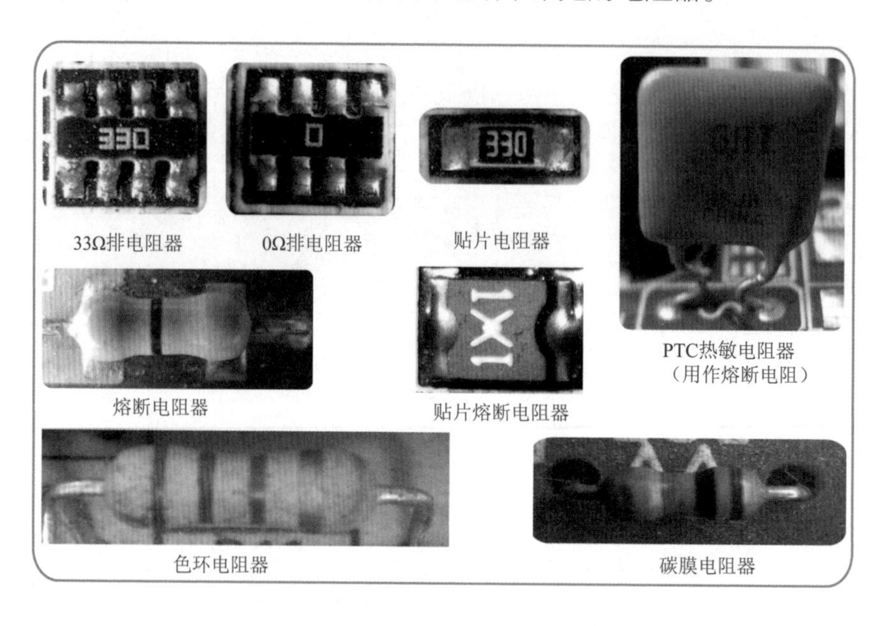

图 2-1　电路中常见的电阻器

2.1 电阻器的图形符号与分类

2.1.1　电阻器的图形与文字符号

电阻器是电子电路中最常用的电子元件之一，一般用“R”文字符号来表示。在电路图中，每个电子元器件还有其电路图形符号，电阻器的电路图形符号如图 2-2 所示。

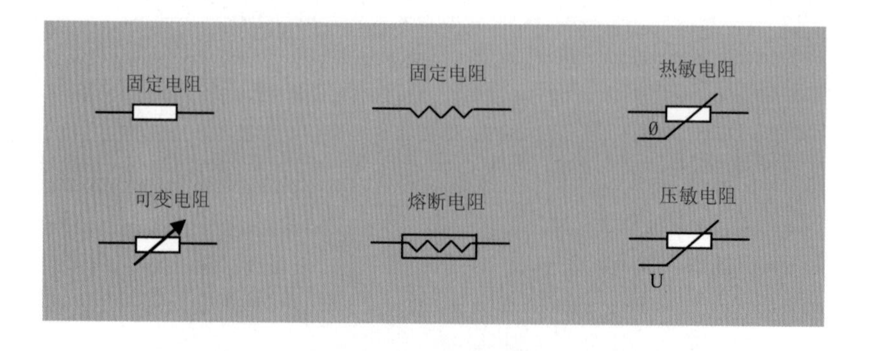

图 2-2　电阻器的电路图形符号

2.1.2　电阻器的分类

电阻器的种类较多且分类方式不一，大体有以下几种分类标准。

按照阻值可否调节，可将电阻器分为固定电阻器、可变电阻器两大类。阻值固定不可调节的电阻称为固定电阻，阻值在一定范围内连续可调的电阻称为可变电阻。

按引出线的不同，可将电阻器分为轴向引线电阻器和无引线电阻器。

按制造材料可将电阻器分为金属膜电阻器、碳膜电阻器、线绕电阻器等。

按用途不同，可将电阻器分为通用电阻器、高频电阻器、精密电阻器、压敏电阻器、热敏电阻器、光敏电阻器等。

按照电阻器的外形，可将电阻器分为圆柱形电阻器和贴片电阻器。

下面介绍电路中几种常见的电阻器。

1. 金属膜电阻器

金属膜电阻器就是在真空中加热合金至蒸发，使瓷棒表面沉积出一层导电金属膜而制成的。通过刻槽或改变金属膜厚度，可以调控产品阻值。金属膜电阻器外形如图 2-3 所示。

金属膜电阻器体积小、噪声低，
稳定性良好，但成本略高。

图 2-3　金属膜电阻器

2. 碳膜电阻器

碳膜电阻器是通过气态碳氢化合物在高温和真空中分解，碳微粒形成一层结晶膜沉积在瓷棒上制成的。利用刻槽的方法或改变碳膜的厚度，可以得到不同阻值的碳膜电阻。图 2-4 所示为常见碳膜电阻器。

碳膜电阻器，电压稳定性好，造价低，因此普遍适用于各种电路中。

图 2-4　碳膜电阻器

3. 热敏电阻器

热敏电阻器大多是由单晶或多晶半导体材料制成的，其阻值会随着温度的变化而变化。热敏电阻器外形如图 2-5 所示。

热敏电阻器有负温电阻器和正温度系数热敏电阻器之分。负温电阻器随着温度升高，阻值会明显减小；而温度降低时，阻值却明显加大。

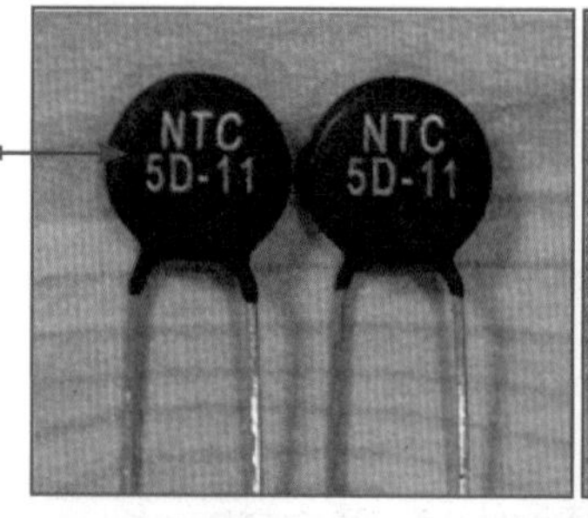

正温度系数热敏电阻器会随着温度增加阻值变大。

图 2-5　热敏电阻器

4. 玻璃釉电阻器

玻璃釉电阻器通过贵金属银钯、钌、铑等金属氧化物（氧化钯、氧化钌等）和玻璃釉黏合剂混合成浆料，涂覆在绝缘骨架上，经高温烧结而成，外形结构如图 2-6 所示。

玻璃釉电阻器阻值范围宽，耐湿性好，温度系数小，价格低廉，此种电阻器又被称为厚膜电阻器。

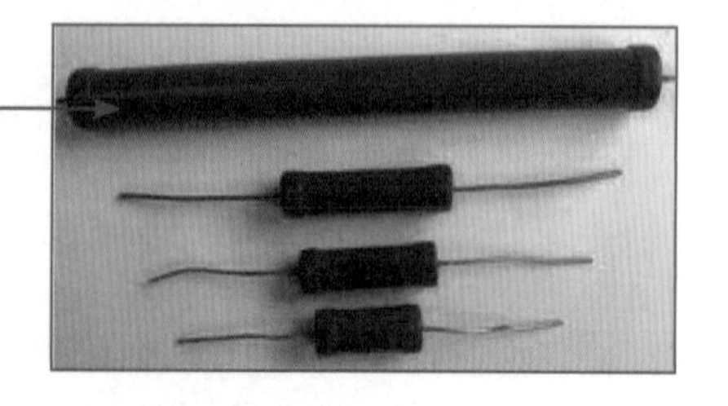

图 2-6　玻璃釉电阻器

5. 光敏电阻器

光敏电阻器是一种对光敏感的元件，又称光导管，外形结构如图 2-7 所示。制作材料一般为硫化镉，另外还有硫化铝、硒、硫化铅和硫化铋等材料。这些制作材料具有在特定波长的光照射下，其阻值迅速减小的特性，而当光照减弱时阻值会显著增大。这是由于光照产生的载流子都参与导电，在外加电场的作用下做漂移运动，电子奔向电源的正极，空穴奔向电源的负极，从而使光敏电阻器的阻值迅速下降。

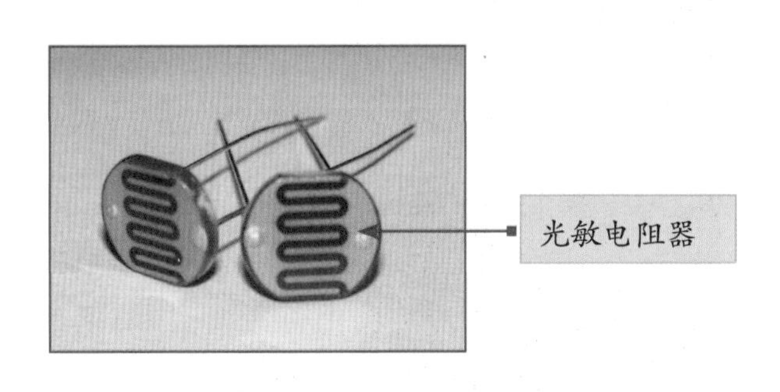

图 2-7 光敏电阻器

6. 湿敏电阻器

湿敏电阻器是一种对环境湿度敏感的元器件，其电阻值能随着环境的相对湿度变化而变化，可分为正电阻湿度特性和负电阻湿度特性。正电阻湿度特性即湿度增大时，电阻值也增大。负电阻湿度特性即湿度增大时，电阻值减小。湿敏电阻器一般由基体、电极和感湿层等组成，有的还配有防尘外壳，如图 2-8 所示。

湿敏电阻器广泛应用于空调器、录音机、洗衣机、微波炉等家用电器及工业、农业等方面做湿度检测和控制之用。

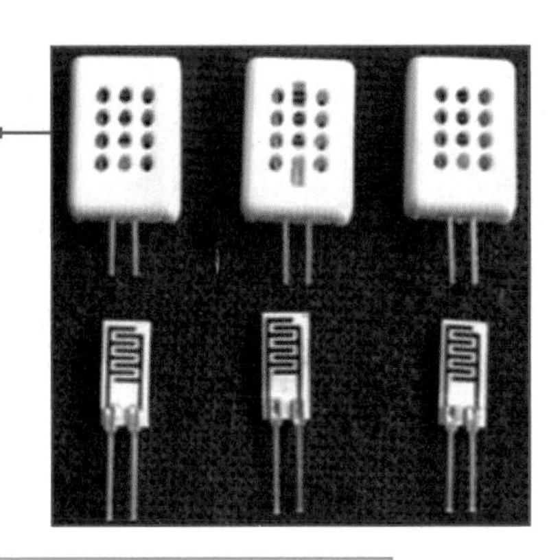

图 2-8 湿敏电阻器

7. 熔断电阻器

常见的熔断电阻器有贴片熔断电阻器和圆柱形熔断电阻器，如图 2-9 所示。它具有电阻器和过电流保护熔断丝双重作用。在正常情况下，熔断电阻器具有普通电阻器的功能。在工作电流异常增大时，熔断电阻器会自动断开，起到保护其他元器件不被损毁的作用。

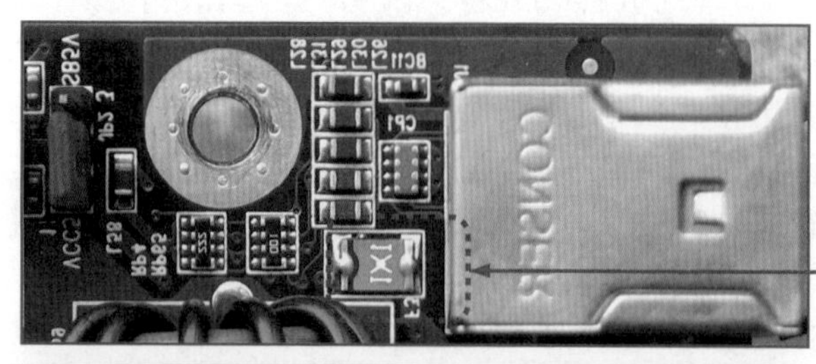

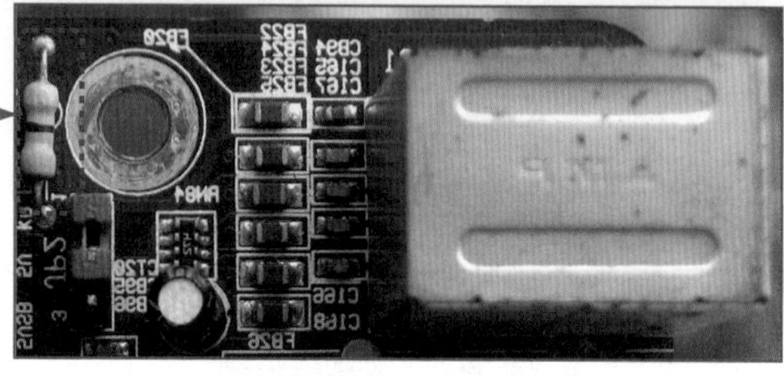

图 2-9 熔断电阻器

8. 可变电阻器

可变电阻器一般有三个引脚，其中有两个定片引脚和一个动片引脚，设有一个调整口，可以通过改变动片，调节电阻值。可变电阻器外形如图 2-10 所示。

根据用途的不同，可变电阻器的电阻材料可以是金属丝、金属片、碳膜或导电液。对于一般大小的电流，常用金属型的可变电阻器；在电流很小的情况下，则使用碳膜型可变电阻器。

图 2-10 可变电阻器

9. 排电阻器

排电阻器是一种将按一定规律排列的分立电阻器集成在一起的组合型电阻器，也称集成电阻器或电阻器网络。适用于电子仪器设备及计算机电路，一般用“RN”表示。主板中的排电阻器主要有 8 引脚和 10 引脚两种，其中 8 引脚的用得较多。在主板中，一般使用标注为“220”“330”“472”等的排电阻器，如图 2-11 所示。

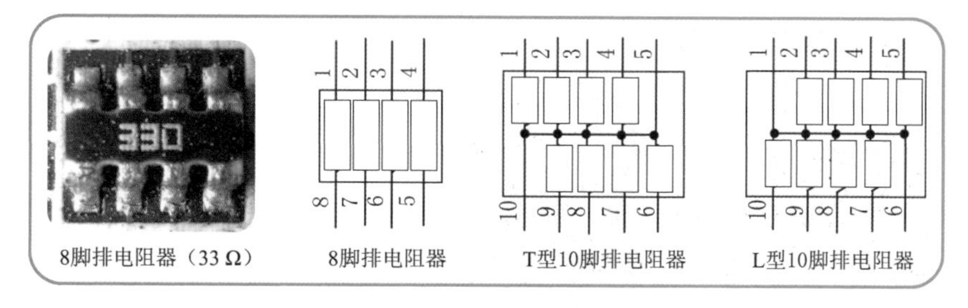

（a）贴片排电阻器及其内部结构

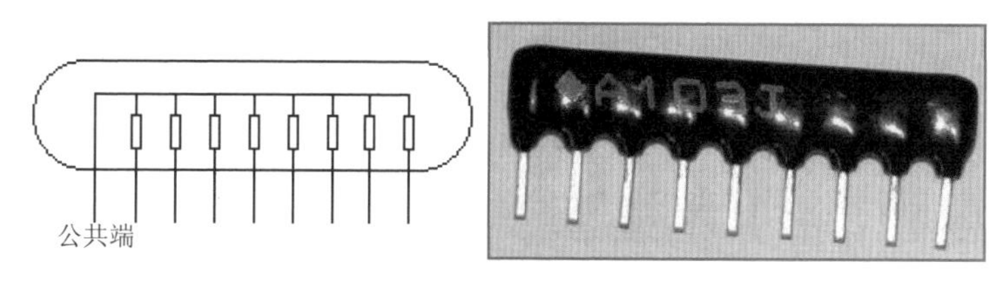

（b）直插式排电阻器及其内部结构

图 2-11　排电阻器

10. 贴片电阻器

贴片电阻器是金属玻璃釉电阻器中的一种，是将金属粉和玻璃釉粉混合，采用丝网印刷法印在基板上制成的电阻器，如图 2-12 所示。广泛应用于计算机、手机、电子辞典、医疗电子产品、摄像机等设备中。

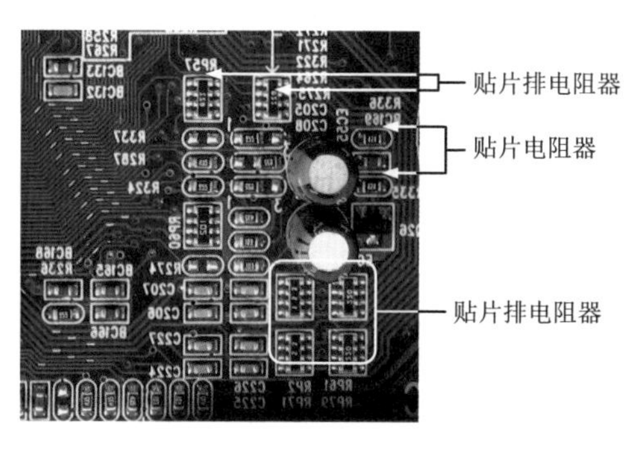

贴片电阻器耐潮湿、耐高温、温度系数小，其具有体积小、重量轻、安装密度高、抗震性强、抗干扰能力强、高频特性好等优点。

图 2-12　贴片电阻器

11. 压敏电阻器

压敏电阻器是指对电压敏感的电阻器，是一种半导体器件，其制作材料主要是氧化锌。压敏电阻器的最大特点是当加在它上面的电压低于其阈值 U_N 时，流过的电流极小，相当于一只关死的阀门，当电压超过 U_N 时，流过它的电流激增，相当于阀门打开。利用这一功能，可以抑制电路中经常出现的异常过电压，保护电路免受过电压的损害。压敏电阻器外形如图 2-13 所示。

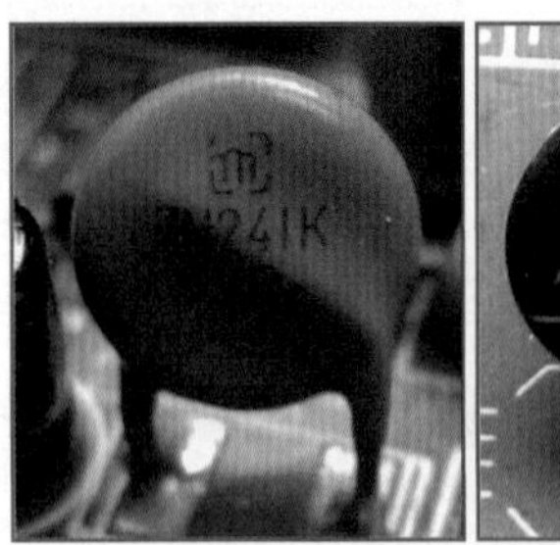

压敏电阻器主要用在电气设备交流输入端，用作过电压保护。当输入电压过高时，其阻值将减小，使串联在输入电路中的熔断管熔断，切断输入，从而保护电气设备。

图 2-13　压敏电阻器

2.2 电阻器的特性与作用

在电子电路中，电阻有两个基本作用：限制电路中的电流和调节电路中的电压。在电子电路中，限流和分压这种重要特性可以通过各种各样的方式来实现。

2.2.1　普通电阻的基本特性

电阻会消耗电能，当有电流流过它时会发热，如果当流过它的电流太大时会因过热而烧毁。

在交流或直流电路中电阻器对电流所起的阻碍作用是一样的，这种特性大大方便了电阻电路的分析。

交流电路中，同一个电阻器对不同频率的信号所呈现的阻值相同，不会因为交流电的频率不同而出现电阻值的变化。电阻器不仅在正弦波交流电的电路中阻值不变，对于脉冲信号、三角波信号处理和放大电路中所呈现的阻值也一样。了解这一特性后，分析交流电路中电阻器的工作原理时，就可以不必考虑电流的频率以及波形对其的影响。

2.2.2　电阻器的分流作用

当流过一只元器件的电流太大时，可以用一只电阻器与其并联，起到分流作用，如图 2-14 所示。

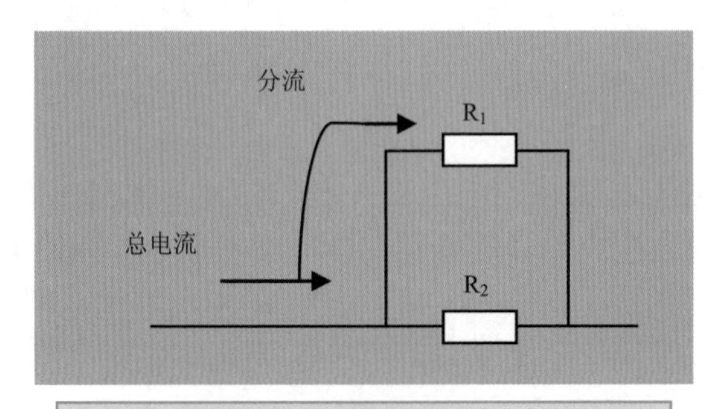

图 2-14　电阻器的分流

2.2.3　电阻器的分压作用

当用电器额定电压小于电源电路输出电压时，可以通过串联一合适的电阻分担一部分电压。如图 2-15 所示的电路中，当接入合适的电阻后，额定电压 10 V 的电灯便可以在输出电压为 15 V 的电路中工作了。这种电阻称为分压电阻。

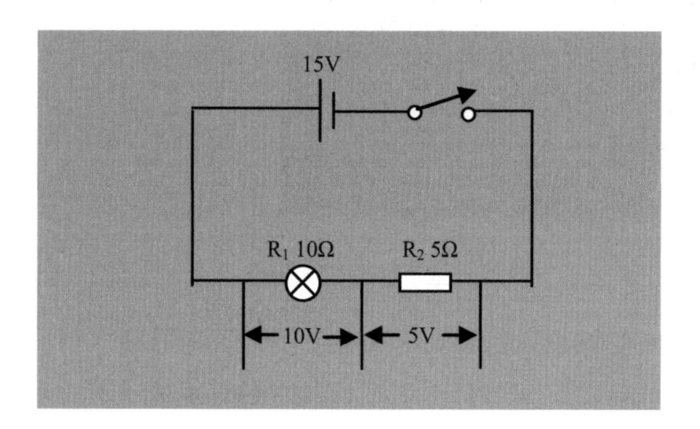

图 2-15　电阻器的分压

2.2.4　将电流转换成电压

当电流流过电阻时就在电阻两端产生了电压，集电极负载电阻就是这一作用。如图 2-16 所示，当电流流过该电阻时转换成该电阻两端的电压。

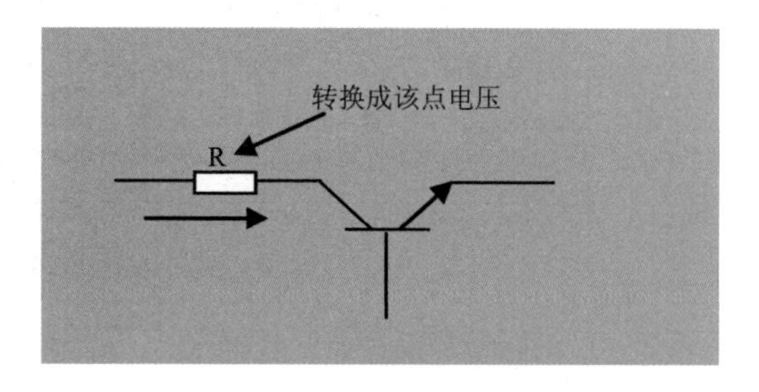

图 2-16　集电极负载电阻

2.3 从电路板和电路图中识别电阻器

2.3.1　从电路板中识别电阻器

一块电路板中存在着大量的电子元器件，颜色、形状各有差异；如何快速识别它们，也是维修的必备技能。图 2-17 所示为电路中的电阻器。

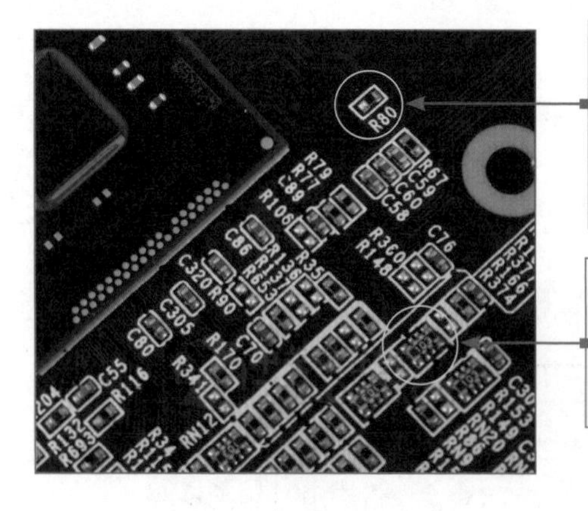

贴片电阻器具有体积小、重量轻、安装密度高、抗震性强、抗干扰能力强、高频特性好等优点。

排电阻器（简称排阻）是一种将多个分立电阻器集成在一起的组合型电阻器。

8引脚排电阻和10脚排电阻内部结构。

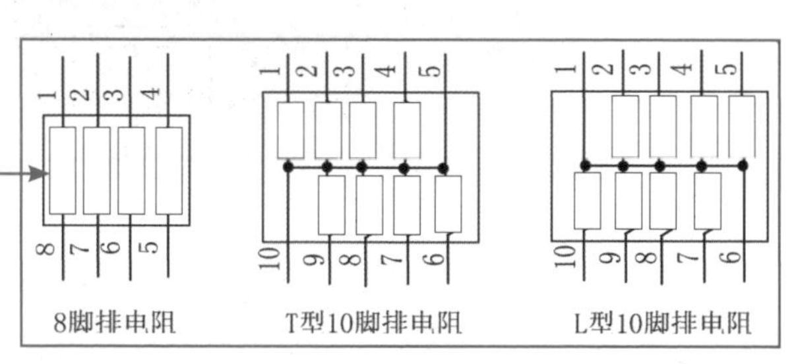

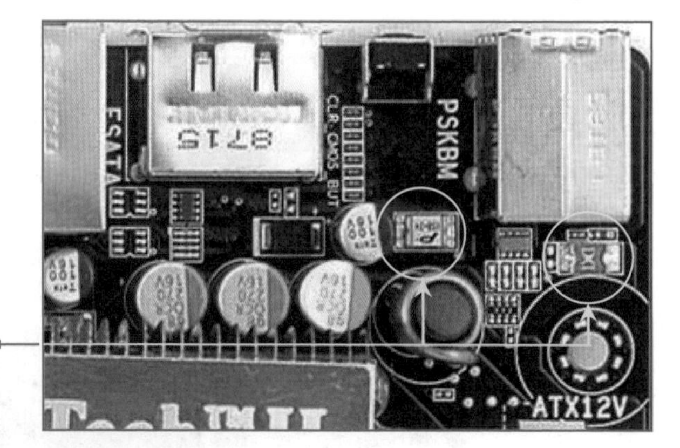

熔断电阻器的特性是阻值小，只有几欧姆，超过额定电流时就会烧坏，在电路中起到保护作用。

碳膜电阻器电压稳定性好，造价低，从外观看，碳膜电阻器有4个色环，为蓝色。

金属膜电阻器体积小、噪声低，稳定性良好。从外观看，金属膜电阻器有5个色环，为土黄色或是其他的颜色。

图 2-17　电路中的电阻器

压敏电阻器主要用在电气设备交流输入端，用作过电压保护。当输入电压过高时，其阻值将减小，使串联在输入电路中的熔断管熔断，切断输入，从而保护电气设备。

图 2-17　电路中的电阻器（续）

2.3.2　从电路图中识别电阻器

维修电路时，通常需要参考电气设备的电路原理图来查找问题，电路图中的元器件主要用元器件符号来表示。图 2-18 所示为电路图中电阻器的符号。

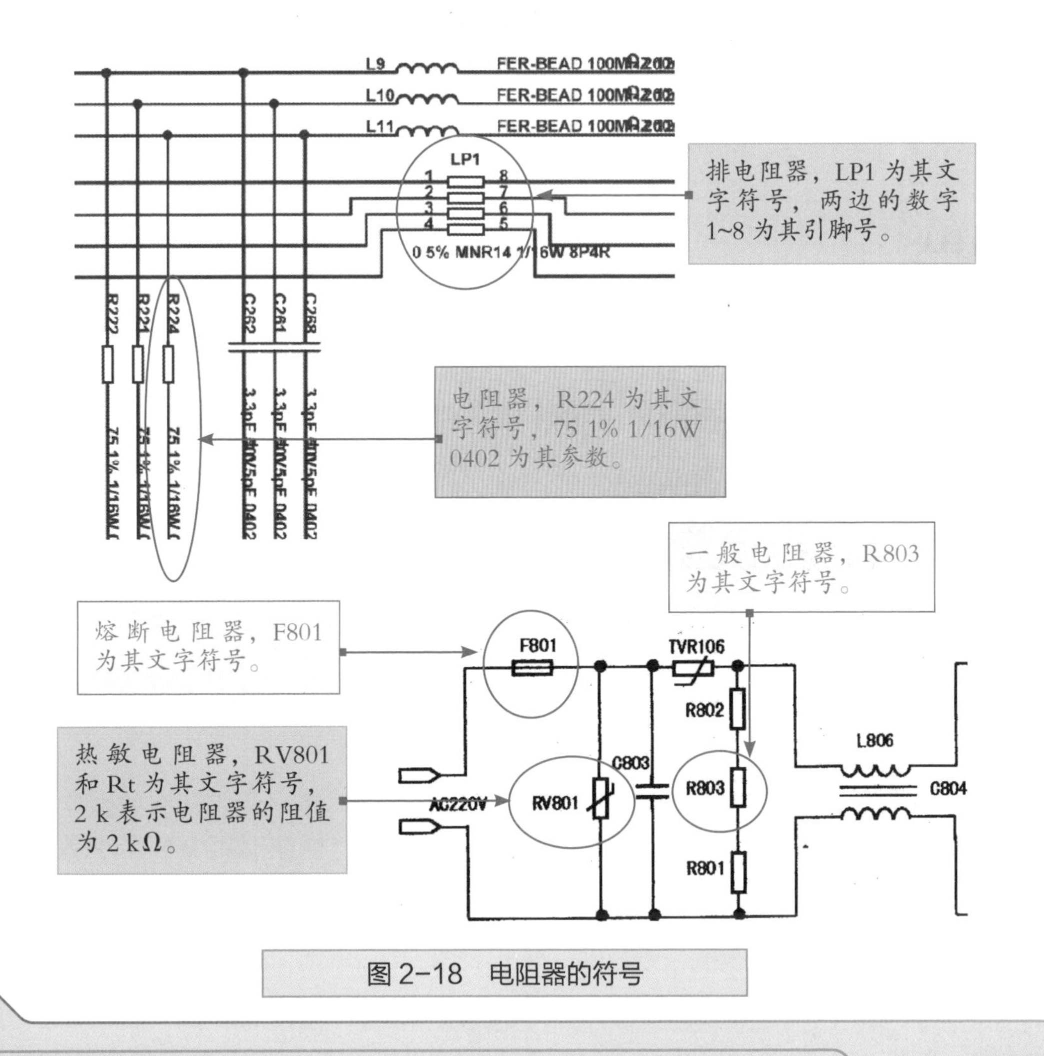

排电阻器，LP1 为其文字符号，两边的数字 1~8 为其引脚号。

电阻器，R224 为其文字符号，75 1% 1/16W 0402 为其参数。
一般电阻器，R803 为其文字符号。
熔断电阻器，F801 为其文字符号。

热敏电阻器，RV801 和 Rt 为其文字符号，2 k 表示电阻器的阻值为 2 kΩ。

图 2-18　电阻器的符号

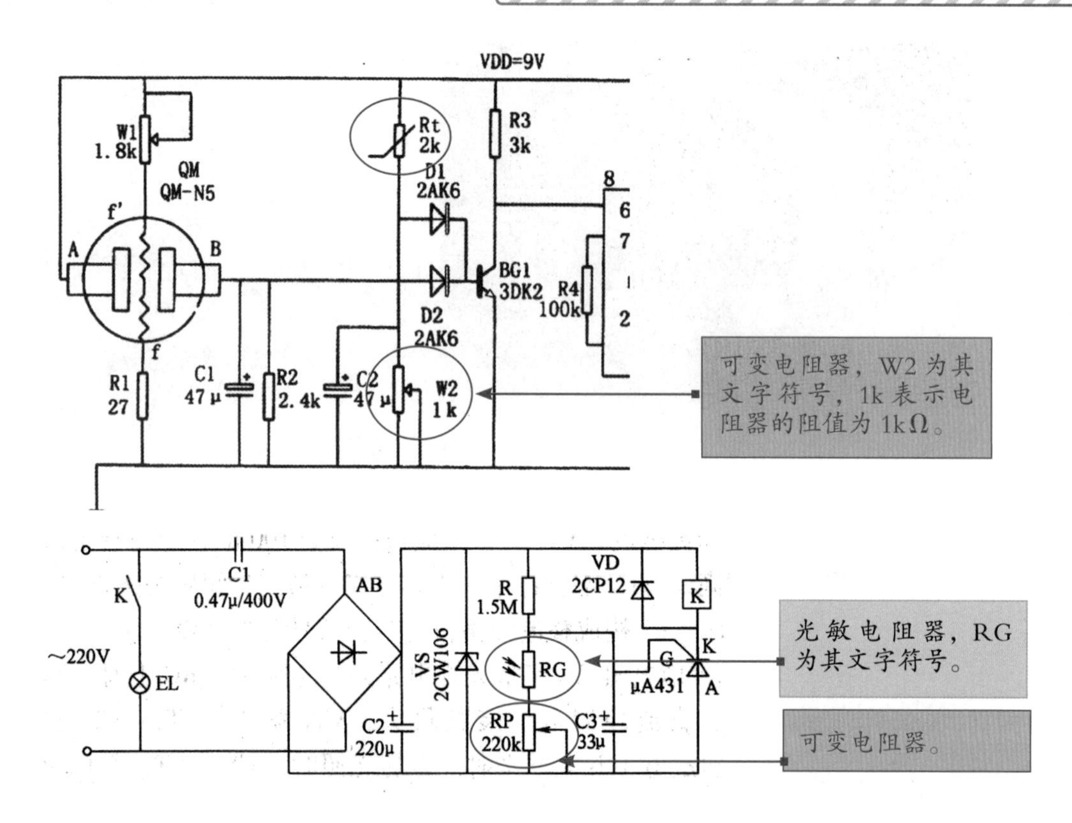

图 2-18 电阻器的符号（续）

2.4 读识电阻器的标注技巧

电阻的阻值标注法通常有色环法和数标法。色环法在一般的的电阻器上比较常见，数标法通常用在贴片电阻器上。

2.4.1 读识数标法标注的电阻器

数标法用三位数表示阻值，前两位表示有效数字，第三位数字是倍率，如果电阻器标注为“ABC”，则其阻值为 AB $\times 10^{C}$，其中，“C”如果为 9，则表示 -1。例如，电阻器标注为“653”，则阻值为 65×10^{3} Ω=65 kΩ；如果标注为“000”，阻值为 0。如图 2-19 所示。

可调电阻器在标注阻值时，也常用两位数字表示。第一位表示有效数字，第二位表示倍率。例如，“24”表示 2×10^{4} = 20 kΩ。还有标注时用 R 表示小数点，如 R22=0.22 Ω，2R2=2.2 Ω。

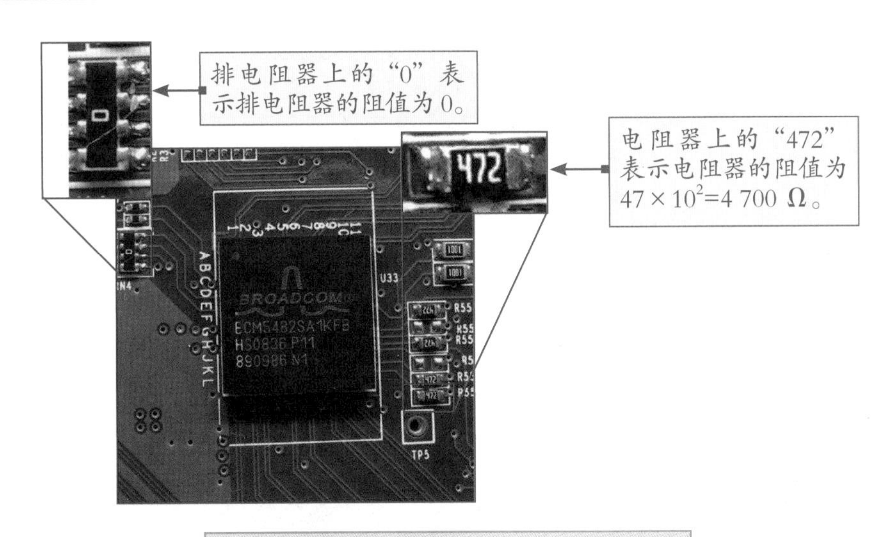

图 2-19　数标法标注电阻器

2.4.2　读识色标法标注的电阻器

色标法是指用色环标注阻值的方法，色环标注法使用最多，普通的色环电阻器用四环表示，精密电阻器用五环表示，紧靠电阻体一端头的色环为第一环，露着电阻体本色较多的另一端头为末环。

如果色环电阻器用四环表示，前两位数字是有效数字，第三位是 10 的倍幂，第四环是色环电阻器的误差范围，如图 2-20 所示。

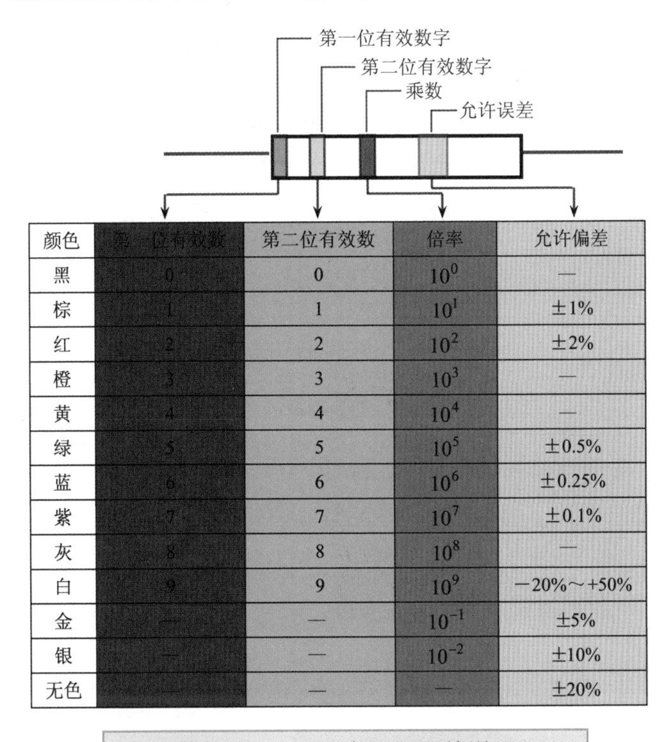

颜色	第一位有效数	第二位有效数	倍率	允许偏差
黑	0	0	10^0	—
棕	1	1	10^1	±1%
红	2	2	10^2	±2%
橙	3	3	10^3	—
黄	4	4	10^4	—
绿	5	5	10^5	±0.5%
蓝	6	6	10^6	±0.25%
紫	7	7	10^7	±0.1%
灰	8	8	10^8	—
白	9	9	10^9	−20%～+50%
金	—	—	10^{-1}	±5%
银	—	—	10^{-2}	±10%
无色	—	—	—	±20%

图 2-20　四环电阻器阻值说明

如果色环电阻器用五环表示，前面三位数字是有效数字，第四位是 10 的倍幂，第五环是色环电阻器的误差范围，如图 2-21 所示。

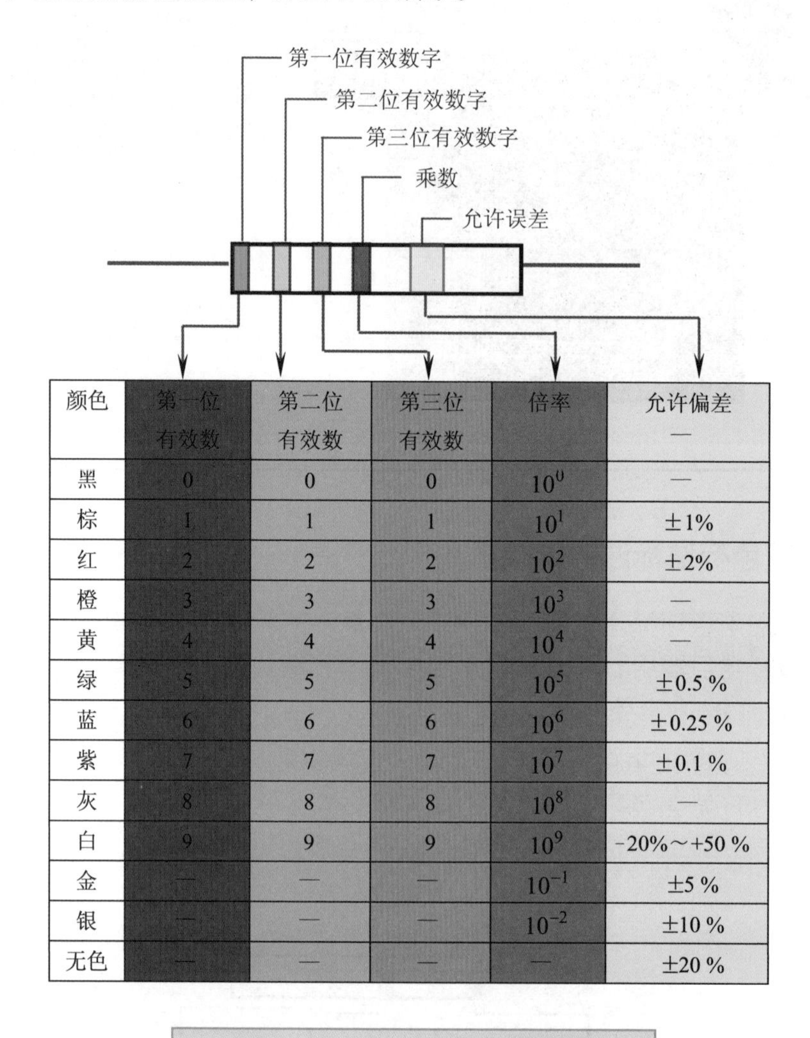

颜色	第一位有效数	第二位有效数	第三位有效数	倍率	允许偏差 —
黑	0	0	0	10^0	—
棕	1	1	1	10^1	±1%
红	2	2	2	10^2	±2%
橙	3	3	3	10^3	—
黄	4	4	4	10^4	—
绿	5	5	5	10^5	±0.5 %
蓝	6	6	6	10^6	±0.25 %
紫	7	7	7	10^7	±0.1 %
灰	8	8	8	10^8	—
白	9	9	9	10^9	-20%～+50 %
金	—	—	—	10^{-1}	±5 %
银	—	—	—	10^{-2}	±10 %
无色	—	—	—	—	±20 %

图 2-21　五环电阻器阻值说明

根据电阻器色环的读识方法，可以很轻松地计算出电阻器的阻值，如图 2-22 所示。

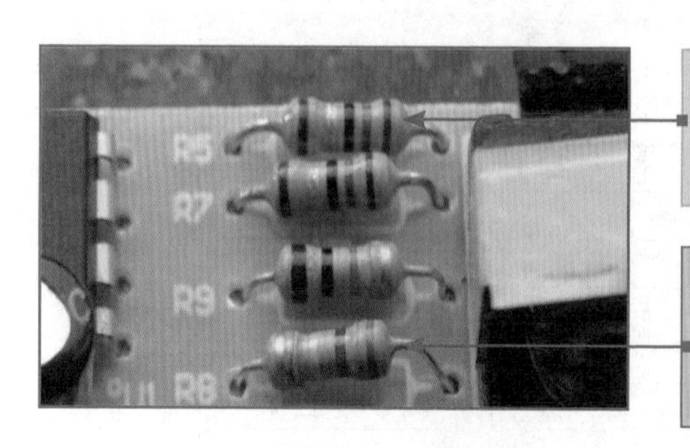

电阻器的色环为：棕、绿、黑、白、棕五环，对照色码表，其阻值为 $150\times10^9\Omega$，误差为 ±1%。

电阻器的色环为：灰、红、黄、金四环，对照色码表，其阻值为 $82\times10^4\Omega$，误差为 ±5%。

图 2-22　计算电阻阻值

2.4.3　如何识别首位色环

经过上述阅读聪明的朋友会发现一个问题，我怎么知道哪个是首位色环啊？不知道哪个是首位色环，又怎么去核查？下面将介绍首字母辨认的方法。

首色环判断方法大致有如下几种，如图 2-23 所示。

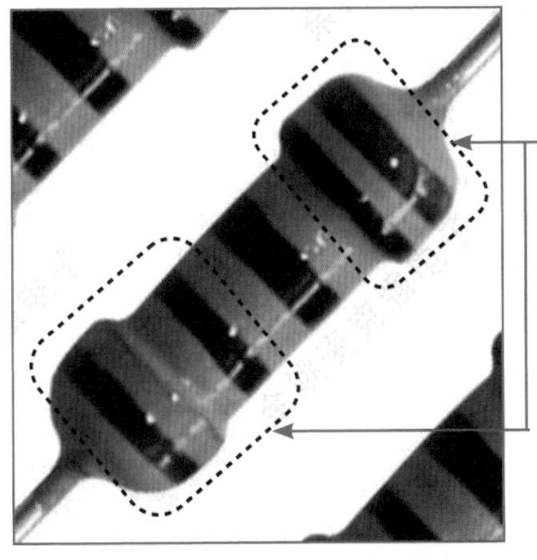

首色环与第二色环之间的距离比末位色环与倒数第二色环之间的间隔要小。

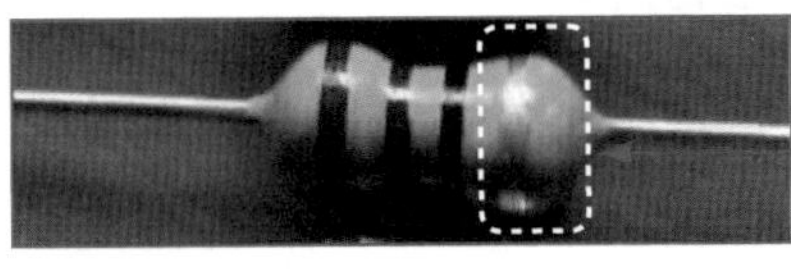

金、银色环常用作表示电阻器误差范围的颜色，即金、银色环一般放在末位，则与之对立的即为首位。

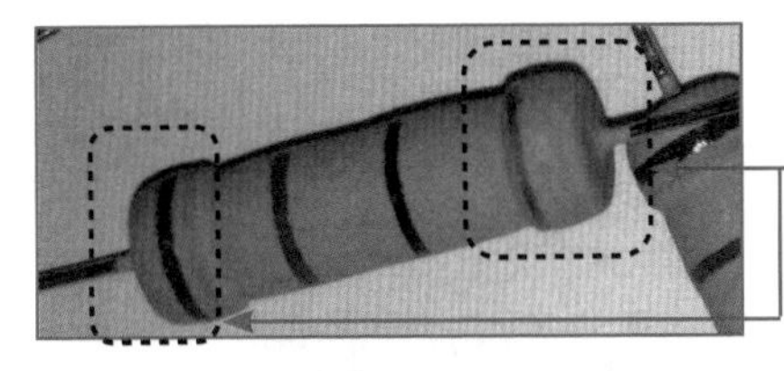

与末位色环位置相比，首位色环更靠近引线端，因此可以利用色环与引线端的距离来判断哪个是首色环。

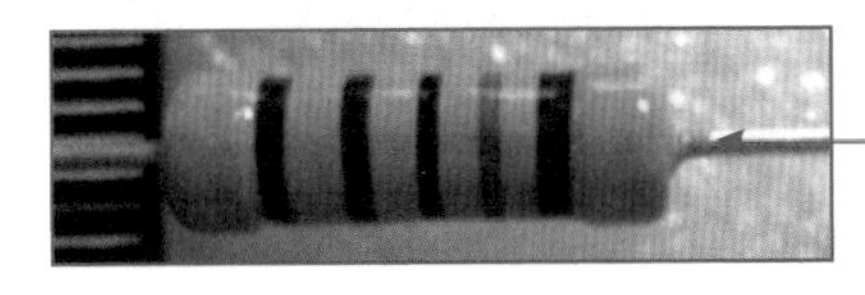

如果电阻器上没有金、银色环，并且无法判断哪个色环更靠近引线端，那么可以用万用表检测一下，根据测量值即可判断首位有效数字及位乘数，对应的顺序就全都知道了。

图 2-23　判断首位色环

2.5 电阻和欧姆定律

电阻器主要用来限制电路中的电流流动，或用来形成电压，如果在一个电阻两端施加直流电压，可以通过欧姆定律计算出流过电阻器的电流。

欧姆定律的标准式为：

$$I=\frac{U}{R}$$

即在同一电路中，通过某段导体的电流与这段导体两端的电压成正比，与这段导体的电阻成反比。

注意：公式中物理量的单位：I 的单位是安培（A）、U 的单位是伏特（V）、R 的单位是欧姆（Ω）。

变形公式为：

$$U=IR;\ R=\frac{U}{I}$$

2.6 电阻器的串联、并联与混联

串联电路和并联电路是构成形形色色复杂电路的基本电路，而纯电阻串联和并联的电路是各种串并联的基础。下面将对纯电阻串联和并联的电路进行讲解，以便读者进一步学习。

2.6.1 电阻器的串联

电阻器的串联是指两只或更多只电阻器首尾连接后与电源连接，如图 2-24 所示。

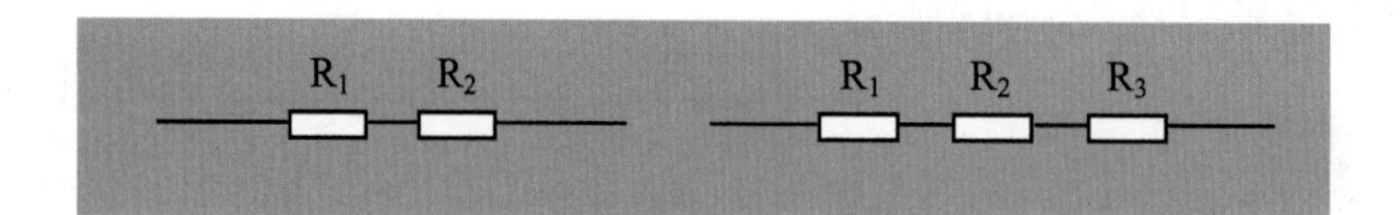

图 2-24　电阻器的串联

电阻器串联后的特性如下：

（1）电阻器愈串联阻值愈大，总电阻 $R=R_1+R_2+R_3+\cdots$；

（2）流过每只电阻器的电流相等，即串联电路电流处处相等；

（3）各串联电阻器上的电压之和等于串联电阻两端电压之和；

（4）流过电阻器的电流可以是直流也可以是交流，阻值不会发生改变；

（5）阻值相对较大的电阻器是电阻电路分析中的主要对象，串联电阻电路分析时就要抓住这一主要特征。

了解这些在实际应用中会带来很大方便。例如，当发现串联电路中的其中一个电阻器没有电流流过时，就可以确定该电路的其他元器件也没有工作电流。

2.6.2 电阻器的并联

电阻器的并联是指两只或更多只电阻器头与头连接、尾与尾连接后接入电源连接，如图 2-25 所示。

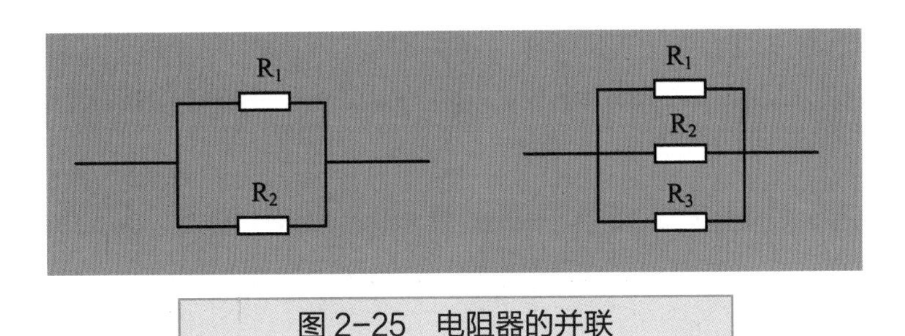

图 2-25　电阻器的并联

电阻器并联后的特性如下：

（1）电阻器愈并联阻值愈小，并联相当于增加了电阻器的横截面积。总电阻 R 的倒数等于各并联电阻的倒数之和，即 $1/R=1/R_1+1/R_2+\cdots$；

（2）各并联电路两端电压相等；

（3）各并联电路电流之和等于回路中的电流，即总电流 $I=I_1+I_2+\cdots$；

（4）阻值相对较小的电阻器是并联电路分析的主要对象，在对并联电阻电路分析时需抓住这一主要现象。

2.6.3 电阻器的混联

电阻器的混联电路是由电阻器的串联与并联混联在一起形成的，如图 2-26 所示。

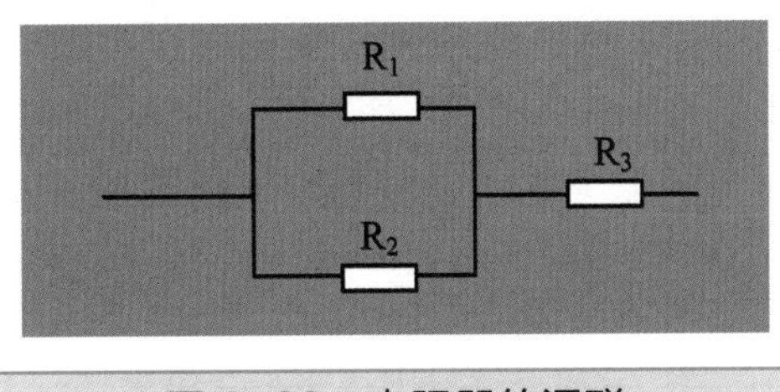

图 2-26　电阻器的混联

在分析混联电阻器的电路时，可以先把并联电路中的所有电阻器等效成一个电阻器，然后用等效电阻与另一电阻进行串联分析。

2.7 电阻器应用电路分析

2.7.1 限流保护电阻电路分析

图 2-27 所示为一组常见的发光二极管限流保护电阻电路。VD 是一个发光二极管，该二极管随着电流强度的增大而增亮，但如果流经二极管的电流太大将烧毁二极管。为了保护二极管的安全，我们需要在电路中串联一个电阻器 R，通过改变电阻器的阻值可以起到限流保护的作用。

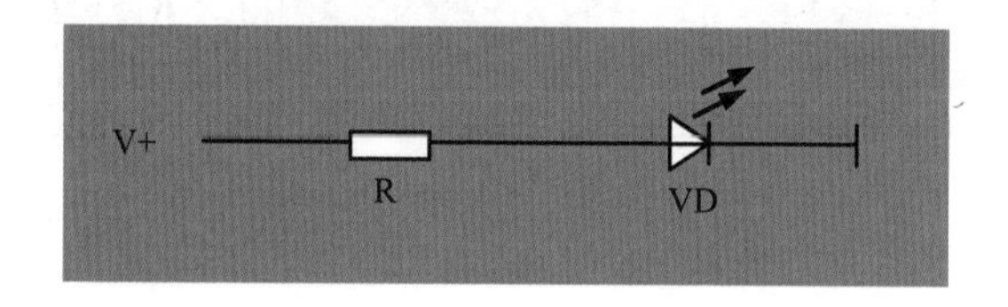

图 2-27 二极管限流保护电阻电路

例如，可调光照明灯的电路，为了控制灯泡的亮度，在电路中接一个限流电阻器，通过改变电阻器的阻值来调节电流的大小，进而调节灯泡的亮度。

2.7.2 基准电压电阻分级电路分析

图 2-28 所示为基准电压电阻分级电路。电路中，R1、R_2、R_3 构成一个变形的分压电路，基准电压加到此电压上。

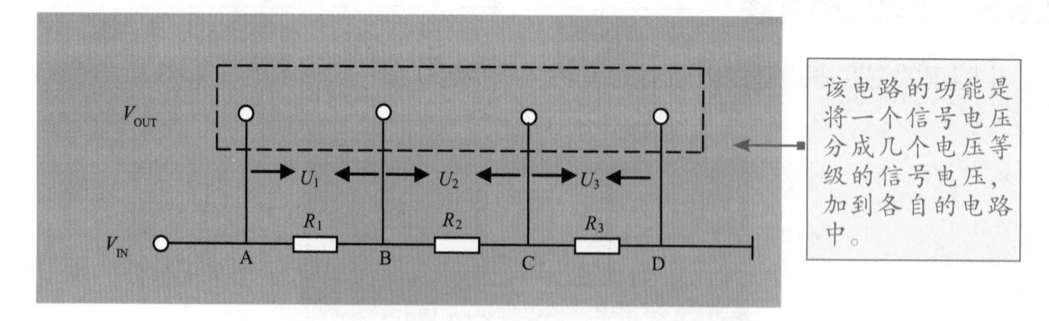

图 2-28 基准电压电阻分级电路

其中，输入电压等于输出电压之和，即 $U = U_1+U_2+U_3$。电阻值比等于其两端的电压之比，即 $R_1:R_2:R_3 = U_1:U_2:U_3$。

2.8 电阻器常见故障诊断

2.8.1 如何判定电阻断路

断路是指因为电路中某一处因断开而使电流无法正常通过，导致电路中的电流为零。断路后电阻两端阻值呈无穷大，可以通过对阻值的检测判断电阻是否开路。断路后电阻两端不会有电流流过，因此电阻两端不再有电压，也可以用万用表检测电阻两端是否有电压来判断电阻已经断路。图 2-29 所示为通过测量电阻是否有电压判断电阻是否断路。

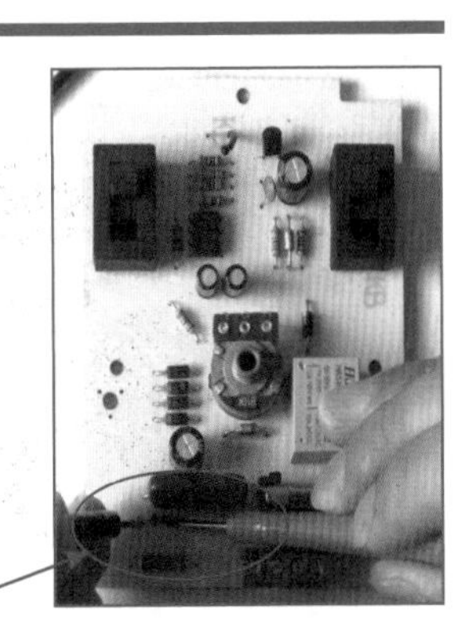

第 2 步: 将两只表笔分别接电阻器的两端。

图 2-29　电阻两端电压的检测

由图 2-29 可知测得电阻两端有阻值，证明该电阻未发生断路。

2.8.2 如何处理阻值变小故障

由于温度、电压、电路的变化超过限值，使电阻阻值变大或变小，用万用表检查时可发现实际阻值与标称阻值相差很大，而出现电路工作不稳定的故障。电阻器阻值变小故障的处理方法，如图 2-30 所示。

这类故障比较常见，一般都采用更换新的电阻器的方法，可以彻底消除故障。

图 2-30　电阻器阻值变小故障的处理方法

电阻器检测与代换方法

2.9.1　固定电阻器的检测方法

电阻器的检测相对于其他元器件的检测来说要相对简便，可以采用在路检测，如果测量结果不能确定测量的准确性，就将其从电路中焊下来，开路检测其阻值。将万用表调至欧姆挡，两表笔分别与电阻的两引脚相接即可测出实际电阻值，如图 2-31 所示。

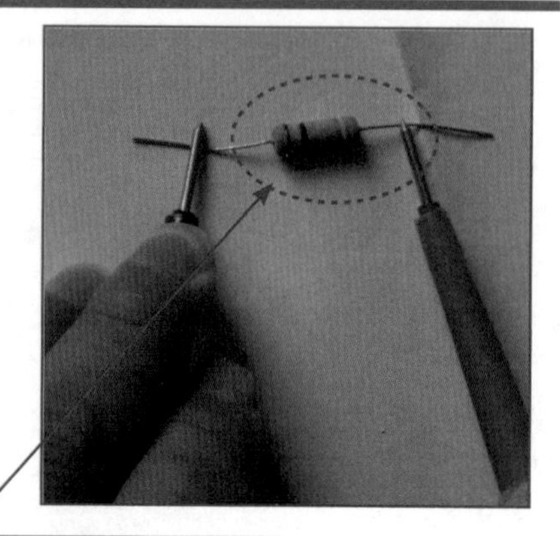

图 2-31　测量电阻器

根据电阻误差等级不同，算出误差范围，若实测值已超出标称值，说明该电阻已经不能继续使用。若仍在误差范围内，电阻仍可继续使用。

2.9.2　熔断电阻器的检测方法

熔断电阻器可以通过观察外观和测量阻值来判断好坏，如图 2-32 所示。

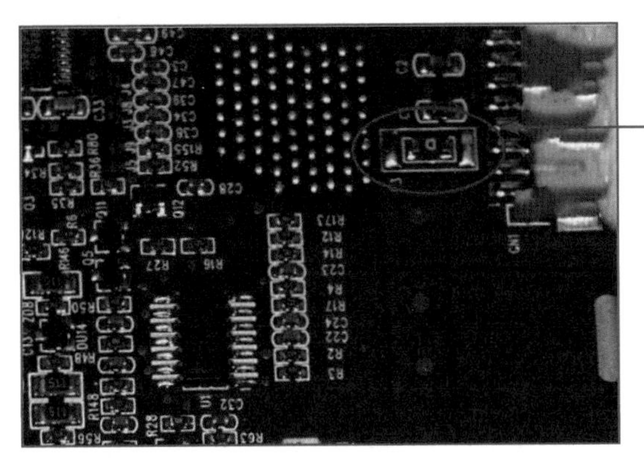

在电路中，多数熔断电阻器的开路可根据观察做出判断。例如，若发现熔断电阻器表面烧焦或发黑(也可能会伴有焦味)，可断定熔断电阻器已被烧毁。

（a）观察外观

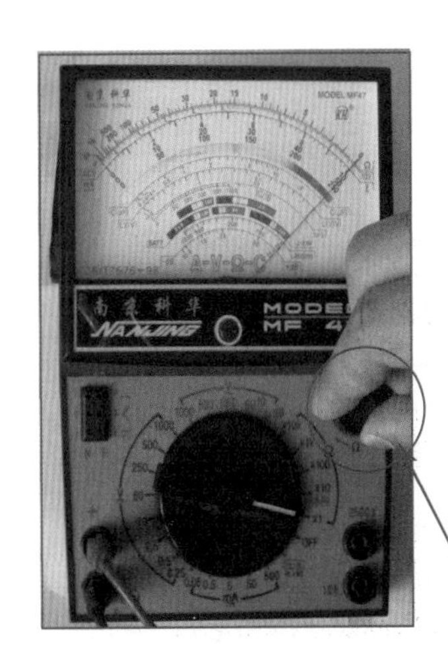

第 1 步：将指针万用表的挡位调到 R×1 挡，并调零。

第 2 步：两表笔分别与熔断电阻的两引脚相接。

（b）测量阻值

图 2-32　熔断电阻器的检测方法

若测得的阻值为无穷大，则说明此熔断电阻器已经开路。若测得的阻值与 0 接近，说明该熔断电阻器基本正常，如果测得的阻值较大，则需要开路进行进一步测量。

2.9.3 贴片式普通电阻器的检测方法

贴片式普通电阻器的检测方法如图 2-33 所示。

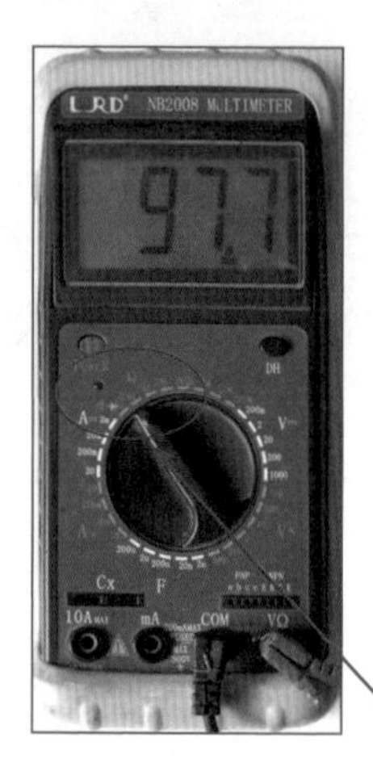

第 1 步：待测的普通贴片电阻器，电阻标注为 101 即标称阻值为 100 Ω，因此选用指针万用表的“R×1”挡或数字万用表的 200 挡进行检测。

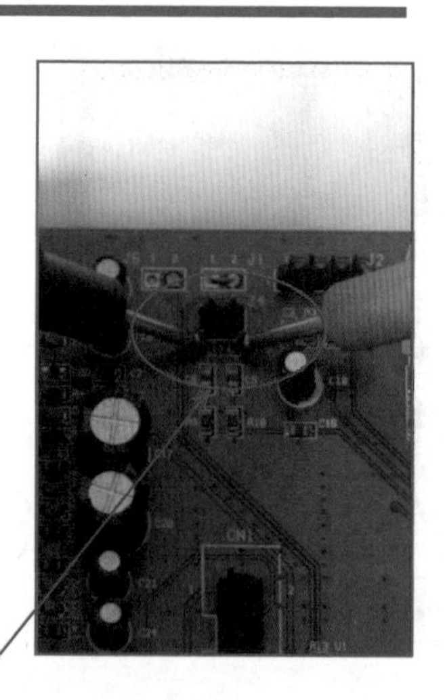

第 2 步：将数字万用表的红黑表笔分别接在待测的电阻器两端进行测量。

图 2-33　贴片电阻器标称阻值的测量

通过万用表测出阻值，观察阻值是否与标称阻值一致。如果实际值与标称阻值相距甚远，证明该电阻器已经出现问题。

2.9.4 贴片式排电阻器的检测方法

如果是 8 引脚的排电阻，则内部包含 4 个电阻器，如果是 10 引脚的排电阻，可能内部包含 10 个电阻器，所以在检测贴片电阻器时需注意其内部结构。贴片式排电阻器的检测方法如图 2-34 所示。

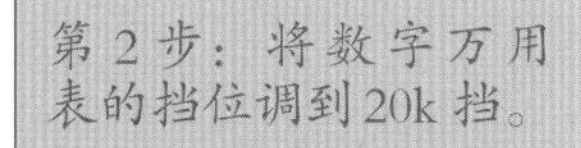

第 2 步：将数字万用表的挡位调到 20k 挡。

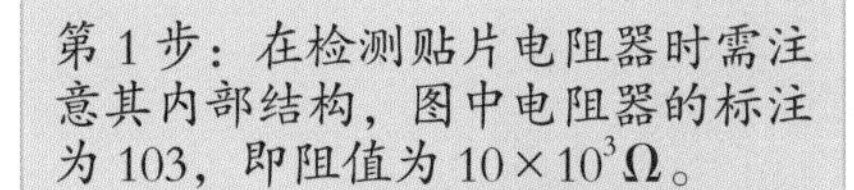

第 1 步：在检测贴片电阻器时需注意其内部结构，图中电阻器的标注为 103，即阻值为 10×10³Ω。

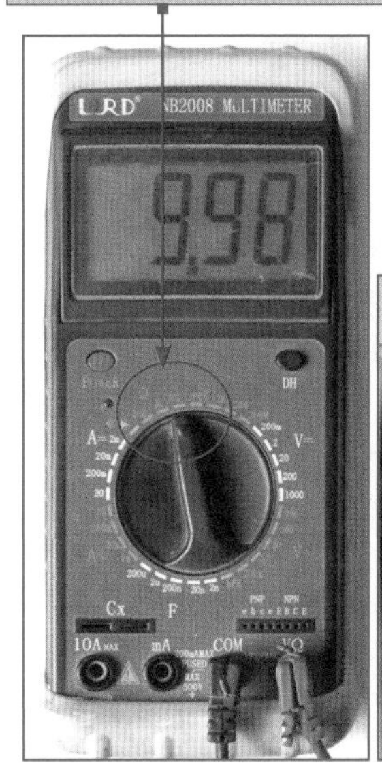

第 3 步：检测时应把红黑表笔加在电阻器对称的两端，并分别测量 4 组对称的引脚。

图 2-34　贴片排电阻器的检测方法

检测到的 4 组数据均应与标称阻值接近，若有一组检测到的结果与标称阻值相差甚远，则说明该排电阻器已损坏。

2.9.5　压敏电阻器的检测方法

压敏电阻器的检测方法如图 2-35 所示。

选用万用表的 R×1k 或 R×10k 挡，将两表笔分别加在压敏电阻器两端，测出压敏电阻器的阻值，交换两表笔再测量一次。若两次测得的阻值均为无穷大，说明被测压敏电阻器质量合格，否则证明其漏电严重而不可使用。

图 2-35　压敏电阻器的检测

2.9.6　固定电阻器的代换方法

固定电阻器的代换方法如图 2-36 所示。

普通固定电阻器损坏后，可以用额定阻值、额定功率均相同的金属膜电阻器或碳膜电阻器代换。

碳膜电阻器损坏后，可以用额定阻值及额定功率相同的金属膜电阻器代换。

如果手头没有同规格的电阻器更换，也可以用电阻器串联或并联的方法做应急处理。需要注意的是，代换电阻器必须比原电阻器有更稳定的性能，更高的额定功率，但阻值只能在标称容量允许的误差范围内。

图 2-36　固定电阻器代换方法

2.9.7　压敏电阻器的代换方法

压敏电阻器的代换方法如图 2-37 所示。

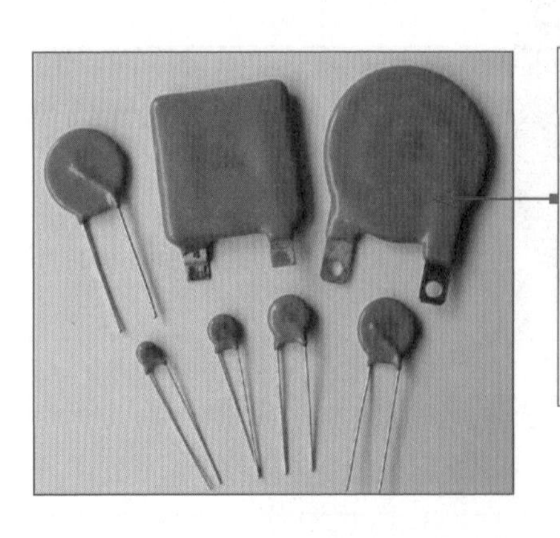

压敏电阻器一般应用于过电压保护电路。选用时，压敏电阻器的标称电压、最大连续工作时间及通流容量在内的所有参数都必须合乎要求。标称电压过高，压敏电阻器将失去保护意义，而过低则容易被击穿。应更换与其型号相同的压敏电阻器或用与参数相同的其他型号的压敏电阻器来代换。

图 2-37　压敏电阻器的代换方法

2.9.8　光敏电阻器的代换方法

光敏电阻器的代换方法如图 2-38 所示。

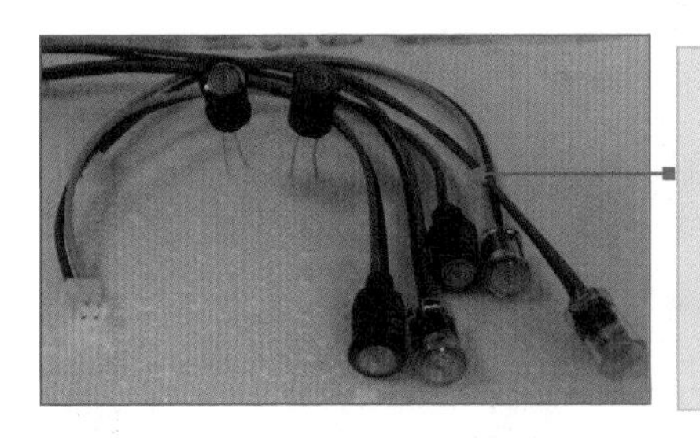

首先满足应用电路所需的光谱特性，其次要求代换电阻器的主要参数要相近，偏差不能超过允许范围。光谱特性不同的光敏电阻器，例如红外光光敏电阻器、可见光光敏电阻器、紫外光光敏电阻器，即使阻值范围相同，也不能相互代换。

图 2-38　光敏电阻器的代换方法

2.10 电阻器现场检测实操

2.10.1　主板电路贴片电阻器现场测量实操

主板中常用的电阻器主要为贴片电阻器、贴片排电阻器和贴片熔断电阻器等，对于这些电阻器，一般可采用在路检测（直接在电路板上检测），也可采用开路检测（元器件不在电路中或者电路断开无电流情况下进行检测）。下面将实测主板中的电阻器。

提示：检测主板中的贴片电阻器时，一般情况下，先采用在路测量，如果在路检测无法判断好坏的情况下，再采用开路测量。

测量主板中的贴片电阻器的方法如图 2-39 所示。

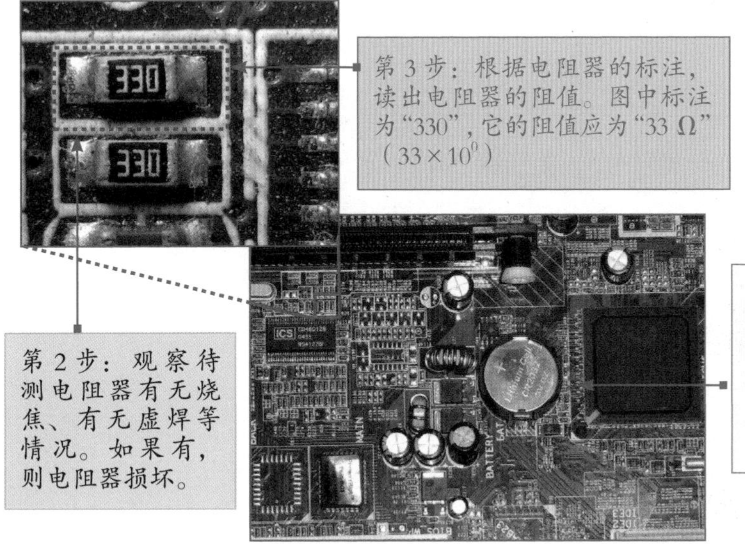

330
330
第 3 步：根据电阻器的标注，读出电阻器的阻值。图中标注为“330”，它的阻值应为“33 Ω”（33×10^{0}）
第 2 步：观察待测电阻器有无烧焦、有无虚焊等情况。如果有，则电阻器损坏。
第 1 步：将主板板的电源断开，如果测量主板 CMOS 电路中的电阻器，应把电池也卸下。

图 2-39　测量主板中的贴片电阻器

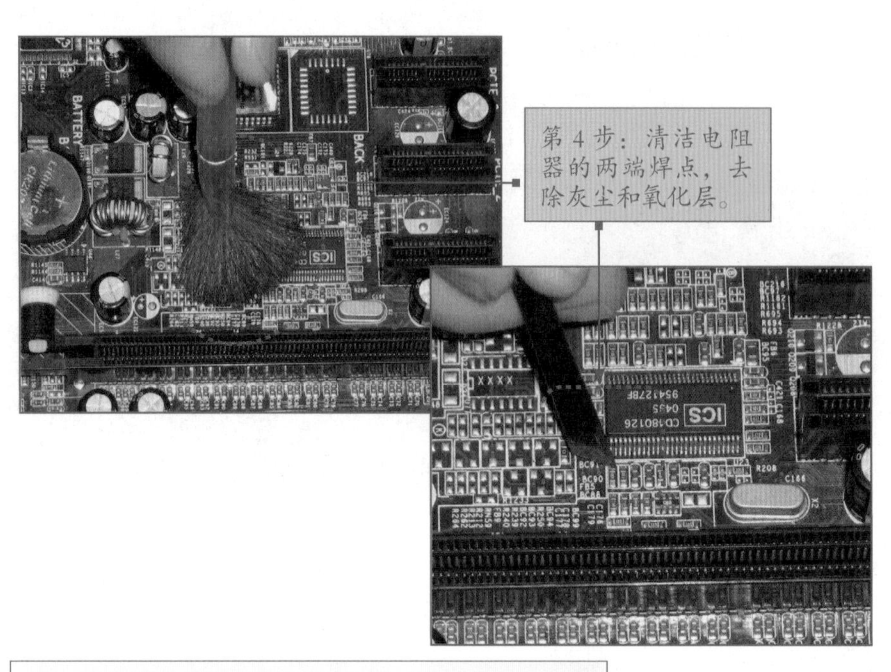

第 4 步：清洁电阻器的两端焊点，去除灰尘和氧化层。

第 5 步：清洁完成后，开始准备测量。根据电阻器的标称阻值将数字万用表调到欧姆挡“200”量程。

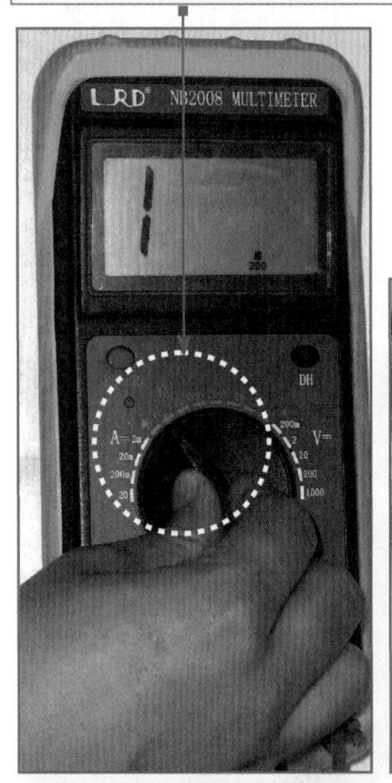

第 6 步：将万用表的红、黑表笔分别搭在电阻器两端焊点处。

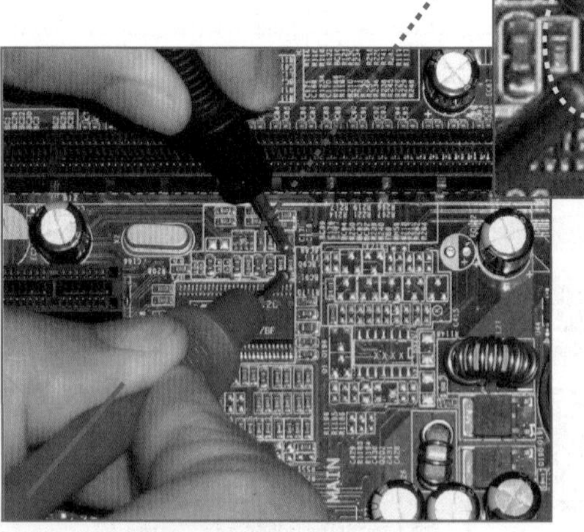

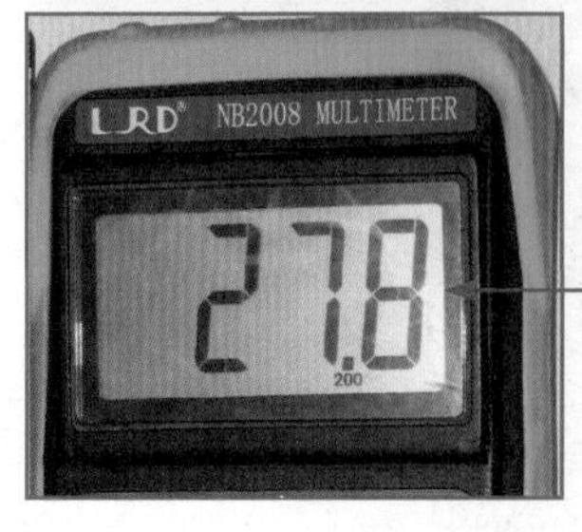

第 7 步：同时，观察万用表显示的数值，然后记录测量值“27.8”。

图 2-39　测量主板中的贴片电阻器（续）

第 8 步：将红、黑表笔互换位置，再次测量。

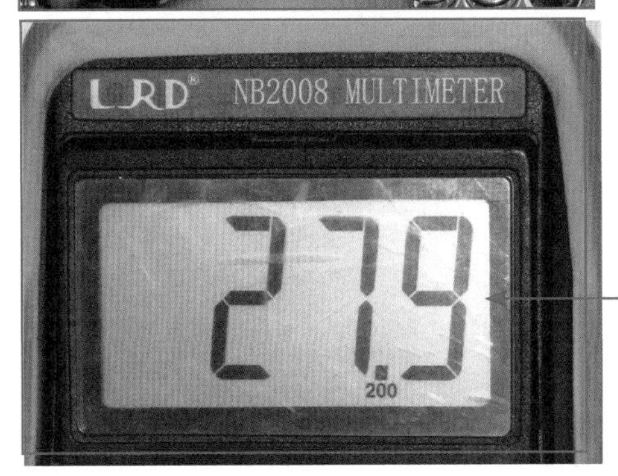
NB2008 MULTIMETER
27.9
200
第 9 步：记录第 2 次测量的值，这里测量的值为“27.9”。

图 2-39　测量主板中的贴片电阻器（续）

最后比较两次测量的阻值，取较大的作为参考值，这里取“27.9”。由于 27.9 Ω 与 33 Ω 比较接近，因此可以断定该电阻器正常。

提示：如果测量的参考阻值大于被标称阻值，则可以断定该电阻器损坏；如果测量的参考阻值远小于标称阻值（有一定阻值），此时并不能确定该电阻器损坏，还有可能是由于电路中并联有其他小阻值电阻而造成的，这时就需要采用脱开电路板检测的方法进一步检测证实。

2.10.2　液晶显示器电路贴片排电阻器现场测量实操

贴片排电阻器的检测方法与贴片电阻器的检测方法相同，也是分为在路检测和开路检测两种，实际操作时一般都先采用在路检测，只有在路检测无法判断其好坏时才采用开路检测。

注意：在路检测贴片排电阻器时，首先要将排电阻器所在的供电电源断开，如果测量主板 CMOS 电路中的排电阻器，还应把 CMOS 电池卸下。

测量液晶显示器电路中的贴片排电阻器的方法步骤如图 2-40 所示。

第 2 步：用毛刷和细砂纸清理灰尘和锈渍后根据排电阻器的标称阻值调节万用表的量程。此次被测排电阻器标的称阻值为 10 kΩ，根据需要将量程选择在 20 kΩ。并将黑表笔插入 COM 孔，红表笔插入 VΩ 孔。

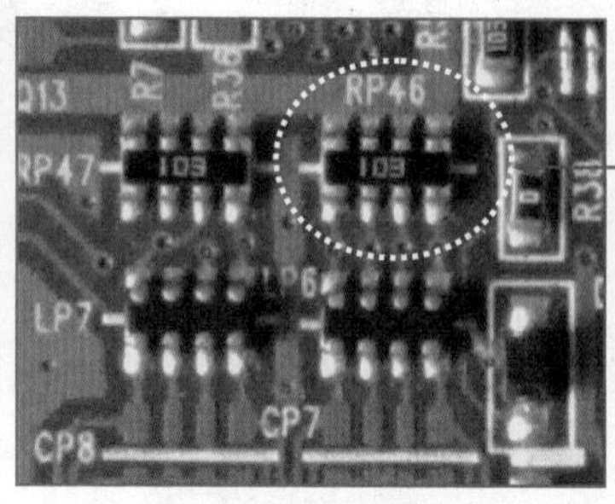

第 1 步：首先对排电阻器进行观察，如果有明显烧焦、虚焊等情况，基本可以判定存在故障。如果待测排电阻器外观上没有明显问题，根据排电阻器的标称阻值读出电阻器的阻值。本次测量的排电阻器标称阻值为 103，即它的阻值为 10 kΩ，也就是说，其 4 个电阻器的阻值都是 10 kΩ。

第 3 步：将万用表的红、黑表笔分别搭在排电阻器第一组（从左侧记为第一，然后顺次下去）对称的焊点上观察万用表显示的数值，记录测量值 9.94。

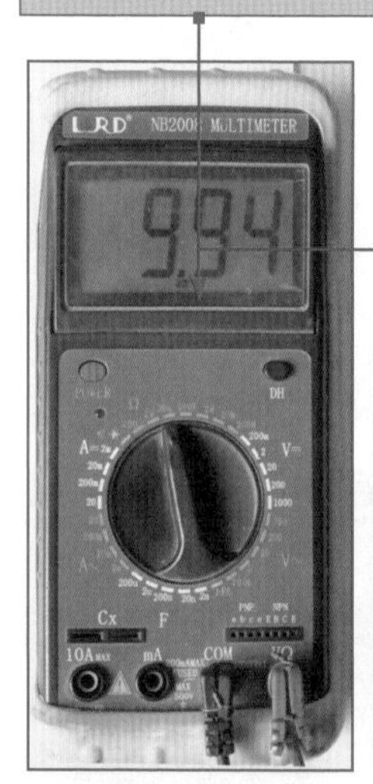

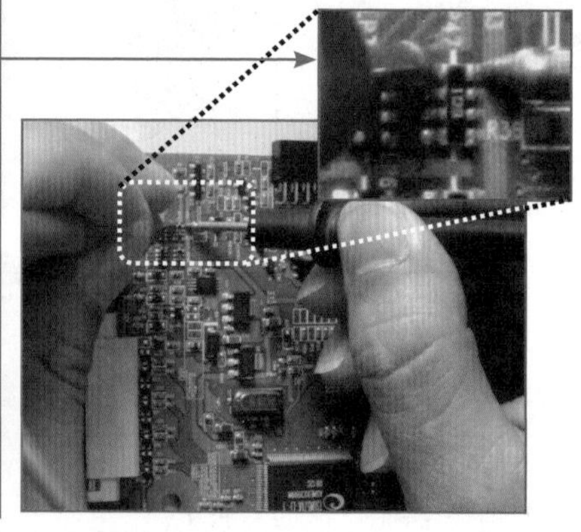

第 4 步：将红、黑表笔互换位置，再次测量，记录第 2 次测量的值 9.95，取较大值作为参考。

图 2-40　贴片排电阻器的测量

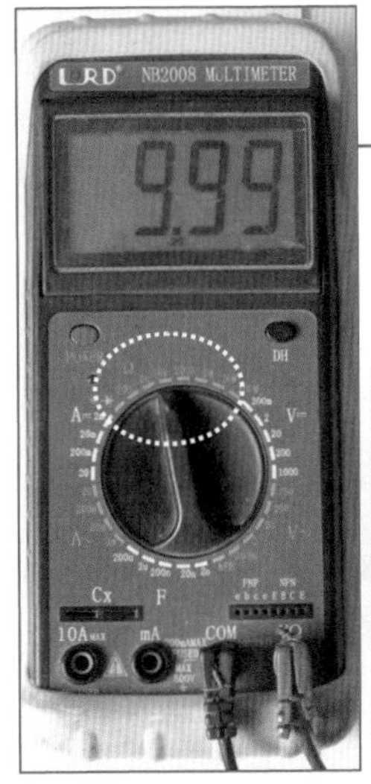

第 5 步：将万用表的红、黑表笔分别搭在贴片排电阻器第二组两个脚的焊点上，测量的阻值为 9.99。

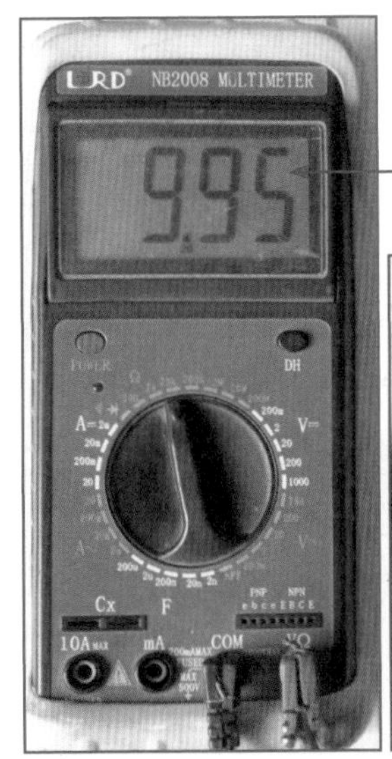

第 6 步：将万用表的红、黑表笔对调后，再次测量其阻值，测量的阻值为 9.95。

第 7 步：将万用表的红、黑表笔分别搭在贴片排电阻器第三组两个脚的焊点上，测量的阻值为 9.95。

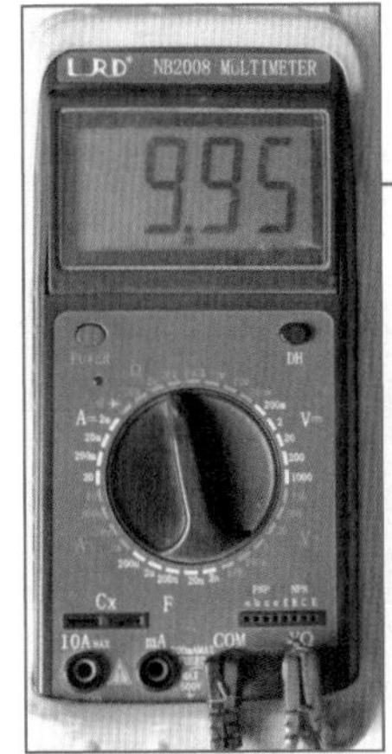

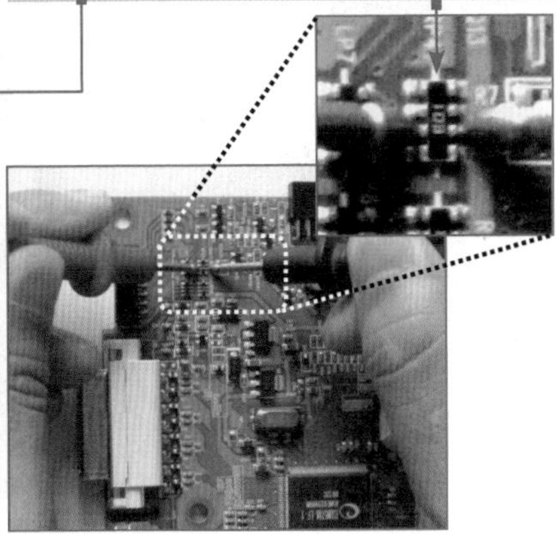

图 2-40　贴片排电阻器的测量（续）

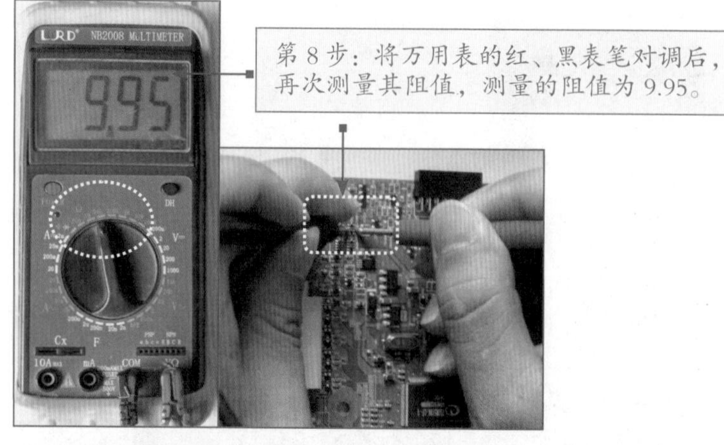
第 8 步：将万用表的红、黑表笔对调后，再次测量其阻值，测量的阻值为 9.95。
9.95

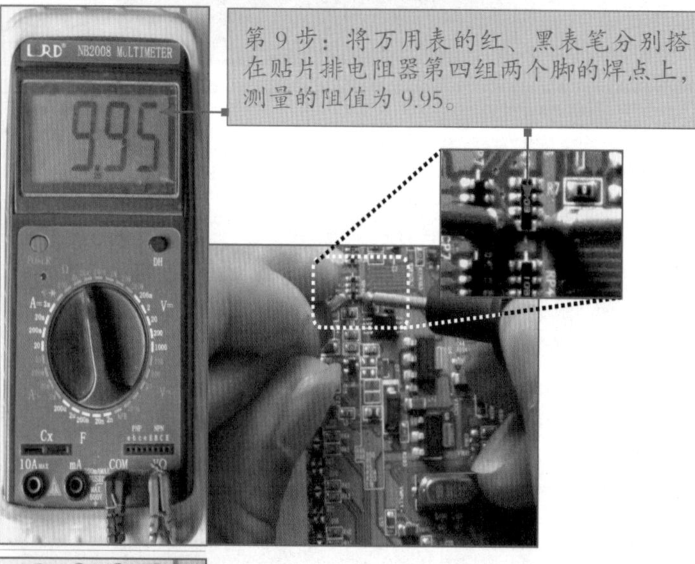
第 9 步：将万用表的红、黑表笔分别搭在贴片排电阻器第四组两个脚的焊点上，测量的阻值为 9.95。
9.95

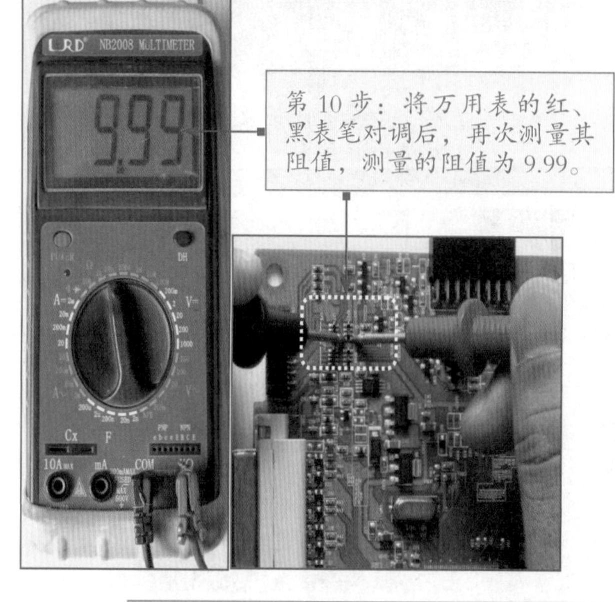
第 10 步：将万用表的红、黑表笔对调后，再次测量其阻值，测量的阻值为 9.99。
9.99

图 2-40　贴片排电阻器的测量（续）

总结：这 4 次测量的阻值分别为 9.95 kΩ、9.99 kΩ、9.95 kΩ、9.99 kΩ，与标称阻值 10 kΩ 相比相差不大，因此该排电阻器可以正常使用。

2.10.3　柱状电阻器现场测量实操

有些柱状固定电阻器开路或阻值增大后其表面会有很明显的变化，比如裂痕、引脚断开或颜色变黑，此时通过直观检查法就可以确认其好坏。如果从外观无法判断好坏，则需要用万用表对其进行检测来判断其是否正常。用万用表测量电阻器同样分为在路检测和开路检测两种方法。其中，开路测量一般将电阻器从电路板上取下或悬空一个引脚后对其进行测量。下面用开路检测的方法测量柱状固定电阻器，方法步骤如图 2-41 所示。

第 1 步：记录电阻器的标称阻值，如果是直标法直接根据标注就可以知道电阻器的标称阻值，而如果是色环电阻器还需根据色环查出该电阻的标称阻值，本次开路测量的电阻器采用的并不是直标法而是色环标注法。该电阻器的色环顺序为红、黑、黄、金，即该电阻器的标称阻值为 200 kΩ，允许偏差在 ±5%。

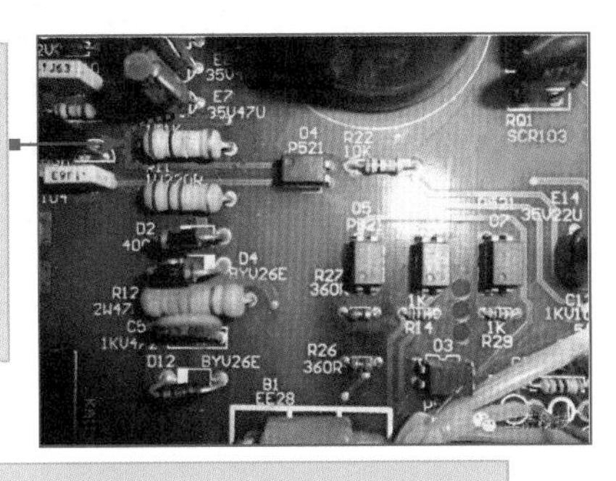

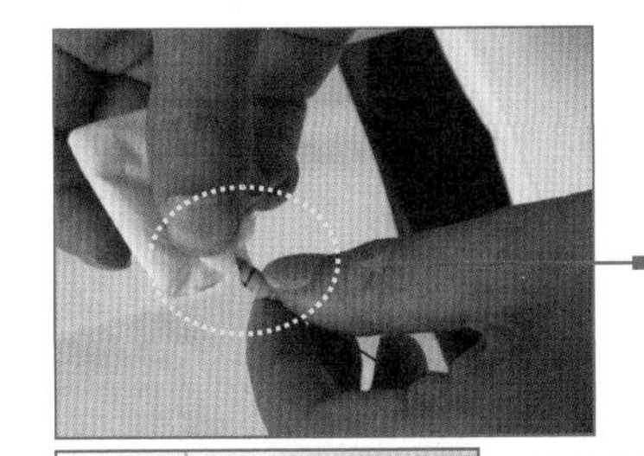

第 2 步：用电烙铁将电阻器从电路板上卸下；也可以将其中一只引脚卸下；清理待测电阻器引脚的灰土，如果有锈渍可以拿细砂纸打磨一下，否则会影响检测结果。如果问题不大，拿纸巾轻轻擦拭即可。擦拭时不可太过用力，以免将其引脚折断。

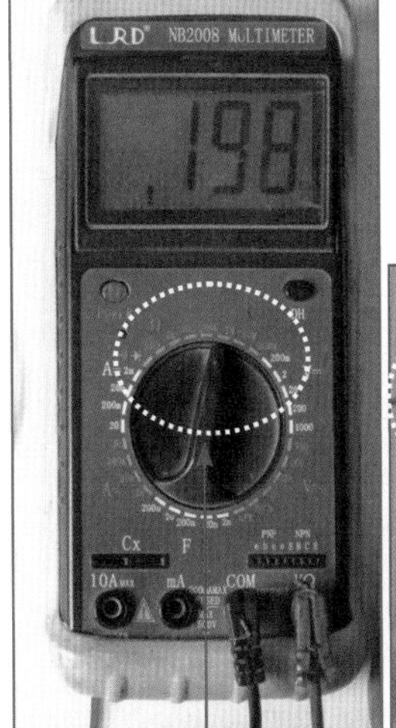

第 4 步：打开数字万用表电源开关，将万用表的红、黑表笔分别搭在电阻器两端的引脚处，不用考虑极性问题，测量时人体一定不要同时接触两引脚，以免因和电阻并联而影响测量结果。测量的数值为 0.198。

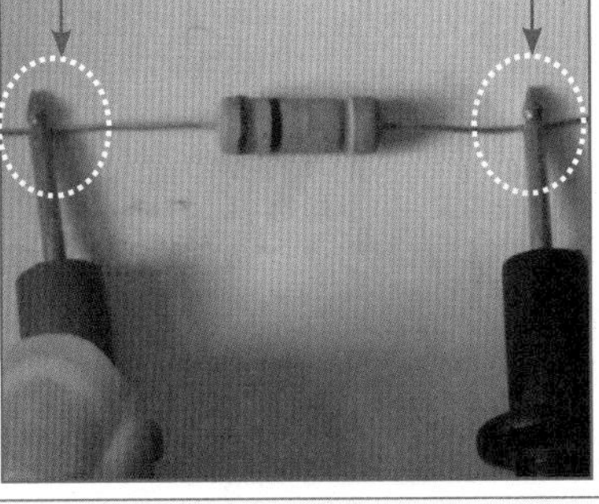

第 3 步：根据电阻器的标称阻值调节万用表的量程。因为被测电阻器为 200 kΩ，允许偏差在 ±5%，测量结果可能比 200 kΩ 大，所以应选择 2M 的量程进行测量。测量时，将黑表笔插入 COM 孔中，红表笔插入 VΩ 孔。

图 2-41　柱状电阻器开路测量

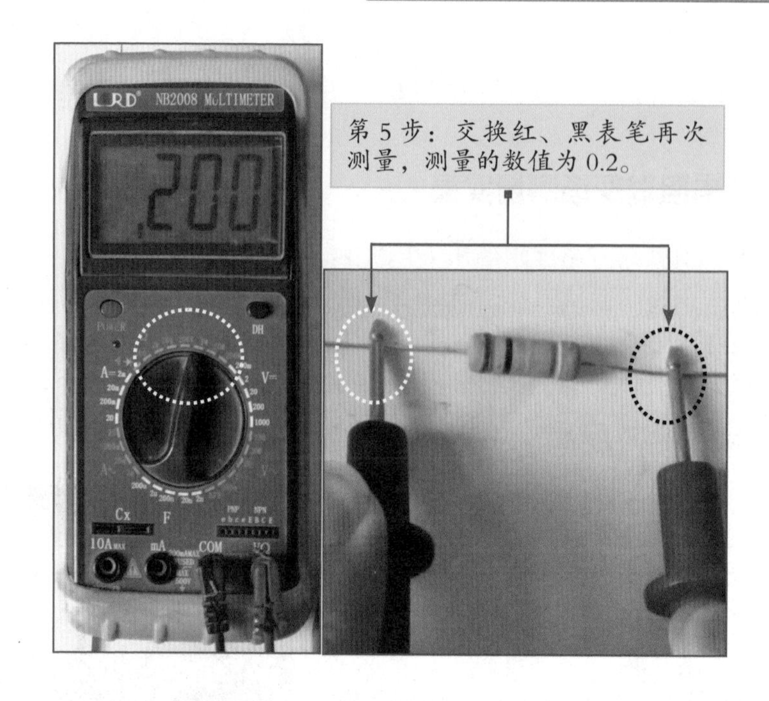

图 2-41　柱状电阻器开路测量（续）

总结：取较大的数值作为参考，这里取“0.2M”，0.2 MΩ=200 kΩ。该值与标称阻值一致，因此可以断定该电阻器可以正常使用。

2.10.4　熔断电阻器现场测量实操

电路中的熔断电阻器一般有贴片熔断电阻器和直插式熔断电阻器。熔断电阻器的检测一般都采用在路检测，只有很少的时候需要开路测试。下面用实例讲解其测量方法，如图 2-42 所示。

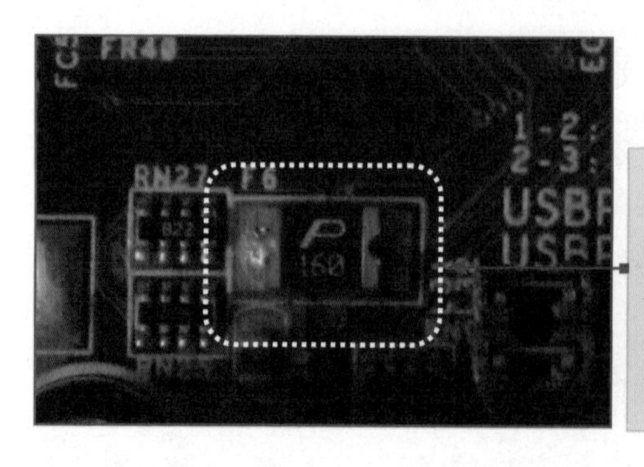

第 1 步：断开供电电源，观察熔断电阻器，看其是否损坏，有无烧焦、虚焊等情况，如果有，则熔断电阻器已经出现损坏。
FR40
RN27
F6
160

图 2-42　熔断电阻器的检测

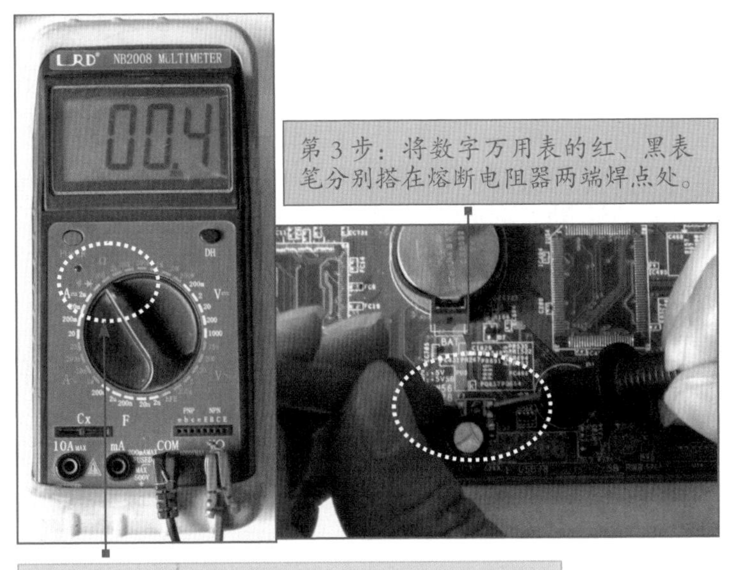

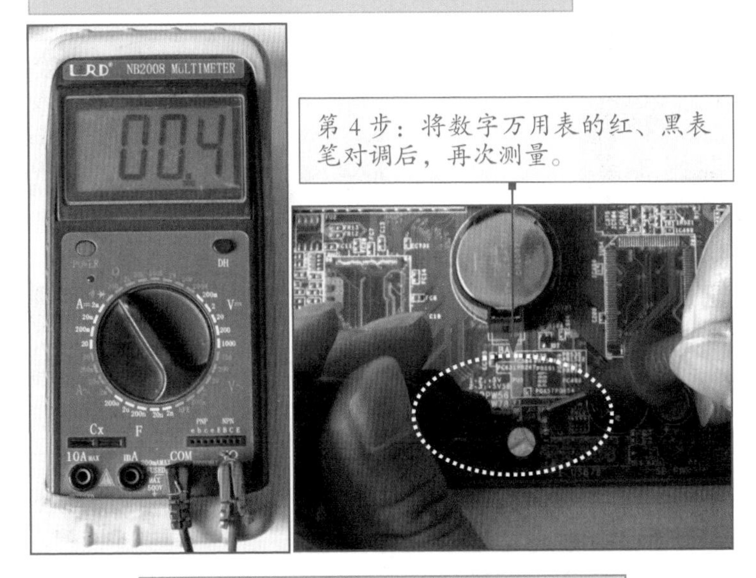

NB2008 MULTIMETER
00.4
第 4 步：将数字万用表的红、黑表笔对调后，再次测量。

图 2-42　熔断电阻器的检测（续）

总结：取两次测量结果均为 0.4 Ω 与标称值 0 Ω 进行比较。由于 0.4 Ω 非常接近于 0 Ω，因此该熔断电阻器基本正常。

提示：如果两次测量熔断电阻器的阻值均为无穷大，则熔断电阻器已损坏；如果测量熔断电阻器的阻值较大，则需要采用开路测量进一步检测熔断电阻器的质量。

2.10.5　打印机电路压敏电阻器现场测量实操

压敏电阻器主要用在电气设备交流输入端，用作过电压保护。当输入电压过高时，其阻值将减小，使串联在输入电路中的熔断管熔断，切断输入，从而保护电气设备。

压敏电阻器损坏后其表面会有很明显的变化，比如颜色变黑等，此时通过直观检查法就可以确认其好坏。如果从外观无法判断好坏，则需要用万用表对其进行检测，其检测过程如图 2-43 所示。

第 1 步：将打印机电路板的电源断开，然后观察压敏电阻器是否损坏，有无烧焦发黑、有无开裂、有无引脚断裂或虚焊等情况。如果有，则压敏电阻器损坏。

第 3 步：将数字万用表的红、黑表笔分别搭在压敏电阻器两端焊点处，观察万用表显示的数值，然后记录测量值为 0.01。

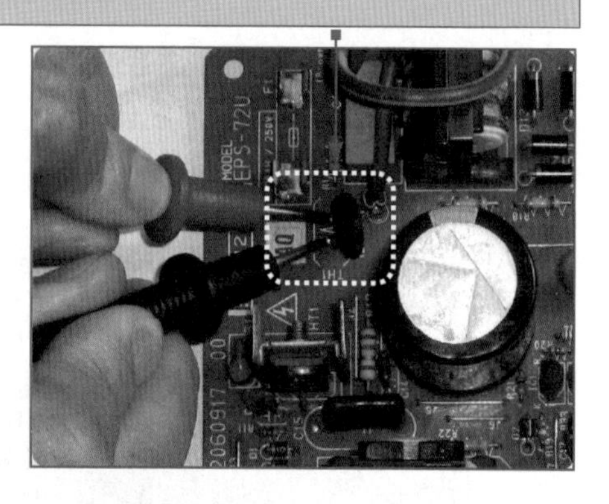

第 2 步：清洁电阻器两端焊点，去除灰尘和氧化层。开始准备测量，将数字万用表调到欧姆挡“200”量程。

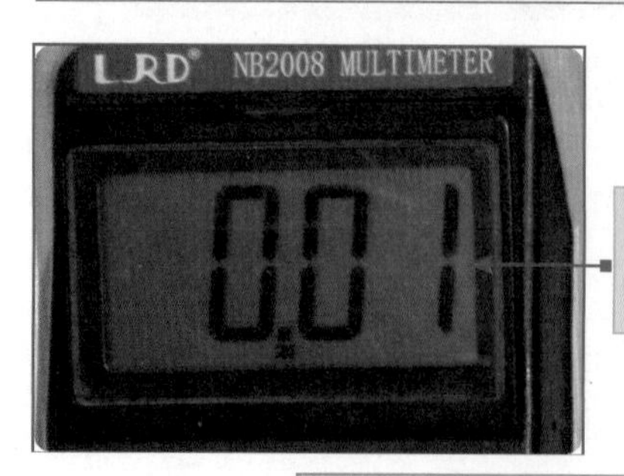

第 4 步：再将两表笔对调，进行测量，测量的阻值也为“0.01”。

图 2-43 测量压敏电阻器

总结：由于 0.01 Ω 接近于 0 Ω，因此可以判断此压敏电阻器正常。

2.10.6　主板电路热敏电阻器现场测量实操

主板中的热敏电阻器主要用在 CPU 插座附近，用来检测 CPU 的工作温度，此热敏电阻器一般为 NTC 负温度系数热敏电阻器。

检测此热敏电阻器时，需要同时给电阻器加热，同时观察电阻器阻值的变化。热敏电阻器的测量方法如图 2-44 所示。

第 1 步：将主板的电源断开，然后对热敏电阻器进行观察，看待测热敏电阻器是否损坏，有无烧焦、有无引脚断裂或虚焊等情况。如果有，则热敏电阻器损坏。

第 2 步：清洁两端焊点，并让电阻器处于常温状态。将数字万用表调到欧姆挡“20 k”挡（根据热敏电阻器的标称阻值调），然后将红、黑表笔分别搭在两端焊点处。

第 3 步：观察万用表显示的数值，记录常温下的阻值为 7.34。

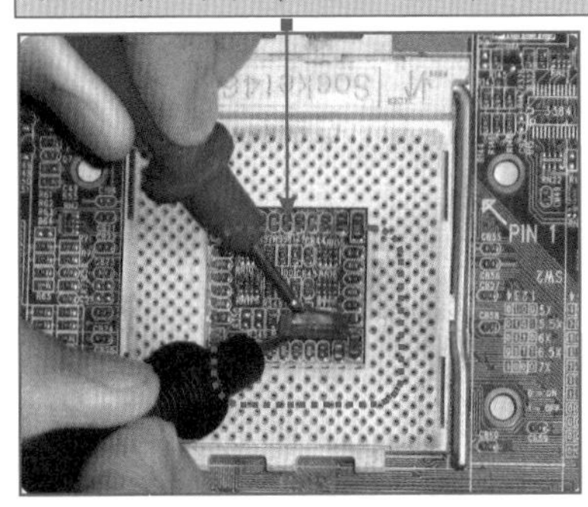

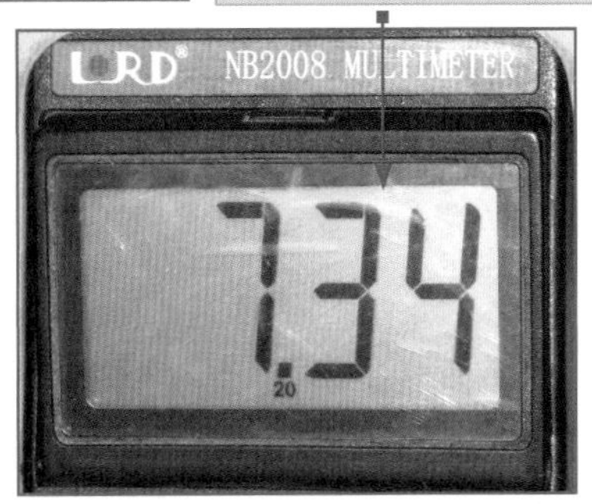

第 4 步：将加热的电烙铁靠近热敏电阻器来给它加温。注意，电烙铁加热时不要将烙铁紧挨电阻器，以免烫坏热敏电阻器。

第 5 步：加热的同时，观察万用表表盘阻值，发现热敏电阻器的阻值在不断地降低。

图 2-44　测量热敏电阻器

总结：由于常温下测量的热敏电阻器的阻值比温度升高后的阻值大，说明该热敏电阻器属于负温度系数热敏电阻器，其工作正常。

提示：如果温度升高后所测得的热敏电阻器的阻值与正常温度下所测得的阻值相等或相近，则说明该热敏电阻器的性能失常；如果待测热敏电阻器工作正常，并且在正常温度下测得的阻值与标称阻值相等或相近，则说明该热敏电阻器无故障；如果正常温度下测得的阻值趋近于0或趋近于无穷大，则可以断定该热敏电阻器已损坏。

第3章 电容器现场检测维修实操

顾名思义，电容器是容纳电荷的元器件，应用非常广泛，且在不同的电路有不同的作用。本章将首先分析电容器的特性、作用、符号、主要参数和标注方法；然后从实践角度分析电容器的电路、常见故障排除以及检测与代换方法。

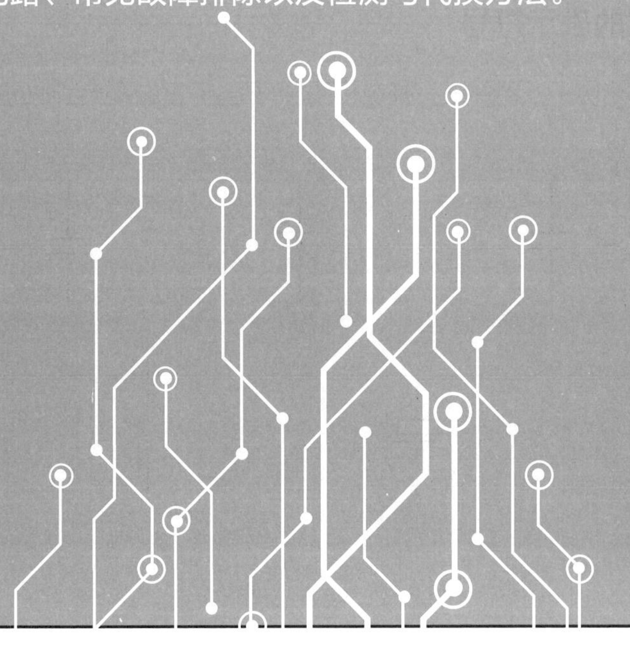

电容器是在电路中引用最广泛的元器件之一，打开一块电路板即可看到大大小小、各形各样的电解电容器、贴片电容器等各式电容器。电容器由两个相互靠近的导体极板中间夹一层绝缘介质构成。在电容器两端加上一个电压电容器就可以进行能量的储存，电容器是一种重要的储能元件，同时也是易发故障的元件之一。图 3-1 所示为电路中常见的电容器。

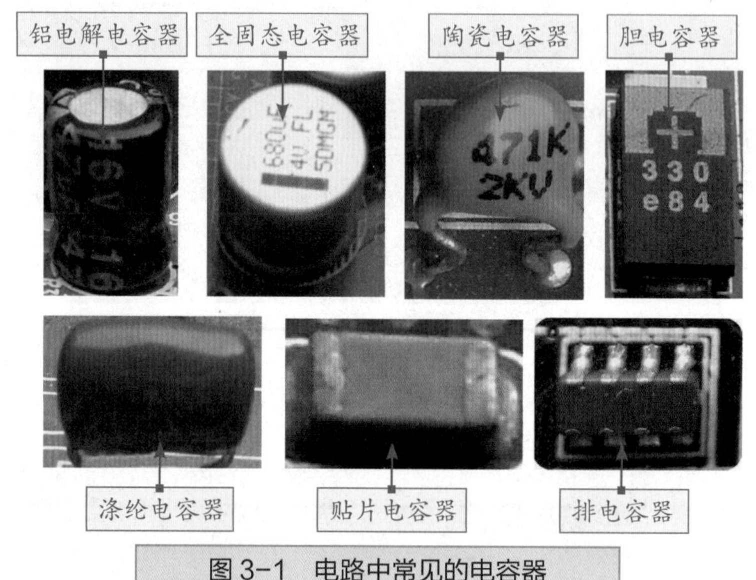

图 3-1　电路中常见的电容器

3.1 电容器的符号及分类

3.1.1　电容器的表示符号

在电路图中每个电子元器件还有其电路图形符号，电容器的电路图形符号如图 3-2 所示。

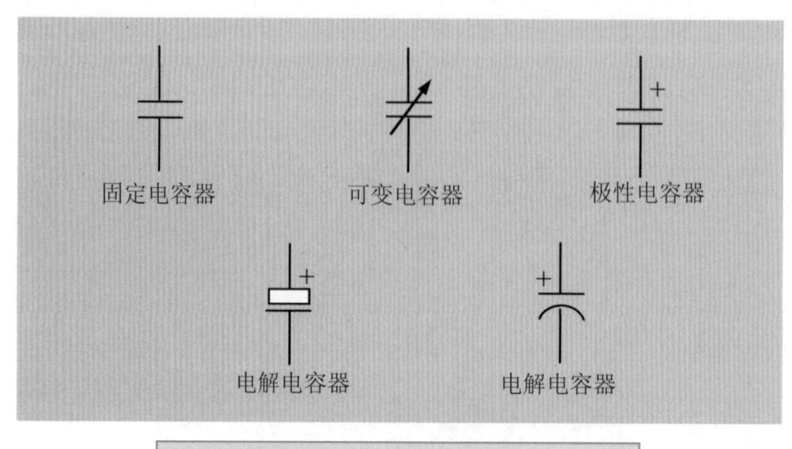

图 3-2　电容器图形符号

3.1.2　电容器的分类

电容器种类繁多，分类方式也不同。

按照结构可划分为三大类：固定电容器、可变电容器和微调电容器。

按电解质种类可分为：有机介质电容器、无机介质电容器、电解电容器和空气介质电容器等。

按用途可分为：高频耦合、低频耦合、高频旁路、低频旁路、滤波、调谐、小型电容器。

按极性可分为：有极性电容器和无极性电容器两类。

按制造材料的不同可分为：陶瓷电容器、涤纶电容器、电解电容器、钽电容器，还有先进的聚丙烯电容器等。

下面介绍电路中常见的电容器。

1. 纸介电容器

纸介电容器属于无极性固定电容器，外形如图 3-3 所示。纸介电容器的价格低、体积大、损耗大且稳定性差，并存在较大的固有电感，因而不宜在频率较高的场合使用。

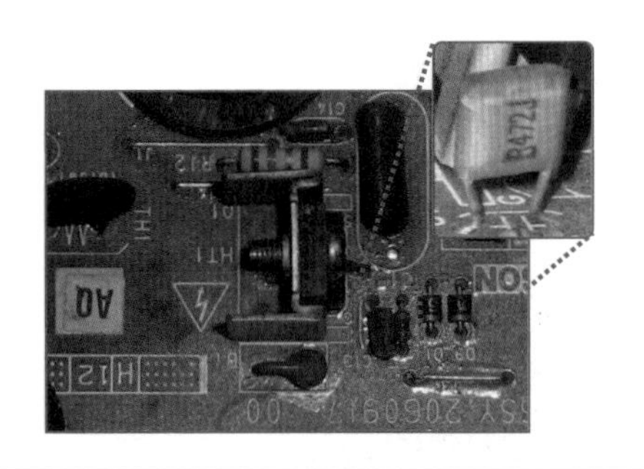

图 3-3　纸介电容器

2. 云母电容器

云母电容器是用金属箔或者在云母片上做的电极板，极板和云母一层一层叠合后，再压铸在胶木粉或封固在环氧树脂中制成。常见的云母电容器如图 3-4 所示。

云母电容器的特点是介质损耗小，绝缘电阻大、温度系数小，适用于高频电路。

图 3-4　云母电容器

3. 陶瓷电容

陶瓷电容器又称瓷介电容器，是以陶瓷为介质，涂敷金属薄膜经高温烧结而制成的电极，在电极上焊上引出线，外表涂以保护磁漆，或用环氧树脂及酚醛树脂包封制成的。常见的陶瓷电容器如图 3-5 所示。

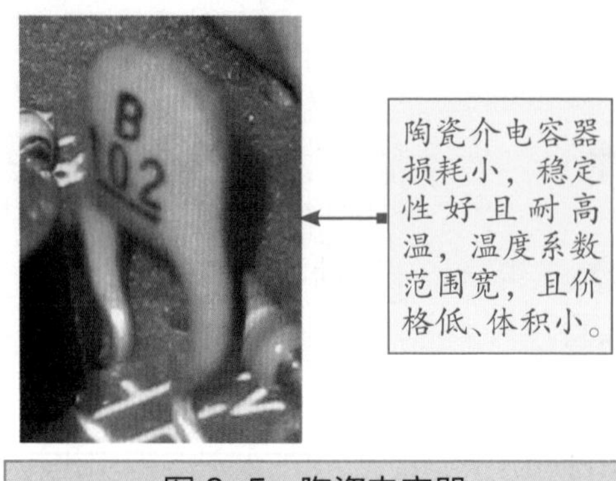

B
102
陶瓷介电容器损耗小，稳定性好且耐高温，温度系数范围宽，且价格低、体积小。

图 3-5　陶瓷电容器

4. 铝电解电容器

铝电解电容器是由铝圆筒做负极，里面装有液体电解质，插入一片弯曲的铝带做正极而制成的，如图 3-6 所示。

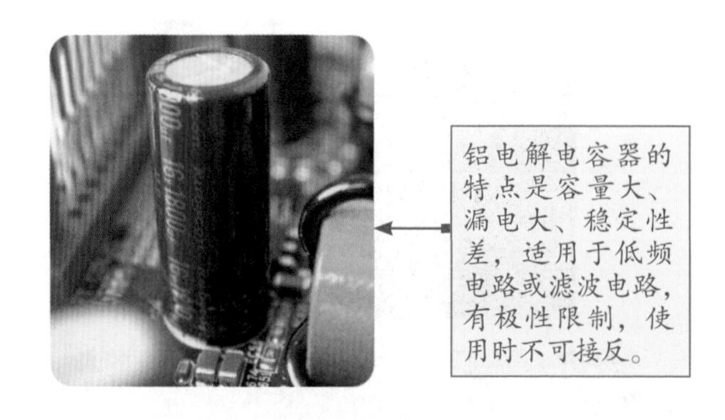

铝电解电容器的特点是容量大、漏电大、稳定性差，适用于低频电路或滤波电路，有极性限制，使用时不可接反。

图 3-6　铝电解电容器

电解电容器的两极一般是由金属箔构成的，为了减小电容器的体积通常将金属箔卷起来。我们知道将导体卷起来就会出现电感，电容量越大的电容器金属箔就会越长，卷得就会越多，这样等效电感也就会越大。理论上电容器在高频下工作，容抗应该更小，但由于频率增高的同时感抗也在加大，会大到不可小视的地步，所以说电解电容器是一种低频电容器，容量越大的电解电容器其高频特性越差。

5. 涤纶电容器

涤纶电容器由两片金属箔做电极，夹在极薄的涤纶介质中，卷成圆柱形或者扁柱形芯子构成的，如图 3-7 所示。

涤纶电容器体积小、容量大、稳定性较好，适宜做旁路电容。

图 3-7　涤纶电容器

6. 玻璃釉电容器

玻璃釉电容器，是一种常用电容器件，如图 3-8 所示。介质是玻璃釉粉加压制成的薄片，通过调整釉粉的比例，可以得到不同特性的电容。

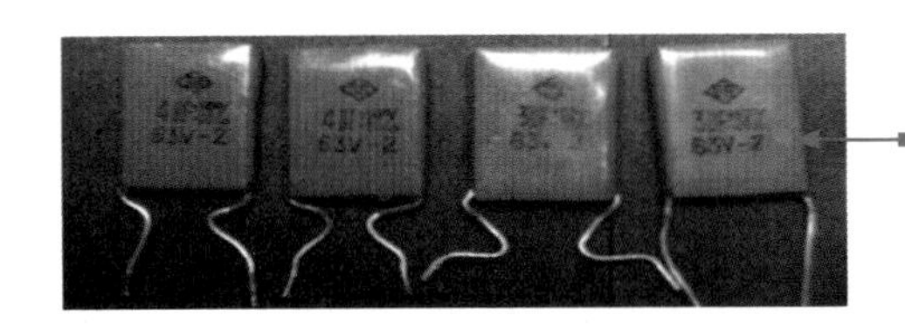

玻璃釉电容器主要用于半导体电路和小型电子仪器中的交、直流电路或脉冲电路。

图 3-8　玻璃釉电容器

7. 微调电容器

微调电容器电容量可在某一小范围内将其容量进行调整，并可在调整后固定于某个值上。常见的微调电容器如图 3-9 所示。

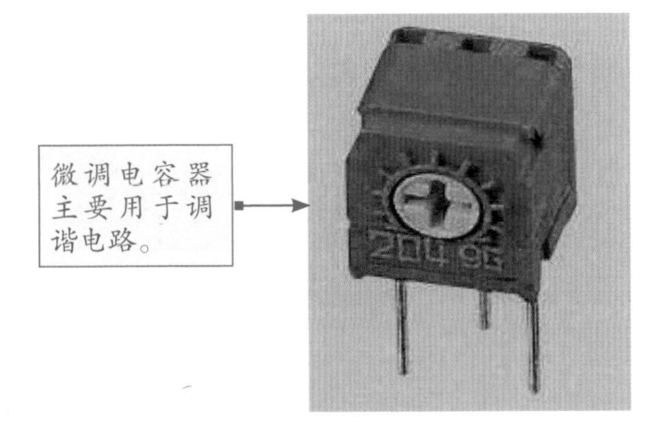

微调电容器主要用于调谐电路。

图 3-9　微调电容器

8. 聚苯乙烯电容器

聚苯乙烯电容器是以非极性的聚苯乙烯薄膜为介质制成的电容器。其电性能优良，绝缘电阻高，可以在高频下使用，并可部分地代替云母电容器。图 3-10 所示为聚苯乙烯电容器。

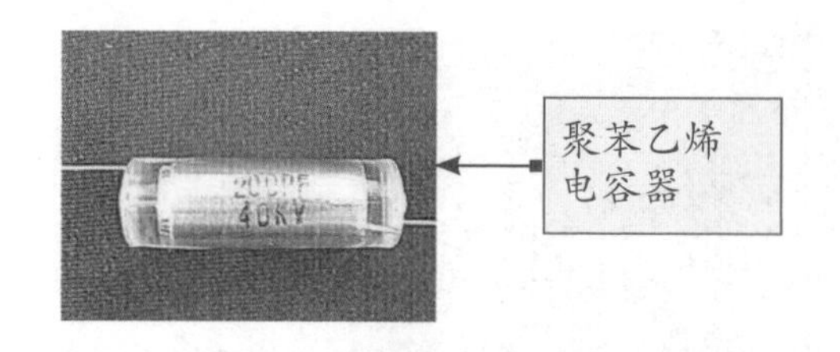

图 3-10　聚苯乙烯电容器

3.2 电容器特性与作用

电容器最主要的特性是“隔直流通交流”，此特性在电路中被广泛的应用，掌握电容器的特性将对分析电容器电路有很大的帮助。接下来本节将详细分析电容器的特性”。

3.2.1　特性 1：电容器的隔直流作用

电容器阻止直流“通过”，是电容器的一项重要特性，叫作电容器的隔直特性。前面已经介绍了电容器的结构，电容器是由两个相互靠近的导体极板中间夹一层绝缘介质构成的。电容器的隔直特性与其结构密切。图 3-11 所示为电容器直流供电电路图。

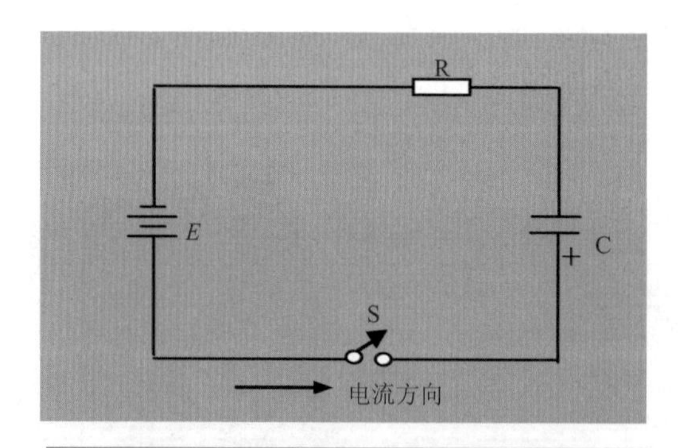

图 3-11　电容器直流供电电路图

当开关 S 未闭合时，电容器上不会有电荷，也不会有电压，电路中也没有电流流过。

当开关 S 闭合时，电源会对电容器进行充电，此时电容器两端会分布着相应的电荷。电路中会形成充电电流，当电容器两端电压与电源两端电压相同时充电结束，此时电路中就不再有电流流动。这就是电容器的隔直流作用。

电容器的隔直作用是指直流电源对电容器充完电后，由于电容与电源间的电压相等，电荷不再发生定向移动，也就没有了电流，但直流刚加到电容器上时电路中是有电流的，只是充电过程很快结束，具体时间长短与时间常数 R 和 C 之积有关。

3.2.2　特性 2：电容器的通交流作用

电容器具有让交流电“通过”的特性，称为电容器的通交作用。

假设交流电压正半周电压致使电容器 A 面布满正电荷，B 面布满负电荷，如图 3-12（a）所示；而交流电负半周时交流电将逐渐中和电容器 A 面正电荷和 B 面负电荷，如图 3-5(b)所示。一周期完成后电容器上电量为零，如此周而复始，电路中便形成了电流。

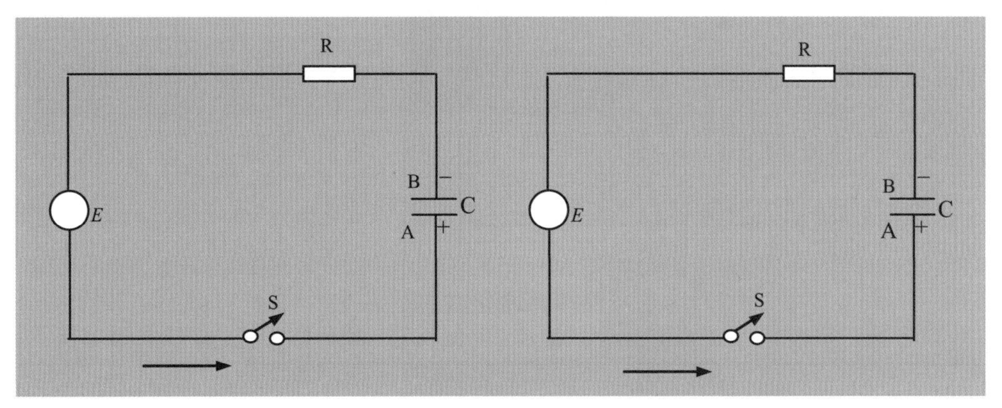

图 3-12　电容器交流供电电路图

从电路板和电路图中识别电容器

3.3.1　从电路板中识别电容器

电容器是电路中最基本的元器件之一，在电路中被广泛的使用。图 3-13 所示为电路中的电容器。

铝电解电容器是由铝圆筒做负极，里面装有液体电解质，插入一片弯曲的铝带做正极而制成的。铝电解电容器的特点是容量大、漏电大、稳定性差，适用于低频电路或滤波电路，有极性限制，使用时不可接反。

瓷介电容器以陶瓷为介质。陶瓷电容器损耗小，稳定性好且耐高温，温度系数范围宽，且价格低、体积小。

图 3-13　电路中的电容器

正极符号

有极性贴片电容也就是平时所称的电解电容，由于其紧贴电路板，所以要求温度稳定性要高。贴片电容以钽电容为多，根据其耐压不同，贴片电容又可分为A、B、C、D四个系列，A类封装尺寸为3216耐压为10V，B类封装尺寸为3528耐压为16V，C类封装尺寸为6032耐压为25V，D类封装尺寸为7343耐压为35V。

贴片电容属于多层片式陶瓷电容器，无极性电容在下述两类封装最为常见，即0805、0603等，其中，08表示长度是0.08英寸、05表示宽度为0.05英寸。

固态电容全称固态铝质电解电容，其介电材料为导电性高分子材料，而非电解液。可以持续在高温环境中稳定工作，具有使用寿命长、低ESR和高额定纹波电流等特点。

陶瓷电容器是用陶瓷做介质。特点是：体积小、耐热性好、损耗小、绝缘电阻高，但容量小，适用于高频电路。

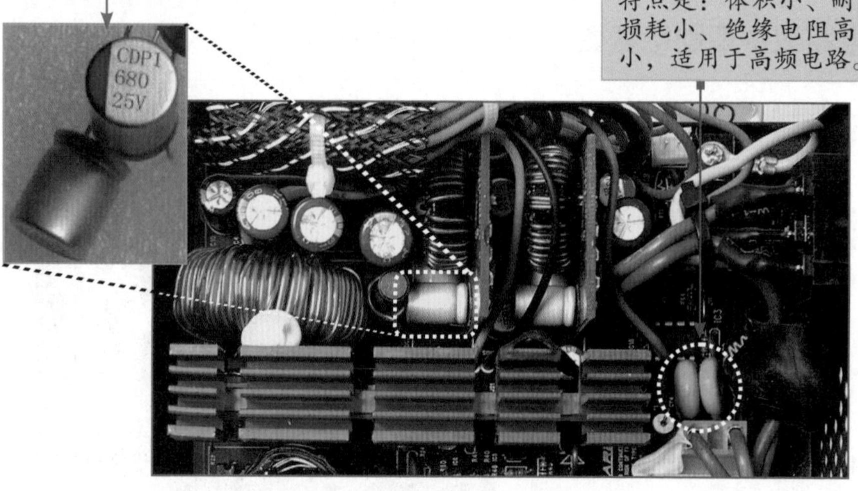

图3-13 电路中的电容器（续）

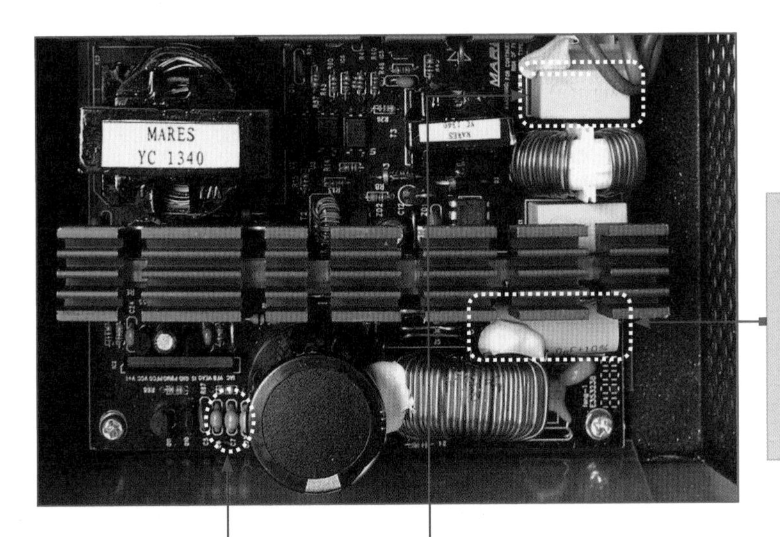

圆轴向电容器由一根金属圆柱和一个与它同轴的金属圆柱壳组合而成。其特点：损耗小、优异的自愈性、阻燃胶带外包和环氧密封、耐高温、容量范围广等。

独石电容器属于多层片式陶瓷电容器，它是一个多层叠合的结构，由多个简单平行板电容器组成的并联体。它的温度特性好，频率特性好，容量比较稳定。

安规电容器在电容器失效后，不会导致电击，不危及人身安全。出于安全考虑和EMC考虑，一般在电源入口建议加上安规电容器。它们在电源滤波器里分别对共模干扰、差模干扰起滤波作用。

图 3-13　电路中的电容器（续）

3.3.2　从电路图中识别电容器

维修电路时，通常需要参考电器设备的电路原理图来查找问题，下面结合电路图来识别电路图中的电容器。电容器一般用“C”文字符号来表示。图 3-14 所示为电路图中的电容器。

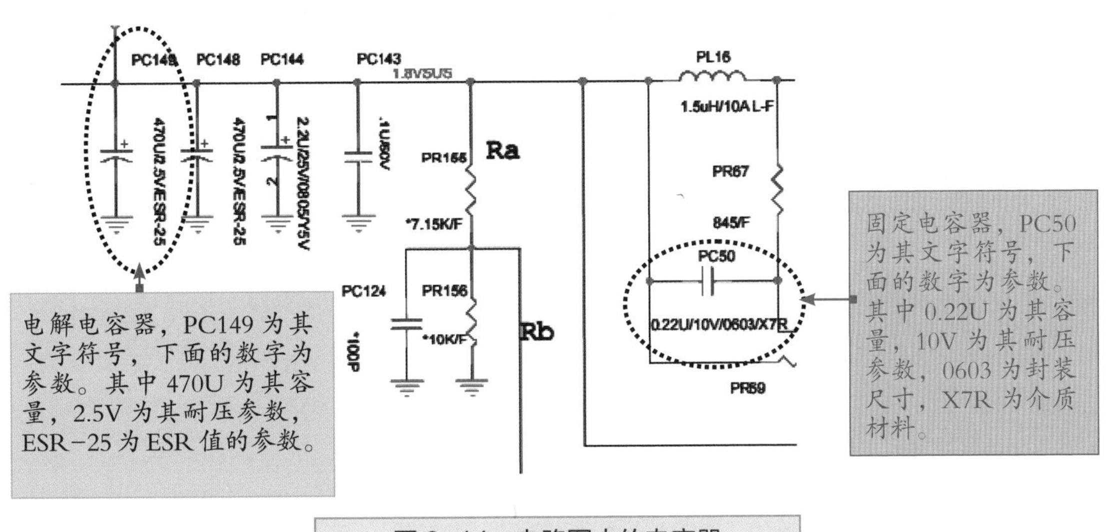

图 3-14　电路图中的电容器

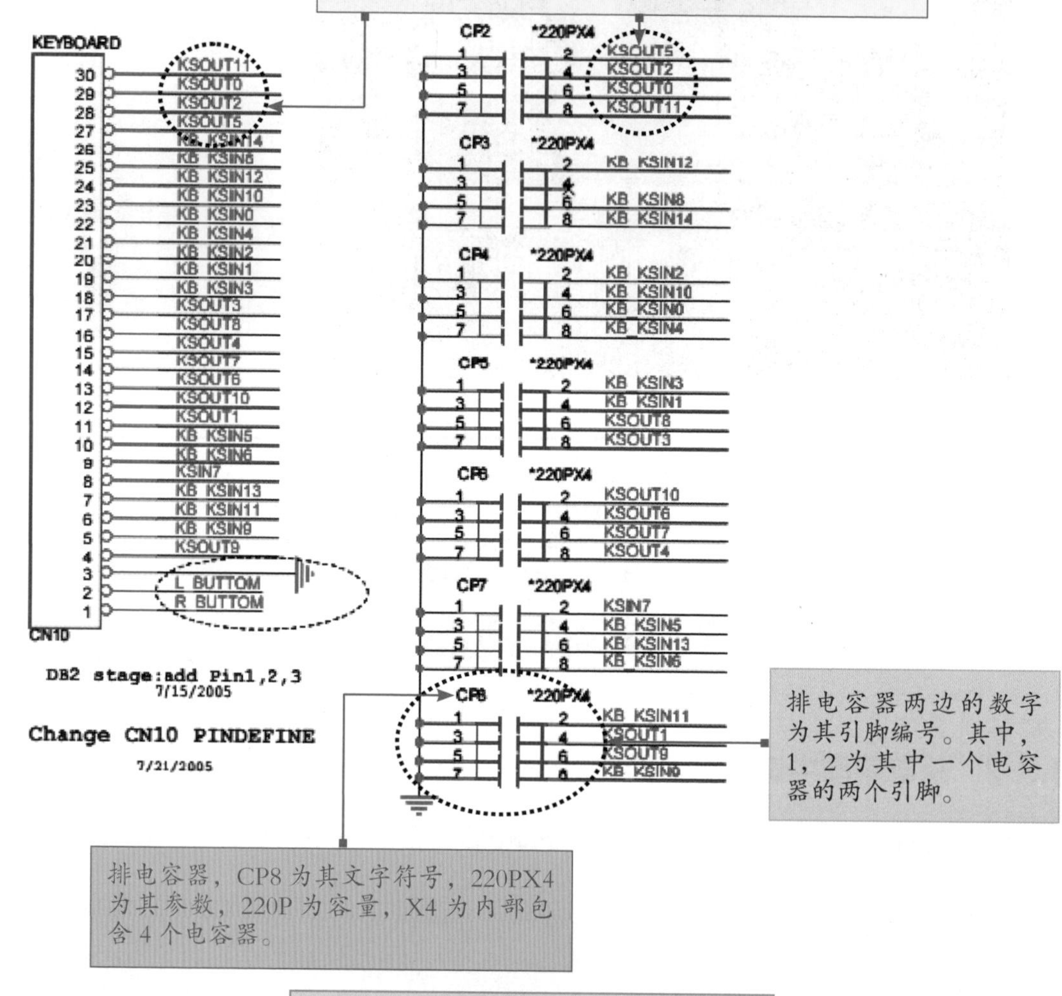

图 3-14　电路图中的电容器（续）

3.4 电容器的主要参数

电容器的主要参数有：标称容量、允许的偏差、额定工作电压、温度系数、漏电电流、绝缘电阻、损耗正切值和频率特性。

1. 电容器的标称容量

电容器上标注的电容量被称为标称容量。电容基本单位是法拉，用字母“F”表示，此外还有毫法（mF）、微法（μF）、纳法（nF）和皮法（pF）。它们之间的关系为：1 F=103 mF =106 μF =109 nF =1 012 pF。

2. 电容器允许的偏差

电容器实际容量与标注容量之间存在的差值被称为电容器的偏差。一般常用的电容器分为Ⅰ、Ⅱ、Ⅲ三个等级，它允许的偏差分别为 ±10%、±15%、±20%。

3. 电容器的额定工作电压

额定工作电压是指电容器在正常工作状态下，能够持续加在其两端的最大的直流电电压或交流电电压的有效值。通常情况下，电容器上都标有其额定电压，如图 3-15 所示。

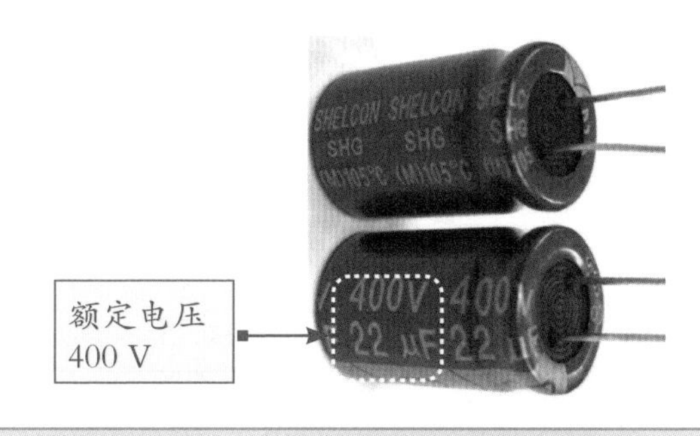

图 3-15 电容器上标有的额定电压

额定电压是一个非常重要的参数，通常电容器都是工作在额定电压下，如果工作电压大于额定电压，那么电容器将有被击穿的危险。

4. 电容器的温度系数

温度系数是指在一定环境温度范围内，单位温度的变化对电容器容量变化的影响。温度系数分为正的温度系数和负的温度系数。其中，具有正的温度系数的电容器随着温度的增加电容量增加；反之，具有负的温度系数的电容器随着温度的增加电容量则减少。温度系数越低，电容器就越稳定。

相关小知识：在电容器电路中往往有很多电容器进行并联。并联电容器往往有以下的规律，几个电容器有正的温度系数而另外几个电容器有负的温度系数。这样做的原因在于：在工作电路中的电容器自身温度会随着工作时间的增加而增加，致使一些温度系数不稳定的电容器的电容发生改变而影响正常工作，而正负温度系数的电容器混并后一部分电容器随着工作温度的增高而电容量增高，而另一部分电容器随着温度的增高而电容却减少。这样，总的电容量则更容易被控制在某一范围内。

5. 电容器的漏电电流

理论上电容器有通交阻直的作用，但在有些时候，例如高温高压等情况下，当给电容器两端加上直流电压后仍有微弱电流流过，这与绝缘介质的材料密切相关。这一微弱的电流被称为漏电电流，通常电解电容器的漏电电流较大，云母电容器或陶瓷电容器的漏电电流相对较小。漏电电流越小，电容的质量就越好。

6. 电容器的绝缘电阻

电容器两极间的阻值即为电容器的绝缘电阻。绝缘电阻等于加在电容器两端的直流电压与漏电电流的比值。一般，电解电容器的漏电电阻相对于其他电容器的绝缘电阻要小。

电容器的绝缘电阻与电容器本身的材料性质密切相关。

7. 电容器的损耗正切值

损耗正切值又称为损耗因数，用来表示电容器在电场作用下消耗能量的多少。在某一频率的电压下，电容器有效损耗功率和电容器的无功损耗功率的比值，即为电容器的损耗正切值。损耗正切值越大，电容器的损耗越大，损耗较大的电容器不适于在高频电压下工作。

8. 电容器的频率特性

频率特性是指在一定外界环境温度下，电容器在不同频率的交流电源下，所表现出电容器的各种参数随着外界施加的交流电的频率不同而表现出不同的性能特性。对于不同介质的电容器，其最适的工作频率也不同。例如，电解电容器只能在低频电路中工作，而高频电路只能用容量较小的云母电容器等。

3.5 如何读识电容器上的标注

电容器的参数标注方法主要有直标法、数字标注、数字符号法和色标法等 4 种。

3.5.1 读识直标法标注的电容器

直标法就是用数字或符号将电容器的有关参数（主要是标称容量和耐压）直接标示在电容器的外壳上，这种标注法常见于电解电容器和体积稍大的电容器上。直标法的标注方法如图 3-16 所示。

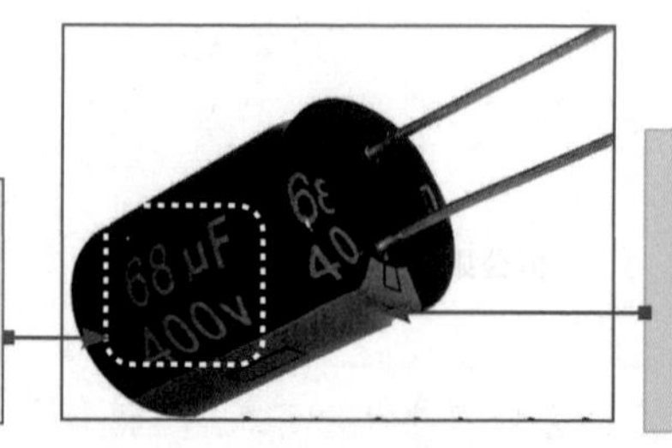

电容上如果标注为“68μF 400V”，表示容量为68μF，耐压为400 V。
有极性的电容，通常在负极引脚端会有负极标识“–”，通常负极端颜色和其他地方不同。

图 3-16 直标法的标注方法

3.5.2　读识数字标注的电容器

采用数字标注时常用三位数，前两位数表示有效数，第三位数表示倍乘率，单位为 pF。数字标注电容器的方法如图 3-17 所示。

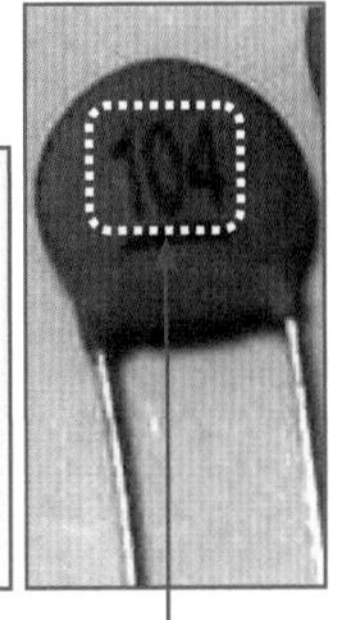

如果数字后面跟字母，则字母表示电容容量的误差，其误差值含义为：G 表示 ±2 %，J 表示 ±5 %，K 表示 ±10 %；M 表示 ±20 %；N 表示 ±30 %；P 表示 +100 %，−0 %；S 表示 +50 %，−20 %；Z 表示 +80 %，−20 %。

107 表示 10×107 = 100 000 000 pF=100 μF，16 V 为耐压参数。

例如，101 表示 10×101 = 100 pF；104 表示 10×104 = 100 000 pF=0.1 μF；223 表示 22×103 = 22 000 pF = 0.022 μF。

图 3-17　数字标注电容器的方法

3.5.3　读识数字符号标注的电容器

将电容器的容量用数字和单位符号按一定规则进行标称的方法，称为数字符号法。具体方法是：容量的整数部分 + 容量的单位符号 + 容量的小数部分。容量的单位符号 F（法）、m(毫法)、μ（微法）、n（纳法）、P（皮法）。数字符号法标注电容器的方法如图 3-18 所示。

10μ 表示容量为 10 μF。

例如，18P 表示容量是 18 皮法、SP6 表示容量是 5.6 皮法、2n2 表示容量是 2.2 纳法 (2 200 皮法)、4m7 表示容量是 4.7 毫法（4 700 μF）。

图 3-18　数字符号法标注电容器

3.5.4 读识色标法标注的电容器

采用色标法的电容器又称色标电容器，即用色码表示电容器的标称容量。电容器色环识别的方法如图 3-19 所示。

色环顺序自上而下，沿着引线方向排列；分别是第一、二、三道色圈，第一、二颜色表示电容的两位有效数字，第三颜色表示倍乘率，电容的单位规定用 pF。

图 3-19 电容器色环识别的方法

表 3-1 所示列出了色环颜色和表示数字的对照表。

表 3-1 色环的含义表

色环颜色	黑色	棕色	红色	橙色	黄色	绿色	蓝色	紫色	灰色	白色
表示数字	0	1	2	3	4	5	6	7	8	9

例如，色环颜色分别为黄色、紫色、橙色，它的容量为 47×103pF = 47 000 pF。

3.6 电容器的串联、并联与混联

“电容器串并联后，电容器的基本特性不变，但也有一些串并联电路具有独特的特性。下面本节将对纯电容器串联和并联的电路进行分析讲解。

3.6.1 电容器串联电路的等效理解与特性

电容器的串联与电阻串联形式是一样的，两只电容器连接后再与电源连接。当然也可以是更多只电容的串联，如图 3-20 所示。

C_1 C_2 C_1 C_2 C_3

图 3-20 电容器的串联示意图

电容器串联的一些基本特性与电阻电路相似，但由于电容器的某些特殊功能，电容器电路也有其独特的特性。

（1）串联后电容器电路基本特性仍未改变，仍具有隔直流通交流的作用。

（2）流过各串联电容的电流相等。

（3）电容器容量越大，两端电压越小。

（4）电容越串联电容量越小（相当于增加了两极板间距，同时 $U=Q/C$）。

电容器串联的意义：由于电容器制作工艺的难易程度不同，所以并不是每种电容量的电容器都直接投入生产。比如，常见的电容器有 22 nF、33 nF、10 nF（1 F=1 000 mF，1 mF=1 000 μF，1 μF=1 000 nF，1 nF=1 000 pF），但是却很少见 11 nF。比如，想要调试一个振荡电路，正好需要 11 nF，就可以通过两个 22 nF 的电容器进行串联。这和电阻的并联使用是一个道理。

关于极性电容器的串联：两个有极性的电容正极或负极接在一起相串联时（一般为同耐压、同容量的电容），可作为无极电容使用。其容量为单只电容的 1/2，耐压为单只电容的耐压值。

3.6.2　电容器并联电路的等效理解与特性

电容器的并联也与电阻的并联方式一样，两个以上电容器采用并接的方式与电源连接构成一并联电路，如图 3-21 所示。

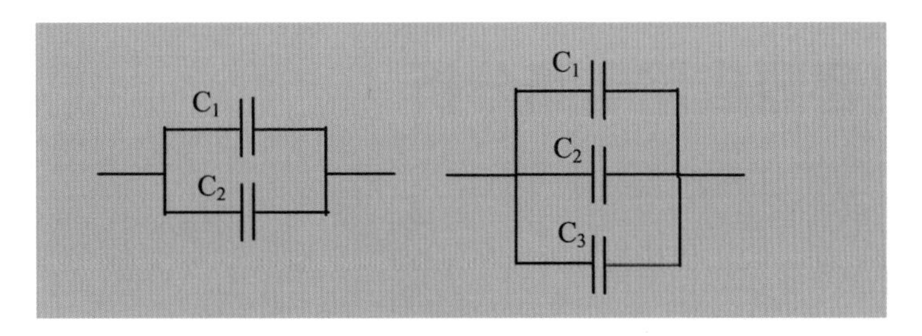

图 3-21　电容器的并联示意图

电容的并联同样与电阻的并联在某方面很相似。由于电容器本身的特性，电容器并联电路也有其本身的特性。

（1）由于电容器的隔直作用，所有参与电容并联的电路分路均不能通过直流电流，也就是相当于对直流形同开路。

（2）电容器并联电路中的各电容器两端的电压相等，这是绝大多数并联电路的公共特性。

（3）随着并联电容器数量的增加，电容量会越来越大。并联电路的电容量等于各电容器电容量之和。

（4）在并联电路中，电容量大的电容器往往起关键作用。因为电容量大的电容器容抗小，当一个电容的容抗远大于另一个电容器时，相当于开路。

（5）并联分流，主线路上的电流等于各支路电流之和。

电容器并联的意义：并联电容器又称移相电容器，主要用于补偿电力系统感性负荷的无功功率，以提高功率因数，改善电压质量，降低线路损耗，也有稳定工作电路的作用。电容器并联后总容量等于它们相加，但是效果比使用一个电容好。电容器内部通常是金属一圈一圈缠绕的，电容量越大金属圈越多，这样等效电感也就越大。而用多个小容量的电容并联方式获得等效的大电容则可以有效地减少电感的分布。

3.6.3 电容器混联电路的等效理解与特性

电容器混联电路是由电容器的串联与并联混联在一起形成的，如图 3-22 所示。

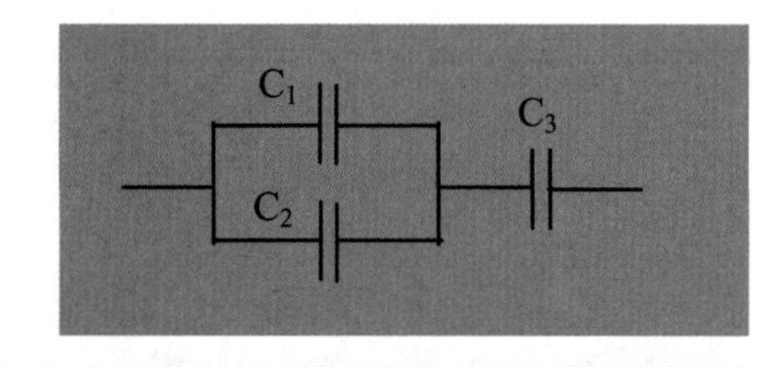

图 3-22　电容器的混联示意图

在分析混联电容器的电路时，可以先把并联电路中的各个电容器等效成一个电容器，然后用等效电容与另一电容进行串联分析。

电容器应用电路分析

掌握电容器的应用电路原理对分析电容器电路、找出电路故障有很好的帮助，本节将分析 4 种电容器常见应用电路的工作原理。

3.7.1 高频阻容耦合电路分析

耦合电路的作用之一是让交流信号毫无损耗地通过，然后作用到后一级电路中。高频耦合电路是耦合电路中非常常见的一种，图 3-23 所示为一个高频阻容耦合电路图。在该电路中，其前级放大器和后级放大器都是高频放大器。C 是高频耦合电容，R 是后级放大器输入电阻（后级放大器内部），R、C 构成了阻容耦合电路。

由等效电路可以看出，电容 C 和电阻 R 构成一个典型的分压电路。加到这一分压电路中的输入信号 U_0 是前级放大器的输出信号，分压电路输出的是 U_1。U_1 越大，说明耦合电路对信号的损耗就越小，耦合电路的性能就越好。

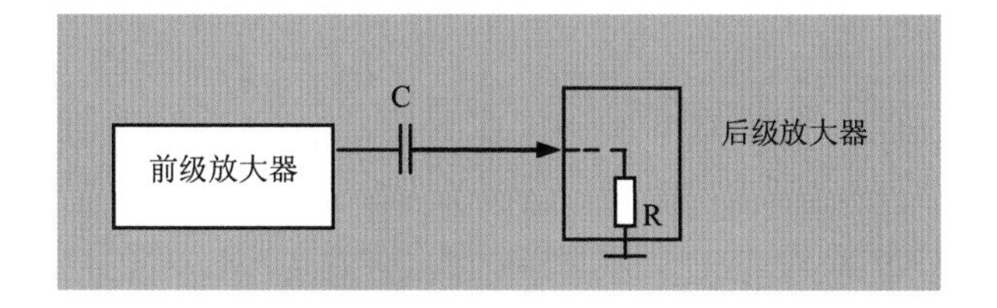

（a）高频阻容耦合电路

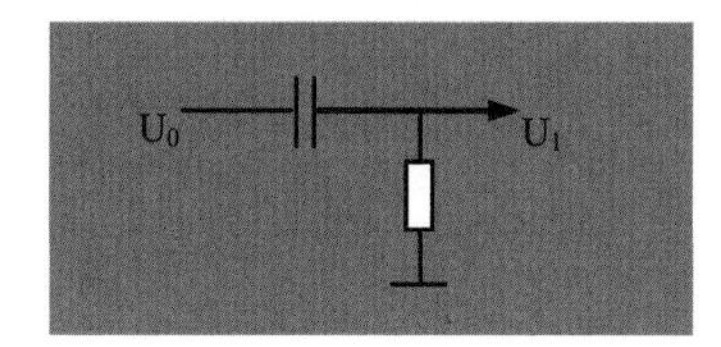

（b）高频阻容耦合电路等效电路

图 3-23　高频阻容耦合电路与其等效电路

根据分压电路特性可知，当放大器输入电阻 R 一定时，耦合电容容量越大，其容抗越小，其输出信号 U_0 就越大，也就是信号损耗小就越小。所以，一般要求耦合电容的容量要足够大。

3.7.2　旁路电容和退耦电容电路分析

对于同一个电路来说，旁路电容是把输入信号中的高频噪声作为滤除对象，将混有高频电流和低频电流的交流电中的高频成分旁路掉的电容。该电路称为旁路电路，退耦电容是把输出信号的干扰作为滤除对象。图 3-24 所示为一旁路电容和退耦电容电路。

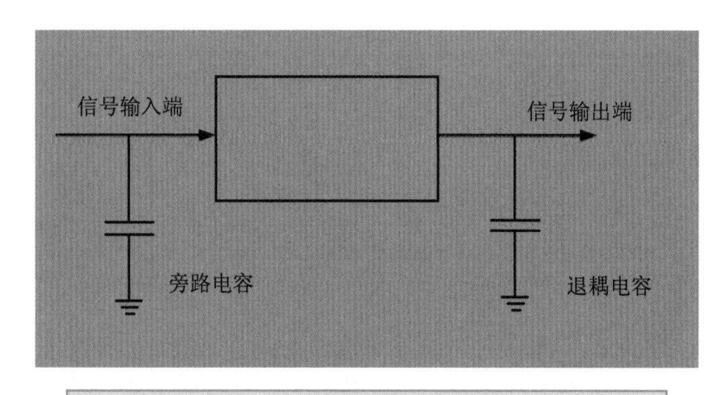

图 3-24　旁路电容和退耦电容电路

旁路电容电路和退耦电路电容的核心工作理论如下：

当混有低频和高频的交流信号经过放大器被放大时，要求通过某一级时只允许低频信号输入到下一级，而不需要高频信号进入，则在该级的输入端加一个适当容量的接地电容，使较高频信号很容易通过此电容被旁路掉（频率越高阻抗越低）；而低频信号由于电容对它的阻抗较大而被输送到下一级进行放大。

退耦电容电路的工作理论同上，同样是利用一适当规格的电容对干扰信号进行滤除。

3.7.3 滤波电路分析

滤波电路是利用电容对特定频率的等效容抗小、近似短路来实现的，对特定频率信号率除外。在要求较高的电器设备中，如自动控制、仪表等，必须想办法削弱交流成分，而滤波装置就可以帮助改善脉动成分。简易滤波电路示意图，如图 3-25 所示。

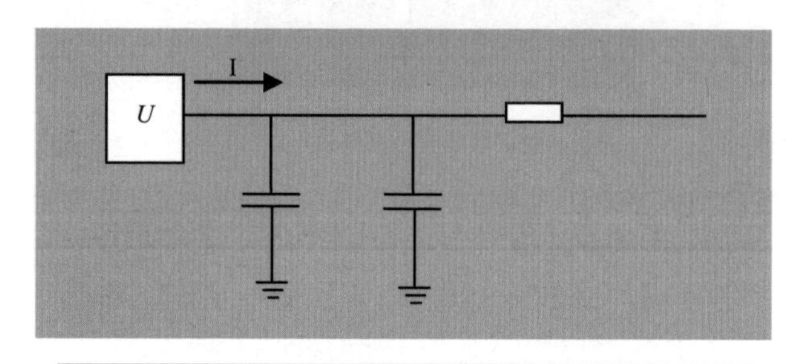

图 3-25 简易滤波电路示意图

滤波电容的等效理解：给电路并联一小电阻（如 2Ω）接地，那么输入直流成分将直接经该电阻流向地，后级工作电路将收不到前级发出的直流信号；同理，经电源并电容（$XC=1/2\pi fC$），当噪声频率与电容配合使 XC 足够小（如也是个位数），则噪声交流信号将直接通过此电容流量接地而不会干扰到后级电路。

3.7.4 电容分压电路分析

我们可以用电阻器构成不同的分压电路，其实电容器也可以构成分压电路。图 3-26 所示为由 C_1 和 C_2 构成的分压电路。

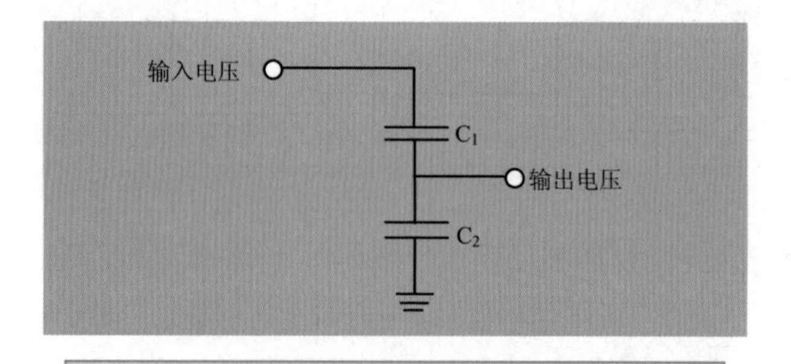

图 3-26 电容分压电路

采用电容器构成的分压电路的优势是可以减小分压电路对交流信号的损耗，这样可以更有效地利用交流信号。对某一频率的交流信号，电容器 C_1 和 C_2 会有不同的容抗，这两个容抗就构成了对输入信号的分压衰减，这就是电容分压的本质。

电容器常见故障诊断

要判断电容的好坏，首先要检查电容外表是否有鼓包、破损、漏液现象，然后检测其阻值。

3.8.1　通过测量电容引脚电压诊断电容器故障

通过测量电容引脚电压判断电容器好坏的方法如图 3-27 所示。

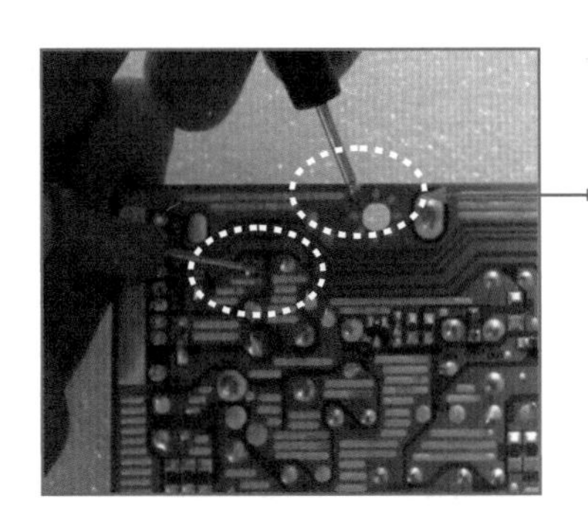

用万用表的直流电压挡测量电路中的电容器，其两个引脚之间的直流电压一定不相等，如果测量结果相等，说明电容器已经被击穿。

图 3-27　测量电容器引脚电压

3.8.2　用指针万用表欧姆挡诊断电容器故障

用指针万用表欧姆挡检测电容器好坏的方法如图 3-28 所示。

第 1 步：对于电容器的好坏检测一般要用到指针万用表的欧姆挡，通常选用 R×10、R×100、R×1k 挡进行测试判断。

图 3-28　用指针万用表欧姆挡检测电容器好坏的方法

第 2 步：每次测试前，需将电容器放电，可以用一个电阻器连接到电容器的两端，也可以用镊子同时夹住电容器的两个引脚进行放电。

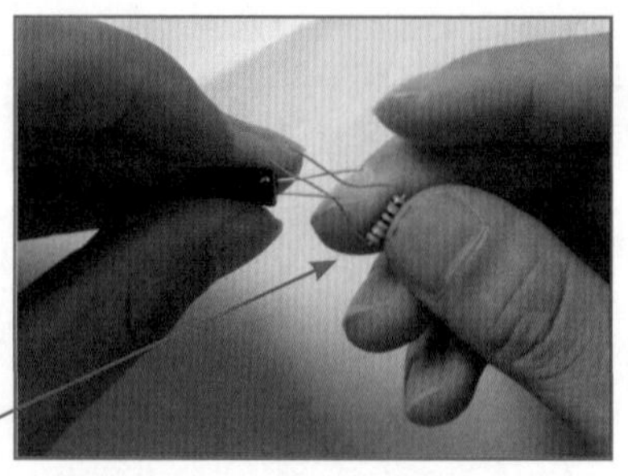

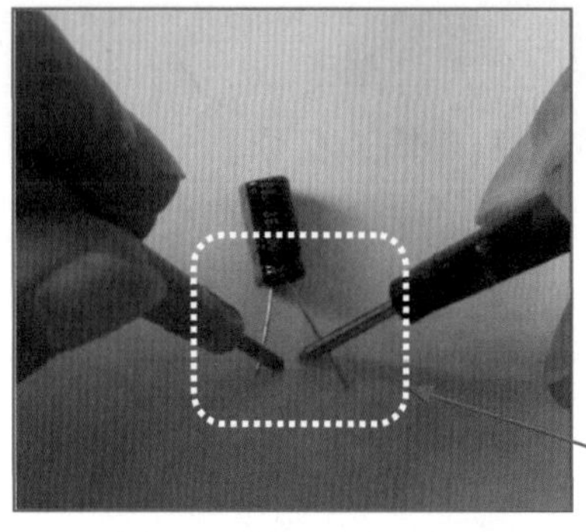

第 3 步：检测时，将红、黑表笔分别接电容器的负极和正极，由表针的偏摆来判断电容器质量。若表针迅速向右摆起，然后慢慢向左退回原位，一般来说电容器是好的。如果表针摆起后不再回转，说明电容器已经击穿。如果表针摆起后逐渐退回到某一位置停位，则说明电容器已经漏电。

第 5 步：将黑表笔接电容器的负极，红表笔接电容器的正极，表针迅速摆起，然后逐渐退至某处停留不动，则说明电容器是好的，凡是表针在某一位置停留不稳或停留后又逐渐慢慢向右移动的电容器已经漏电，不能继续使用。表针一般停留并稳定在 50~200k 刻度内。

第 4 步：有些漏电的电容器，用上述方法不易准确判断出好坏，可采用 R×10k 挡进行判断。

图 3-28　用指针万用表欧姆挡检测电容器好坏的方法（续）

3.8.3　替换法检测电容器好坏

替换法检测电容器好坏的方法如图 3-29 所示。

当怀疑电路中某电容器出现故障时，可以用一只同型号、质量好的电容器去代替它工作。如果替换后，电路正常运行，故障消失，说明原先的电容器有故障；如果替换后，电路故障依旧，则原先的电容器没有损坏。

图 3-29　替换法检测电容器好坏的方法

3.9 电容器检测与代换方法

业余条件下，对电容器好坏的检查判定，主要是通过眼睛观察和万用表控制来进行。其中，观察判断主要是观察电容器是否有漏液、爆裂或烧毁的情况，如果有，则说明电容器有问题，需要更换同型号的电容器。对于万用表检测电容器好坏的方法下面详细讲解。

3.9.1 0.01μF 以下容量固定电容器的检测方法

一般 0.01μF 以下固定电容器大多是瓷片电容、薄膜电容等。因电容器容量太小，用万用表进行检测，只能定性地检查其绝缘电阻，即有无漏电、内部短路或击穿现象，不能定量判定质量。

指针万用表检测 0.01μF 以下固定电容器的方法如图 3-30 所示。

第 1 步：将功能旋钮旋至 R×10k 挡，两表笔分别接电容的两个引脚，观察指针有无偏转，然后交换表笔再测一次。

第 2 步：二次检测中的阻值都应为无穷大。若有固定阻值（指针向右摆动），则说明电容器漏电损坏或内部击穿。

图 3-30　万用表检测 0.01μF 以下固定电容器的方法

3.9.2 0.01μF 以上容量固定电容器的检测方法

0.01μF 以上容量固定电容器检测方法如图 3-31 所示。

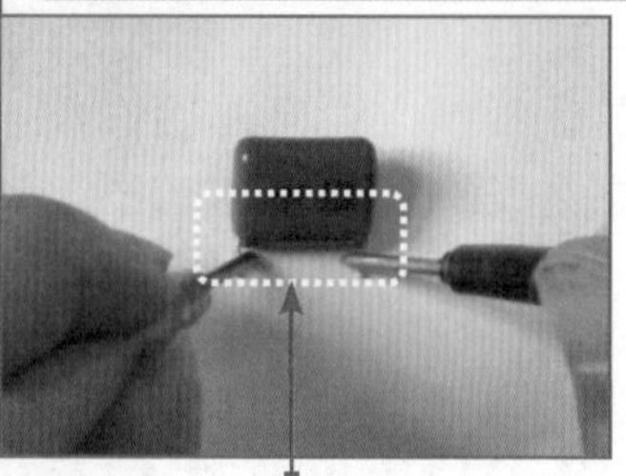

第3步：观察表针向右摆动后能否再回到无穷大位置，若不能回到无穷大位置，说明电容器有问题。
第1步：对于0.01μF以上的固定电容器，可用指针万用表的R×10k挡测试。
第2步：测量时，两表笔在电容两个电极间快速交换。

图 3-31　0.01μF 以上容量固定电容器检测方法

3.9.3　用数字万用表电阻挡测量电容器的方法

用数字万用表电阻挡测量电容器的方法如图 3-32 所示。

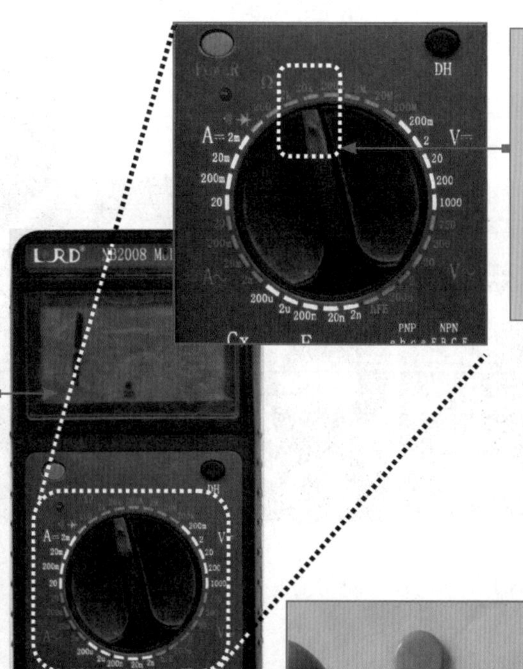

第1步：将万用表调到欧姆挡的适当挡位，一般容量在1μF以下的电容器用“20k”挡检测。1~100μF内的电容器用“2k”挡检测，容量大于100μF的电容器用“200”挡或二极管挡检测。
第3步：如果显示值从“000”开始逐渐增加，最后显示溢出符号“1”，表明电容器正常；如果万用表始终显示“000”，则说明电容器内部短路；如果始终显示“1”（溢出符号），则可能电容器内部极间断路。
第2步：用万用表的两表笔，分别与电容器的两端相接（红表笔接电容器的正极，黑表笔接电容器的负极）。
DH
COM
10A

图 3-32　用数字万用表电阻挡测量电容器的方法

3.9.4　用数字万用表的电容测量插孔测量电容器的方法

用数字万用表的电容测量插孔测量电容器的方法如图 3-33 所示。

第 1 步：将功能旋钮旋到电容挡，量程大于被测电容容量。将电容器的两极短接放电。

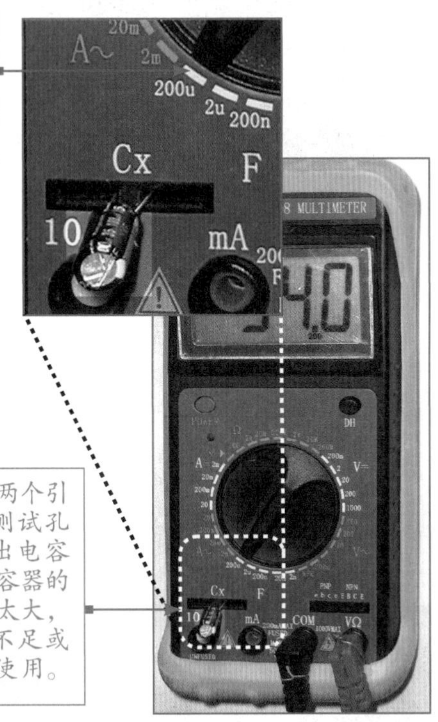

第 2 步：将电容器的两个引脚分别插入电容器测试孔中，从显示屏上读出电容值。将读出的值与电容器的标称值比较，若相差太大，说明该电容器容量不足或性能不良，不能再使用。

图 3-33　用数字万用表的电容测量插孔测量电容器的方法

3.9.5　电容器代换方法

电容器损坏后，原则上应使用类型相同、主要参数相同、外形尺寸相近的电容器来更换。但若找不到同类型电容器，也可用其他类型的电容器代换。

1. 普通电容器代换方法

普通电容器代换方法如图 3-34 所示。

普通电容器代换时，原则上应选用同型号，同规格电容器代换。如果选不到相同规格的电容器，可以选用容量基本相同，耐压参数相等或大于原电容器参数的电容器代换。特殊情况需要考虑电容器的温度系数。

图 3-34　普通电容器代换方法

玻璃釉电容器或云母电容器损坏后，可以用与其主要参数相同的陶瓷电容器代换。纸介电容器损坏后，可用与其主要参数相同但性能更优的有机薄膜电容器或低频陶瓷电容器代换。

图 3-34　普通电容器代换方法（续）

2. 电解电容器代换方法

电解电容器代换方法如图 3-35 所示。

对于一般的电解电容器通常可以用耐压值较高，容量相同的电容器代换。用于信号耦合、旁路的铝电解电容器损坏后，也可用与其主要参数相同但性能更优的电解电容器代换。

图 3-35　电解电容器代换方法

电容器现场检测实操

3.10.1　打印机薄膜电容器现场测量实操

打印机电路中的薄膜电容器主要应用在打印机的电源供电电路板中，测量薄膜电容器时，可以采用在路法测量电容器的工作电压，同时也可以采用开路法测量电容器的好坏。通常在路测量无法准确判断好坏的情况下，才采用开路测量。另外，对于电解电容器也可以采用同样的方法来测量。

开路测量薄膜电容器具体方法如图 3-36 所示。

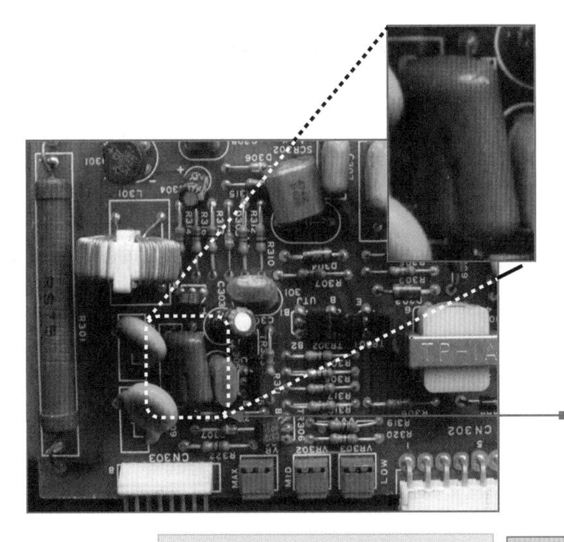

第 1 步：首先将打印机的电源断开，然后对薄膜电容器进行观察，看待测电容器是否损坏，有无烧焦、有无虚焊等情况。如果有，则电容器损坏。

第 3 步：将万用表的功能旋钮旋至 R×10k 挡。

第 2 步：如果待测电容器外观没有问题，则将待测薄膜电容器从电路板上卸下，并清洁电容器的两端引脚，去除两端引脚下的污物，可确保测量时的准确性。

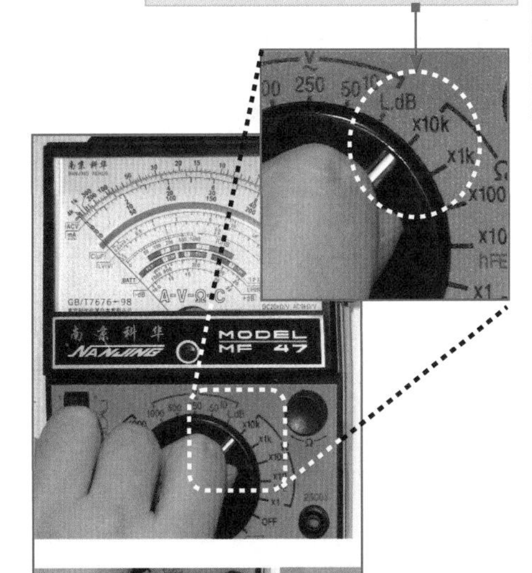

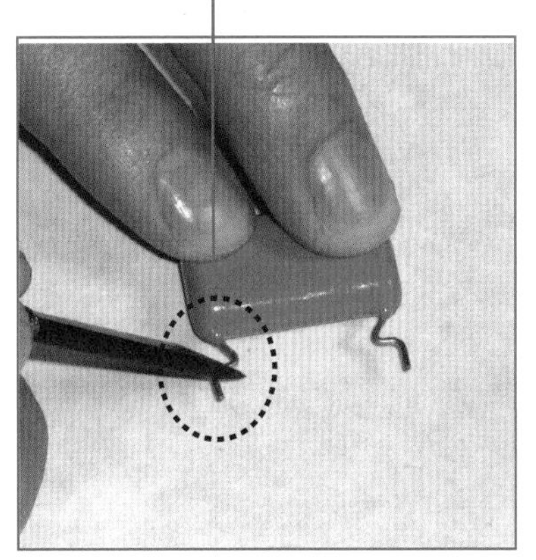

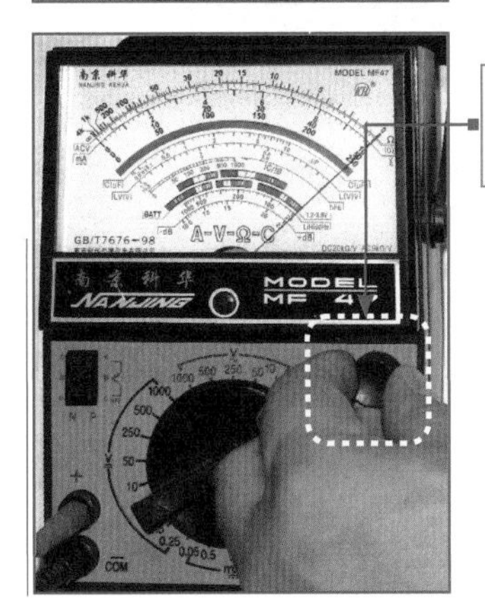

第 4 步：将两表笔短接，并旋转调零按钮进行调零。

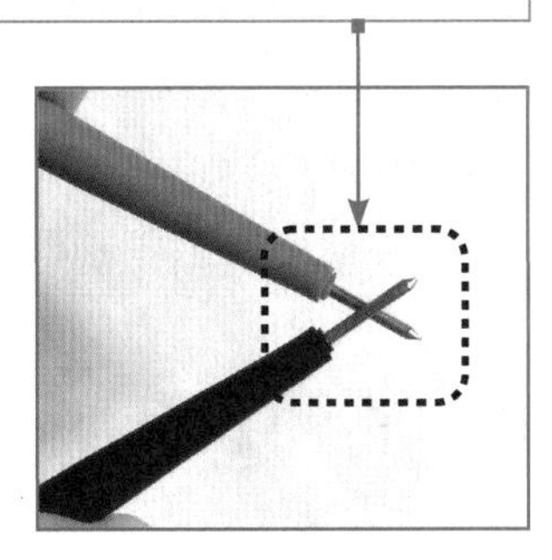

图 3-36　开路测量薄膜电容器具体方法

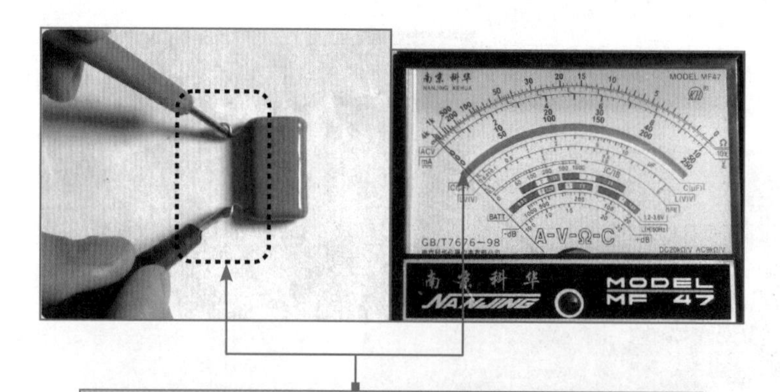

第 5 步：将万用表的两表笔分别接电容器的两个引脚进行测量。观察万用表的表盘，发现接触的瞬间指针有一个小的偏转，表针静止后指针变为无穷大。

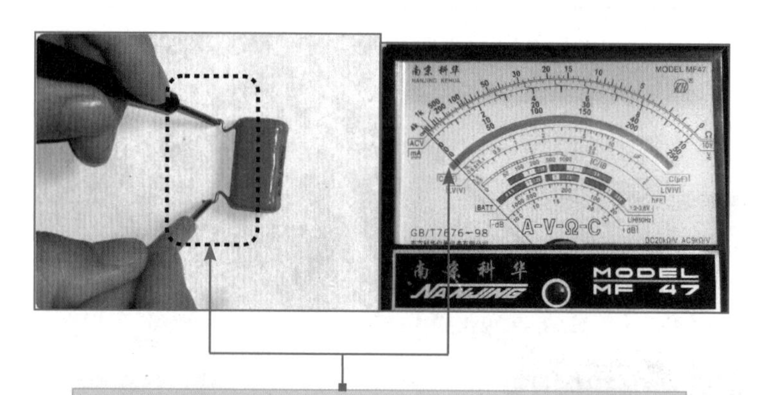

第 6 步：将万用表的两表笔对调再次进行测量。观察万用表的表盘，发现接触的瞬间指针依然是有一个小的偏转，表针静止后指针变为无穷大。

图 3-36　开路测量薄膜电容器具体方法（续）

总结：经观察，两次表针均先朝顺时针方向摆动，然后又慢慢地向左回归到无穷大，因此该电容器功能基本正常。若测出阻值较小或为零，则说明电容器已漏电损坏或存在内部击穿；若指针从始至终未发生摆动，则说明电容器两极之间已发生断路。

3.10.2　贴片电容器现场测量实操

数字万用表一般都有专门用来测量电容器的插孔，但贴片电容器并没有一对可以插进去的合适引脚。因此只能使用万用表的欧姆挡对其进行粗略的测量。

用数字万用表检测贴片电容器的方法如图 3-37 所示。

第 1 步：观察电容器有无明显的物理损坏。如果有损坏，则说明电容器已发生损坏。如果没有，用毛刷将待测贴片电容器的两极擦拭干净，避免残留在两极的污垢影响测量结果。

第 2 步：为了测量的精确性，可用镊子对其进行放电。

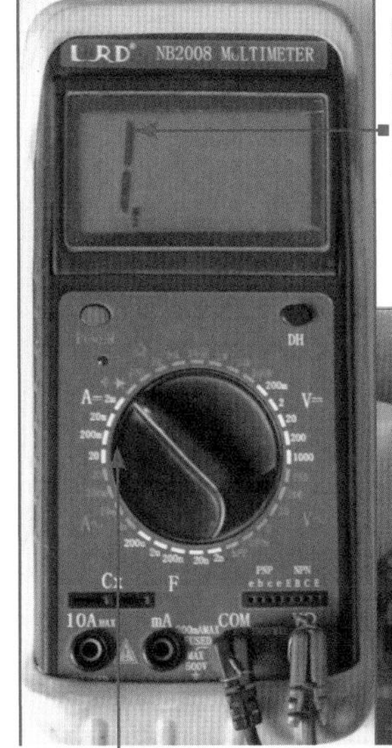

第 4 步：观察表盘读数变化，表盘先有一个闪动的阻值，静止后变为 1。

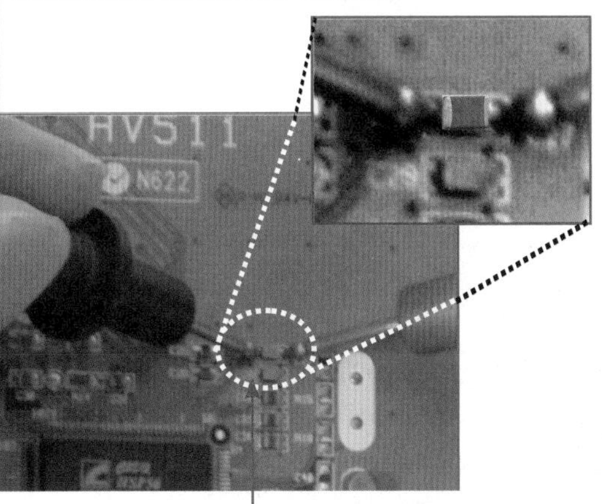

第 2 步：选择数字万用表的二极管挡，并将红表笔插入万用表的 VΩ 孔，黑表笔插入 COM 孔。

第 3 步：将红、黑表笔分别接在贴片电容器的两极。

图 3-37　用数字万用表检测贴片电容器的方法

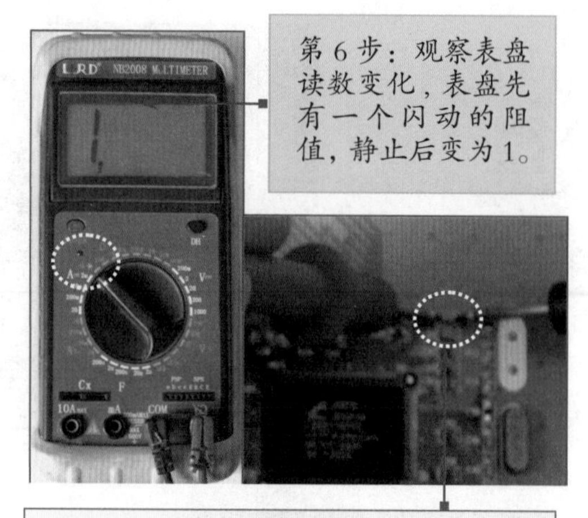
第6步：观察表盘读数变化，表盘先有一个闪动的阻值，静止后变为1。
10A
mA
COM

第5步：交换两表笔再测量一次，注意观察表盘读数变化。

图3-37　用数字万用表检测贴片电容器的方法（续）

测量分析：两次测量数字表均先有一个闪动的数值，而后变为“1.”即阻值为无穷大，所以该电容器基本正常。如果用上述方法检测，万用表始终显示一个固定的阻值，说明电容器存在漏电现象；如果万用表始终显示“000”，说明电容器内部发生短路；如果始终显示“1.”（不存在闪动数值，直接为“1.”），说明电容器内部极间已发生断路。

3.10.3　电解电容器现场测量实操

一般数字万用表中都带有专门的电容挡，用来测量电容器的容量，下面就用数字万用表中的电容挡测量电容器的容量。

具体测量方法如图3-38所示。

第1步：观察主板的电解电容器，看待测电解电容器是否损坏，有无烧焦、有无针脚断裂或虚焊等情况。

图3-38　液晶电视机电路中的电解电容器现场测量实操

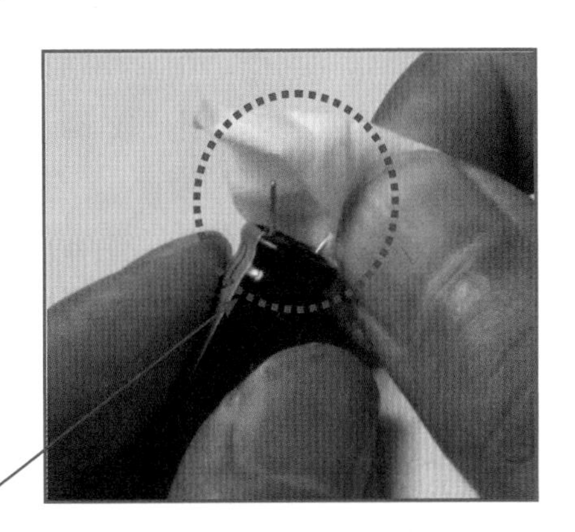

第 2 步：将待测电解电容器卸下。卸下后先清洁电解电容器的引脚。

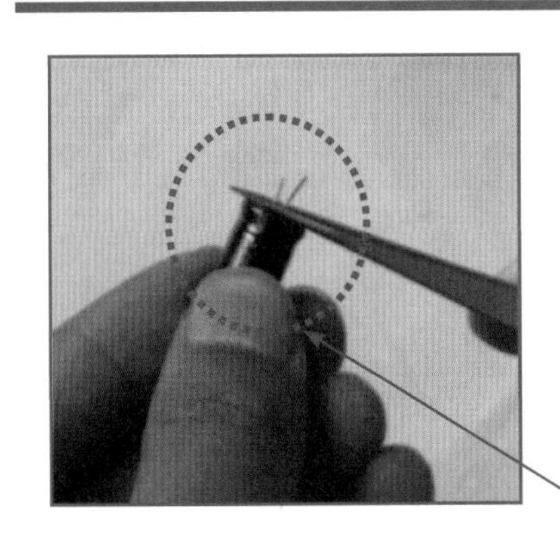

第 3 步：对电解电容器进行放电。将小阻值电阻的两个引脚与电解电容器的两个引脚相连进行放电或用镊子夹住两个引脚进行放电。

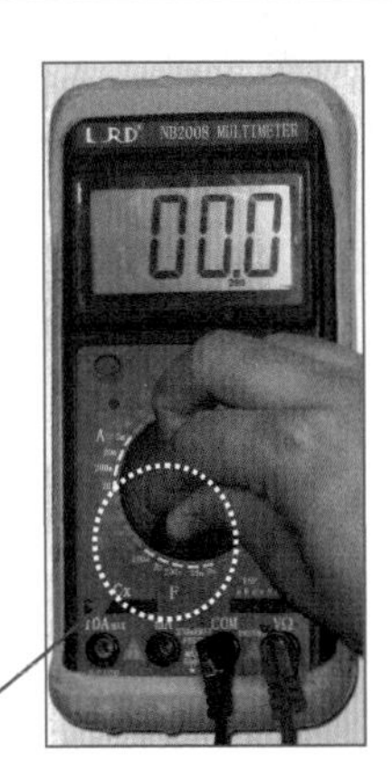

第 4 步：根据电解电容器的标称容量（100μF），将数字万用表的旋钮调到电容挡的“200u”量程。

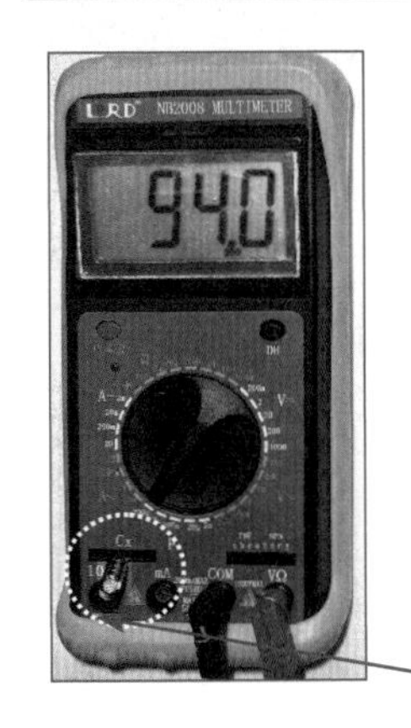

第 5 步：将电解电容器插入万用表的电容测量孔中，然后观察万用表的表盘，显示测量的值为“94.0”。

图 3-38　液晶电视机电路中的电解电容器现场测量实操（续）

总结：由于测量的容量值“94μF”与电容器的标称容量“100μF”比较接近，因此可以判断电容器正常。

提示：（1）如果拆下电容器的引脚太短或贴片固态电容器，可以将电容器的引脚接长测量。

（2）如果测量的电容器的容量与标称容量相差较大或为0，则电容器损坏。

（3）如果测量的电容器的标称容量超出了数字万用表的量程，则可以用3.9.1节讲解的测量方法进行测量。

3.10.4 纸介电容器现场测量实操

纸介电容器主要应用在电源供电电路板中，由于纸介电容器的容量相对较小，因此一般用指针万用表来检测。

测量纸介电容器的方法如图3-39所示。

第1步：首先将电源断开，然后对纸介电容器进行观察，看待测电容器是否损坏，有无烧焦、有无虚焊等情况。
清洁电容器的两端引脚，去除两端引脚下的污物，可确保测量时的准确性。

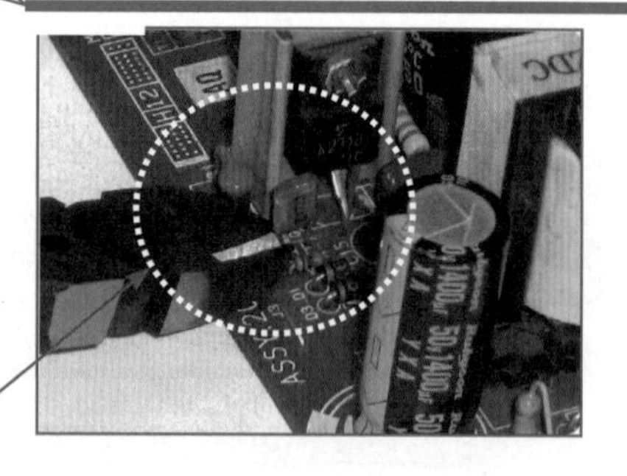

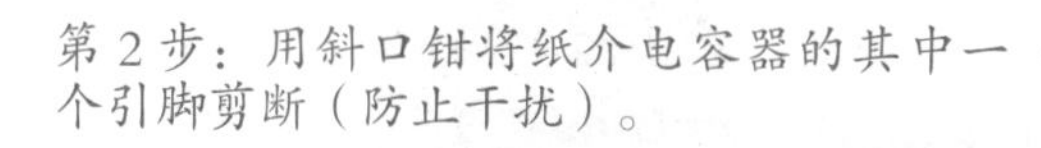

第2步：用斜口钳将纸介电容器的其中一个引脚剪断（防止干扰）。

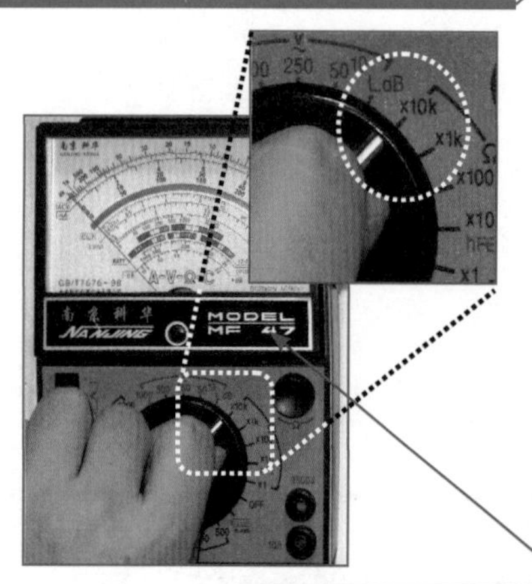

每3步：将指针万用表的功能旋钮旋至R×10k挡。

图3-39 测量纸介电容器

第4步：用两表笔分别任意接电容器的两个引脚，发现指针指在无穷大处。

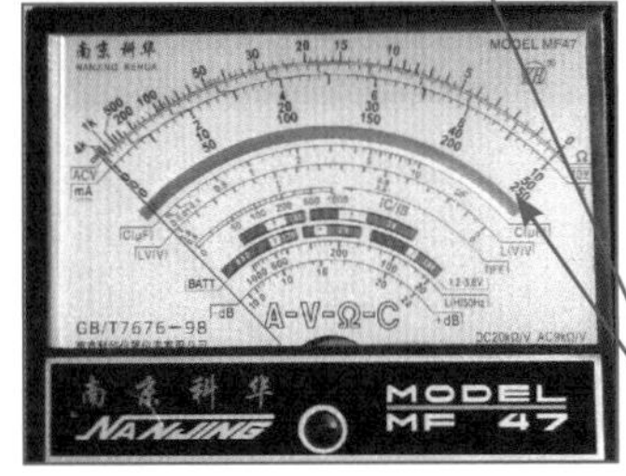

第5步：将两表笔对调进行测量，发现电容器的阻值依然为无穷大。

图3-39　测量纸介电容器（续）

总结：由于两次测量中，阻值都为无穷大，因此可以判断此纸介电容器正常。

提示：如果测量时，万用表的指针向右摆动，并测出阻值（没有回到无穷大处），则说明电容器漏电损坏或内部击穿。

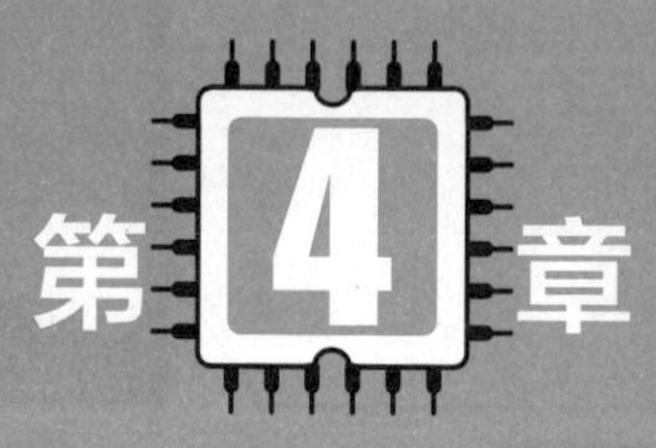

第4章 电感器现场检测维修实操

电感器会因为通过的电流的改变而产生电动势，从而抵抗电流的改变；经常用在滤波电路、振荡电路以及电源电路中，它是电路故障检测的重点元器件之一。本章我们首先掌握各种电感器的构造、特性、参数、标注规则等基本知识，然后重点理解电感器在电路中的应用特点，好坏检测以及代换方法。

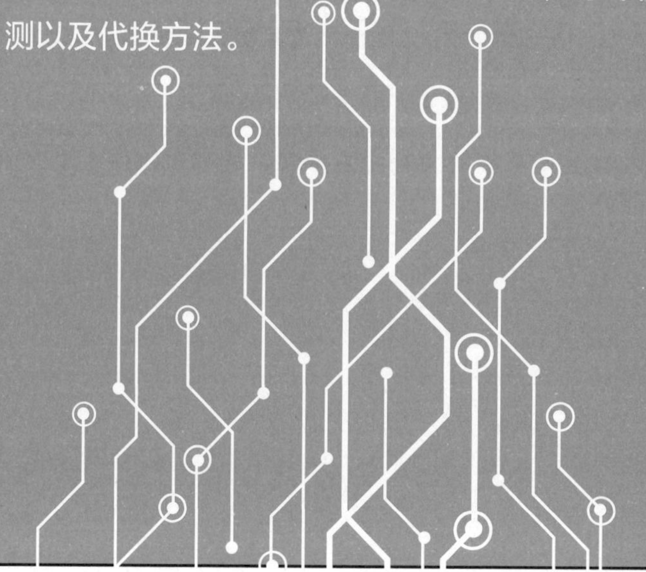

电感器是一种能把电能转化为磁能并储存起来的元器件，其主要功能是阻止电流的变化。当电流从小到大变化时，电感阻止电流的增大。当电流从大到小变化时，电感阻止电流减小；电感器常与电容器配合在一起工作，在电路中主要用于滤波（阻止交流干扰）、振荡（与电容器组成谐振电路）、波形变换等。通常电感器也是电路故障检测的重点元器件之一。图 4-1 所示为电路中常见的电感器。

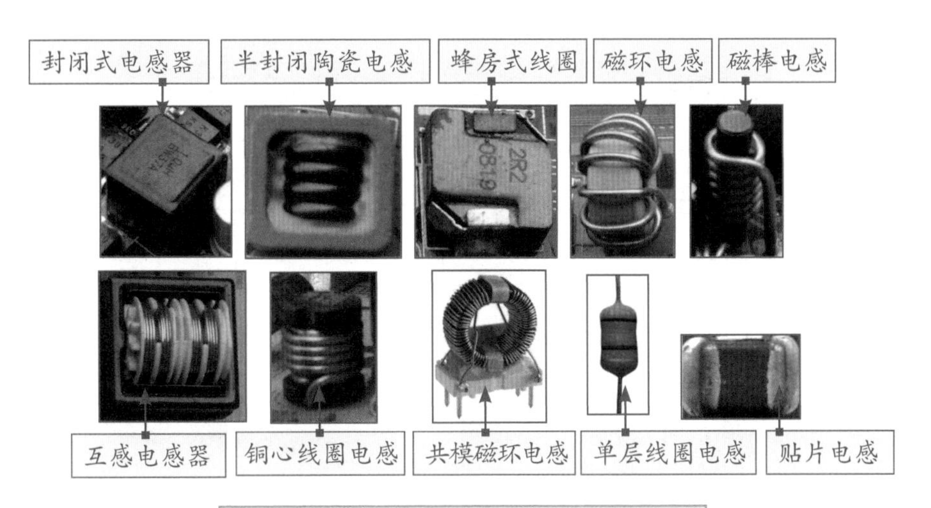

图 4-1　电路中常见的电感器

4.1 电感器的图形符号与分类

4.1.1　电感器的图形与文字符号

电感器是电子电路中最常用的电子元件之一，用字母“L”表示。在电路图中每个电子元器件还有其电路图形符号，电感器的电路图形符号如图 4-2 所示。

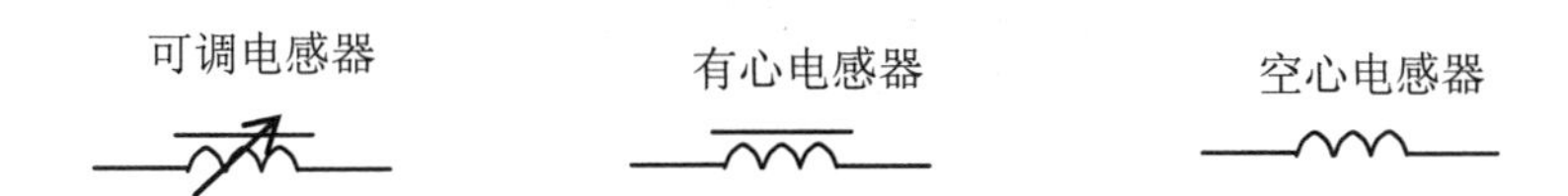

图 4-2　电感器图形符号

除了上述一些比较规范化的表示外，有时为了表示更加形象，厂商们常用以下一些图形符号来表示电感器，如图 4-3 所示。

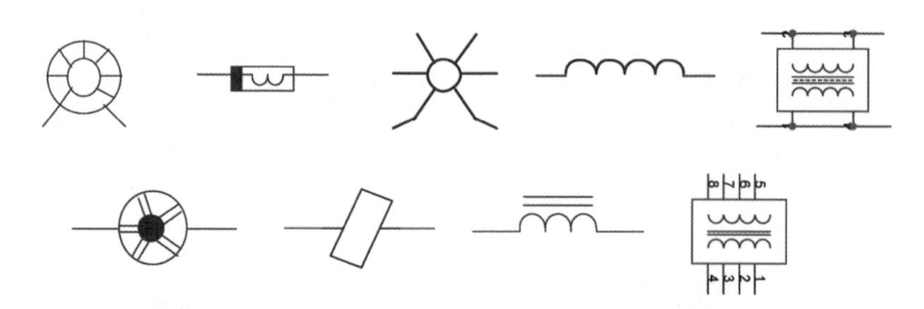

图 4-3　厂商们常用的一些电感器的表示符号

4.1.2　电感器的分类

电感器的种类繁多分类方式不一。

按结构的不同，可将电感器分为线绕式电感器和非线绕式电感器，还可将其分为固定电感器和可调电感器。

按工作频率的高低，可分为高频电感器、中频电感器和低频电感器。

按用途分，电感器还可分为振荡电感器、阻流电感器、隔离电感器、显像管偏转电感器、校正电感器、滤波电感器、被偿电感器等。

下面介绍电路中几种常见的电感。

1. 空心电感器

空心电感器中间没有磁心，如图 4-4 所示。通常电感量与线圈的匝数成正比，即线圈匝数越多电感量越大，线圈匝数越少电感量越小。在需要微调空心线圈的电感量时，可以通过调整线圈之间的间隙得到自己需要的数值。但此处需要注意的是，通常对空心线圈进行调整后要用石蜡加以密封固定，这样可以使电感器的电感量更加稳定而且还可以防止潮损。

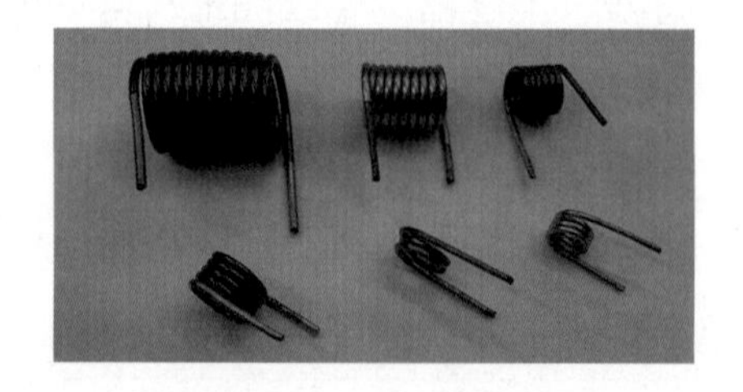

图 4-4　空心电感器

2. 贴片电感器

贴片电感器又称为功率电感器、大电流电感器。贴片电感器具有小型化、高品质、高能量储存和低电阻的特性，一般是由在陶瓷或微晶玻璃基片上沉淀金属导片而制成的。图 4-5 所示为电路板中常见的贴片电感器。

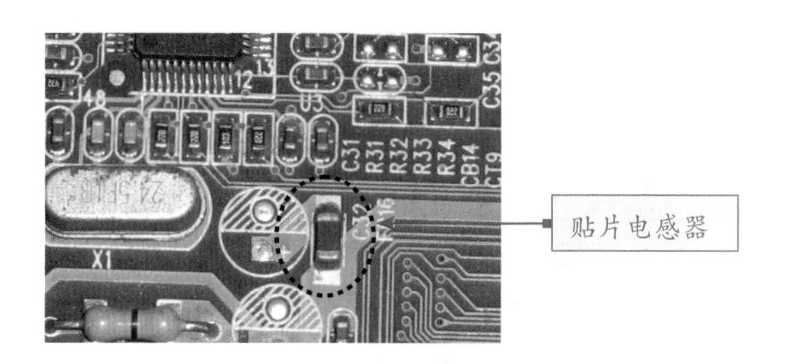

图 4-5　电路板中常见的贴片电感器

3. 磁棒电感器

磁棒电感器的基本结构是在线圈中安插一个磁棒制成的，磁棒可以在线圈内移动，用以调整电感的大小。通常将线圈做好调整后要用石蜡固封在磁棒上，以防止磁棒的滑动而影响电感。磁棒电感器的结构如图 4-6 所示。

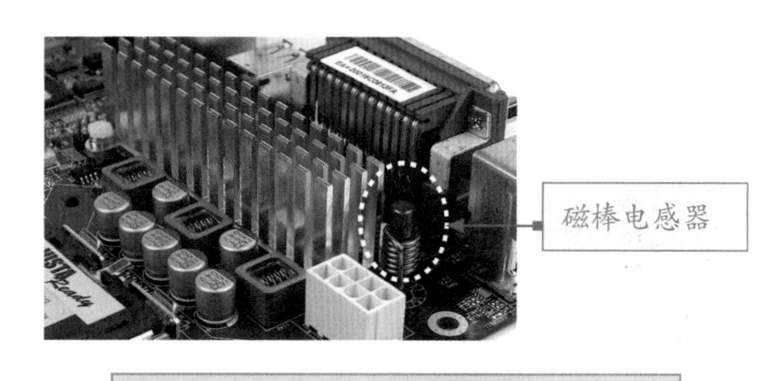

图 4-6　磁棒电感器

4. 磁环电感器

磁环电感器的基本结构是在磁环上绕制线圈制成的，如图 4-7 所示。磁环的存在大大提高了线圈电感的稳定性，磁环的大小以及线圈的缠绕方式都会对电感器造成很大的影响。

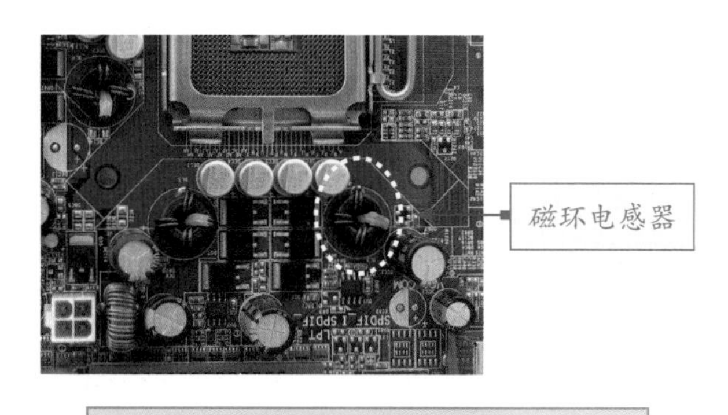

图 4-7　磁环电感器

5. 封闭式电感

封闭式电感是一种将线圈完全密封在一绝缘盒中制成的。这种电感减少了外界对其自身的影响，性能更加稳定。电路板中常见的封闭式电感如图 4-8 所示。

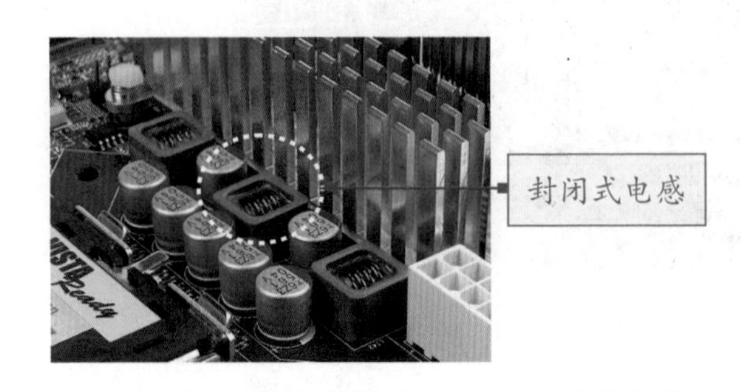

图 4-8　封闭式电感

6. 互感滤波器

互感滤波器，又名电磁干扰电源滤波器，是由电感器、电容器构成的无源双向多端口网络滤波设备。其主要作用是为了消除外交流电中的高频干扰信号，进入开关电源电路，同时也防止开关电源的脉冲信号不会对其他电子设备造成干扰。互感滤波器由 4 组线圈对称绕制而成，如图 4-9 所示。

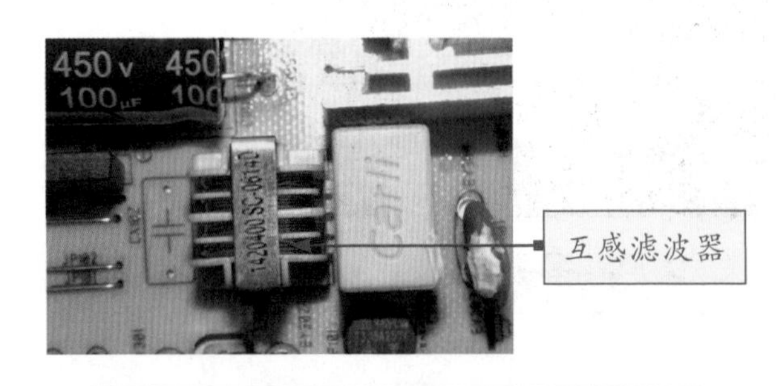

图 4-9　互感滤波器

4.2 电感器的特性与作用

电感器的特性包括：产生磁场、通直流阻交流、产生感应电流等，这些特性被广泛应用在电路中。掌握电感器的这些特性对分析电感器电路有非常大的帮助。

4.2.1　通电线圈的磁场

电感器的特性之一就是通电线圈会产生磁场，且磁场大小与电流的特性息息相关。磁场的方向符合右手定则，也就是说用右手握住线圈让四指指向电流流动的方向，大拇指所指的方向便是磁场的北极方向。通电线圈的磁场方向与电流方向之间的关系如图 4-10 所示。

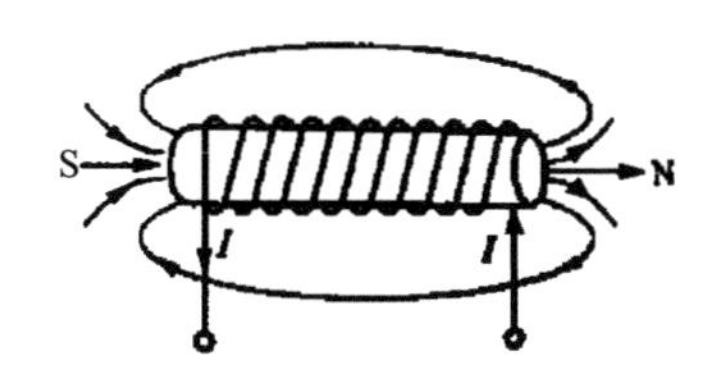

图 4-10 通电线圈的磁场方向与电流方向的关系

当电感中通过的是恒值的直流电时，线圈将产生一个方向不变且大小不变的磁场。磁场的大小与直流电的大小成正比。直流电流越大，磁场越强。

当电感中通过的是交流电流时，由于交流电流自身的方向在不断改变，所以交流电产生的磁场也在不断变化。磁场强度仍与交流电流的大小成正比。

4.2.2 电感器的通直阻交特性

通直作用是指电感对直流电而言呈通路，如果不记线圈自身的电阻已那么直流可以畅通无阻地通过电感。一般而言，线圈本身的直流电阻是很小的，为简化电感电路的分析而常常忽略不计。

当交流电通过电感器时电感器对交流电有阻碍作用，阻碍交流电的是电感线圈产生的感抗，它同电容的容抗类似。电感器的感抗大小与两个因素有关，电感器的电感量和交流电的频率。感抗用 XL 表示，计算公式为 $XL=2\pi fL$（f 为交流电的频率，L 为电感器的电感量）。由此可知，在流过电感的交流电频率一定时，感抗与电感器的电感量成正比；当电感器的电感量一定时，感抗与通过的交流电的频率成正比。

4.2.3 电感器阻碍电流变化的实证

感抗的存在可以用以下一实验来证明（图中虚线表示感应电流的方向，实线表示电源电流方向，D 表示小灯泡；L 为电感器，*E* 为电源）。实验原理图如图 4-11 所示。

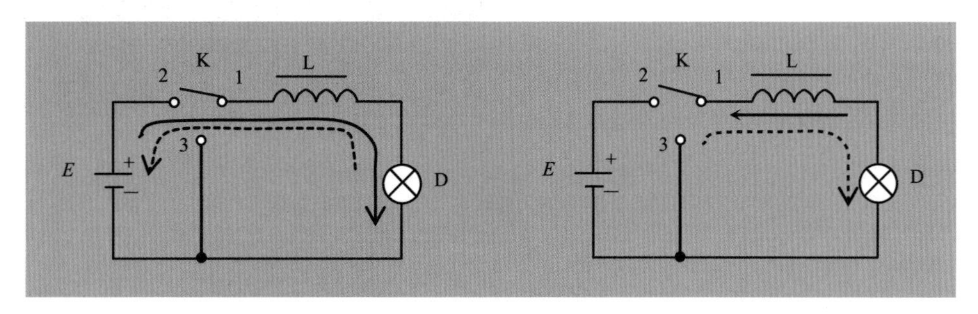

（a）开关接通瞬间感应电流的方向　　（b）开关关断接通负载瞬间的感应电流方向

图 4-11 感抗的存在的实验原理图

在图 4-11（a）中 K_{1-2} 未接通时，电灯处于熄灭状态；当开关 K_{1-2} 闭合后，小灯泡会逐渐变亮，而不是瞬间达到最亮程度。这说明电流在通过电感时有一个缓慢增大的过程。将开关 K_{1-2} 断开立即转到 K_{1-3}，小灯泡先是变得更亮，然后才慢慢熄灭。这说明电流在电感中有一个缓慢减小的过程。这一现象可以用楞次定律来解释，当线圈中电流突变时，电感线圈就产生感应电流阻碍原来电流的变化。

4.3 从电路板和电路图中识别电感器

4.3.1 从电路板中识别电感器

电感器是电路中最基本的元器件之一，在电路中被广泛的使用，特别是电源电路中。图 4-12 所示为电路中的电感器。

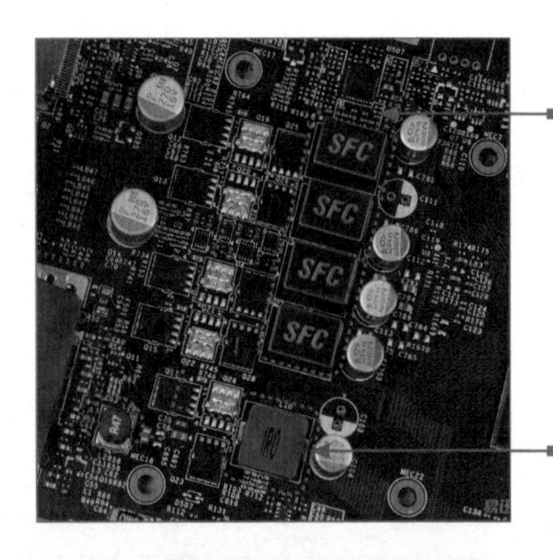

全封闭式超级铁素体（SFC），此电感可以依据当时的供电负载，来自动调节电力的负载。

封闭式电感是一种将线圈完全密封在一绝缘盒中制成的。这种电感，减少了外界对其自身的影响，性能更加稳定。

磁棒电感的结构是在线圈中安插一个磁棒制成的，磁棒可以在线圈内移动，用以调整电感的大小。通常将线圈做好调整后要用石蜡固封在磁棒上，以防止磁棒的滑动而影响电感。

磁环电感的基本结构是在磁环上绕制线圈制成的。磁环的存在大大提高了线圈电感的稳定性，磁环的大小以及线圈的缠绕方式都会对电感造成很大的影响。

图 4-12　电路中的电感器

贴片电感又称为功率电感。它具有小型化、高品质、高能量储存和低电阻的特性，一般是由在陶瓷或微晶玻璃基片上沉淀金属导片而制成的。

半封闭电感，防电磁干扰良好，在高频电流通过时不会发生异响，散热良好，可以提供大电流。

超薄贴片式铁氧体电感，此电感以锰锌铁氧体、镍锌铁氧体作为封装材料。散热性能、电磁屏蔽性能较好，封装厚度较薄。

全封闭陶瓷电感，此电感以陶瓷封装，属于早期产品。

超合金电感使用集中合金粉末压合而成，具有铁氧体电感和磁圈的优点，可以实现无噪声工作，工作温度较低（35℃）。

全封闭铁素体电感，此电感以四氧化三铁混合物封装，相比陶瓷电感而言，具备更好的散热性能和电磁屏蔽性。

图 4-12　电路中的电感器（续）

4.3.2　从电路图中识别电感器

维修电路时，通常需要参考电器设备的电路原理图来查找问题，下面结合电路图来识别电路图中的电感器。电感器一般用“L”“PL”等文字符号来表示。图 4-13 所示为电路图中的电感器。

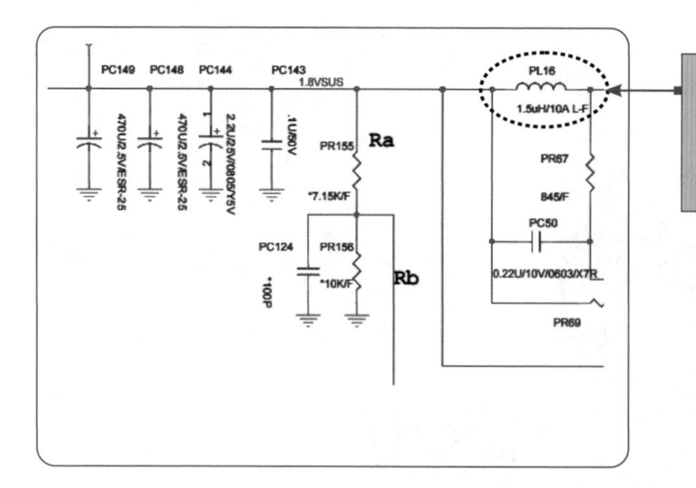

电感器，PL16为其文字符号，下面的数字为参数。其中1.5 uH为其电感量，10A为其额定电流参数，L-F为误差。

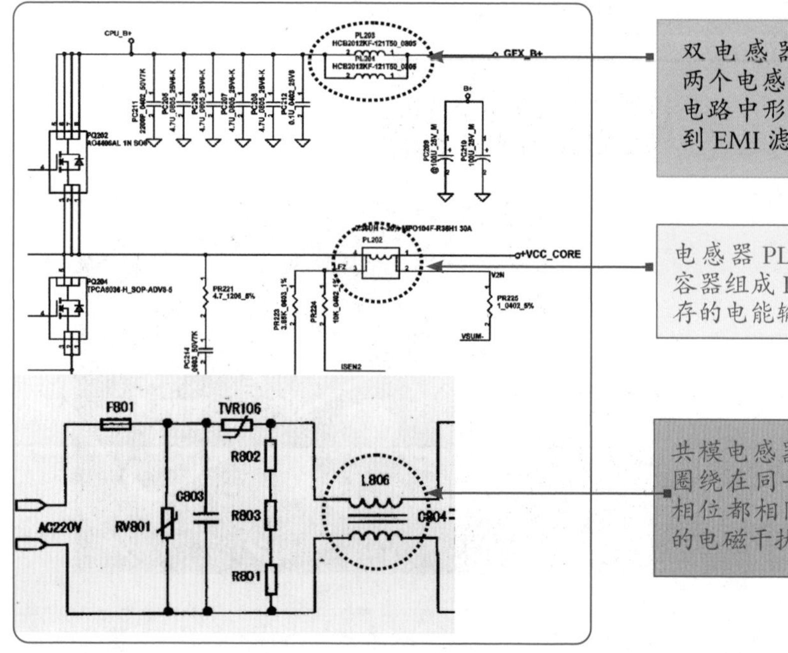

双电感器，PL203和PL204两个电感器同时连接到一个电路中形成共模电感器，起到EMI滤波的作用。

电感器PL202和其连接的电容器组成LC滤波电路，将储存的电能输出给负载。

共模电感器L806，其两个线圈绕在同一铁心上，匝数和相位都相同，用于过滤共模的电磁干扰信号。

图 4-13　电路图中的电感器

4.4 如何读识电感器上的标注

电感器的标注方法主要有数字符号法、数码法、色标法等几种，下面详细介绍。

4.4.1 读懂数字符号法标注的电感器

数字符号法是将电感器的标称值和偏差值用数字和文字符号法按一定的规律组合

标示在电感体上。采用文字符号法表示的电感通常是一些小功率电感，单位通常为 nH 或 pH。用 pH 做单位时，“R”表示小数点；用“nH”做单位时，“N”表示小数点。数字符号法标注电感器的方法如图 4-14 所示。

例如，R47 表示电感量为 0.47 μH，而 4R7 则表示电感量为 4.7 μH；10N 表示电感量为 10 nH。

图 4-14　数字符号法标注电感器的方法

4.4.2　读懂数码法标注的电感器

数码法标注的电感器，前两位数字表示有效数字，第三位数字表示倍乘率，如果有第四位数字，则表示误差值。这类电感器电感量的单位一般都是微亨（μH）。数码法标注电感器的方法如图 4-15 所示。

例如 100，表示电感量为 10×100=10 μH。

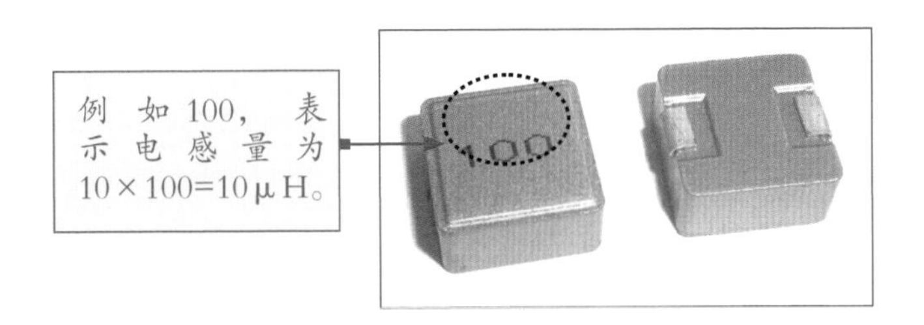

图 4-15　数码法标注电感器的方法

4.4.3　读懂色标法标注的电感器

在电感器的外壳上，用色环表示电感量的方法称为色标法。电感的色标法同电阻的色标法，即第一个色环表示第一位有效数字，第二个色环表示第二位有效数字，第三个色环表示倍乘数，第四个色环表示允许误差。比如，当电感器的色标分别为“红黑橙银”时，对照色码表可知，其电感量为 20 × 103 μH，允许误差为 ± 10%。

在色环法中，色环的基本色码意义可对照表 4-1。

表 4-1　基本色码对照表

颜色	有效数字	倍乘率	阻值偏差
黑色	0	100	
棕色	1	101	± 1%
红色	2	102	± 2%
橙色	3	103	—
黄色	4	104	—
绿色	5	105	± 0.5%
蓝色	6	106	± 0.25%
紫色	7	107	± 0.1%
灰色	8	108	—
白色	9	109	—
金色	-1	10−1	± 5%
银色	-2	10−2	± 10%
无色	—	—	± 20%

电感器的串联和并联

电感器串并联与电阻器的串并联形式一样，串并联后电感量会发生改变。下面本节将分析纯电感器串联和并联的电路。

4.5.1　电感器的串联

电感器的串联与电阻串联形式是一样的，两只电感器连接，然后与电源连接。当然也可以是更多只电感器的串联，如图 4-16 所示。

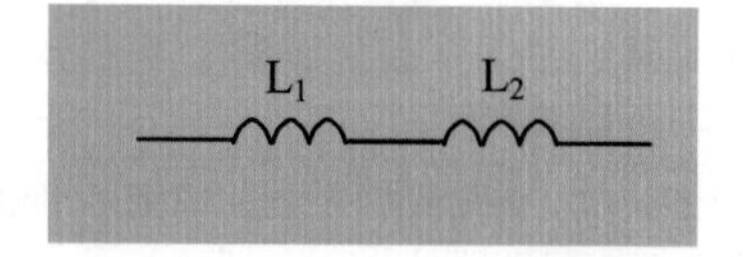

图 4-16　电感器的串联

电感器串联后的总电感量为各串联电感量之和，即 $L=L_1+L_2+\cdots$。

4.5.2　电感器的并联

电感器的并联也与电阻的并联方式是一样的，两个或两个以上电感器采用并接的方式与电源连接构成电路，称为电感器的并联电路，如图 4-17 所示。

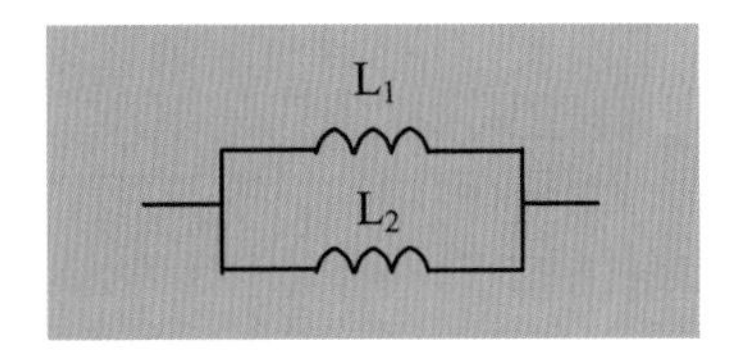

图 4-17　电感器的并联

电感器并联后的总电感量为各并联电感器电感量的倒数之和，即 $1/L=1/L_1+1/L_2+\cdots$。

4.6 电感器应用电路分析

电感器应用电路主要包括电感滤波电路、抗高频干扰电路、电感分频电路和 LG 谐振电路等；接下来将分析这些电感器应用电路的工作原理。

4.6.1　电感滤波电路分析

电感滤波电路是用电感器构成的一种滤波电路，其滤波效果相当好，只是要求滤波电感的电感量较大，电路中常使用的是 π 型 LC 滤波电路，如图 4-18 所示。

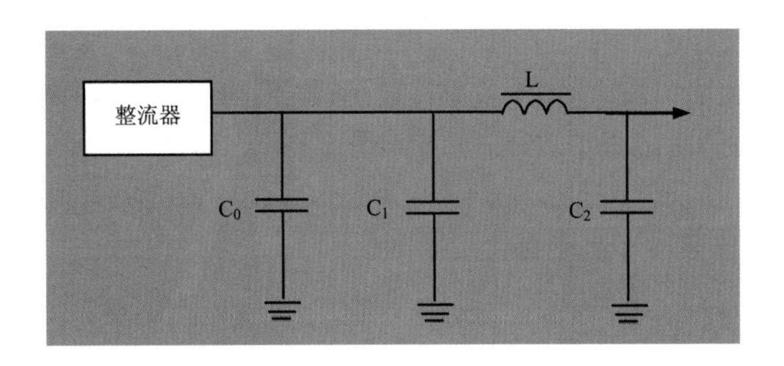

图 4-18　电感滤波电路图

电路中 C_0、C_3 是滤波电容，C_1 是高频滤波电容。由于电感对直流电几乎没有阻碍作用，而电容对直流电的阻碍作用无穷大，因此直流电会顺着电感的方向输出；而当交流电通过时，电感会对交流电有很大的阻碍作用，我们知道电容对交流则形同开路，因此交流电流会直接经电容接地。

4.6.2　抗高频干扰电路分析

图 4-19 所示为抗高频干扰电路，L_1、L_2 是电感器，L_3 为变压器。由于电感器的高频干扰作用比较强，所以在经过 L_1、L_2 时，高频电压大部分会被消耗，从而得到更纯的低频电压。

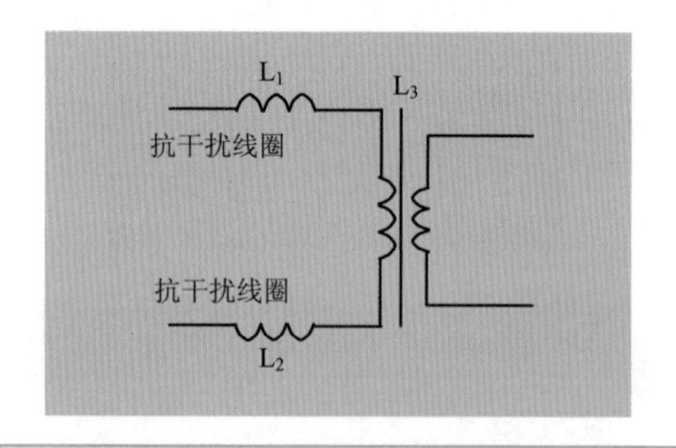

图 4-19　抗高频干扰电路

4.6.3　电感分频电路分析

电感器可以用于分频电路以区分高低频信号。图 4-20 所示为复式收音机中高频阻流圈电路，线圈 L 对高频信号感抗很强而电容对高频信号容抗很小，因此高频信号只能通过电容进入检波电路。检波后的音频信号经过 VT 放大就可以通过 L 到达耳机。

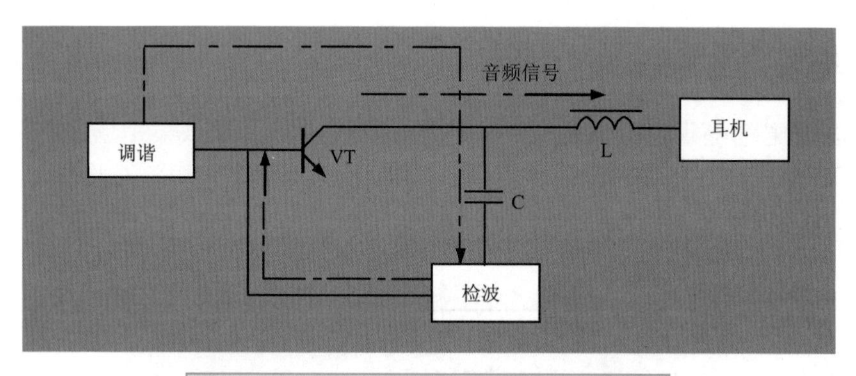

图 4-20　复式收音机中高频阻流圈电路

4.6.4　LC 谐振电路分析

图 4-21 所示为收音机高放电路，这是由电感器与电容器组成的谐振选频电路。可变电感器 L 与电容器 C_1 组成调谐回路，通过调节 L 即可改变谐振频率，从而达到选台的作用。

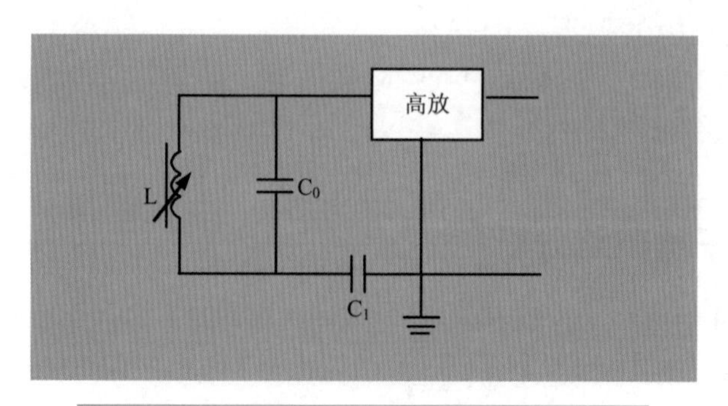

图 4-21　LC 谐振电路

4.7 电感器常见故障诊断

对于电感器好坏的诊断，首先要看电感器的外观是否有破裂、线圈松动、错位、引脚松动等现象。如果外观上没有什么明显的破损现象，就需要用万用表进行检测。

4.7.1 通过检测电感线圈的阻值诊断故障

一般对于电感的检测要用万用表欧姆挡。电感线圈的电阻值与电感线圈所用漆包线的粗细、圈数多少有关，如图 4-22 所示。

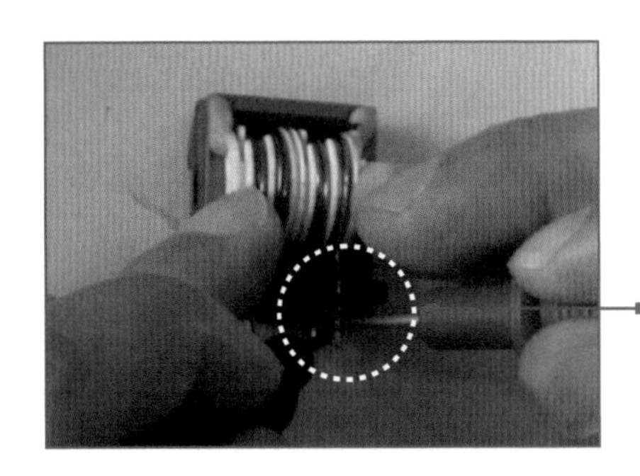

在检测电感时，首先应分辨出电感的每个引脚与哪个线圈相连，然后进行检测。要检测一次绕组和二次绕阻的电阻值，如有阻值且比较小，一般就认为是正常的。如果阻值为 0，则是短路，如果阻值为 ∞，则是断路。若阻值小于 ∞ 但大于 0，说明有漏电现象。

图 4-22　通过检测电感线图的阻值诊断电感的故障

4.7.2 通过检测电感器的标称电感量诊断故障

检测电感的标称电感量之前，要先对电感器的外观进行检查，然后对电感的标注信息进行读取，获得待测电感器的标称电感量，如图 4-23 所示。

测量时，利用万用表的 H 挡进行测量待测电感器的电感量，然后将测量值与标称值进行比对。如果相差不大就说明该电感器没有问题。如果检测到标称容量为 0，有可能是该电感器内部线圈断路了。

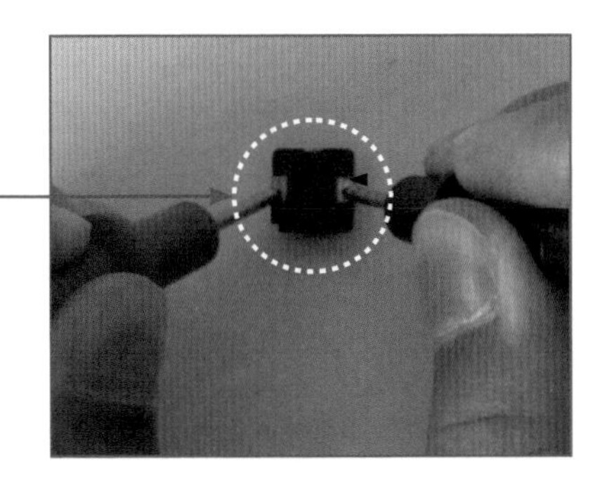

图 4-23　测量电感器的电感量

4.8 电感器检测与代换方法

4.8.1 电感器检测方法

业余条件下对电感器好坏的检查常用电阻法进行检测。一般来说，电感器的线圈匝数不多，直流电阻很低，因此，用万用表电阻挡进行检查很实用。

1. 指针万用表测量电感器的方法

用指针万用表检测电感器的方法如图 4-24 所示。

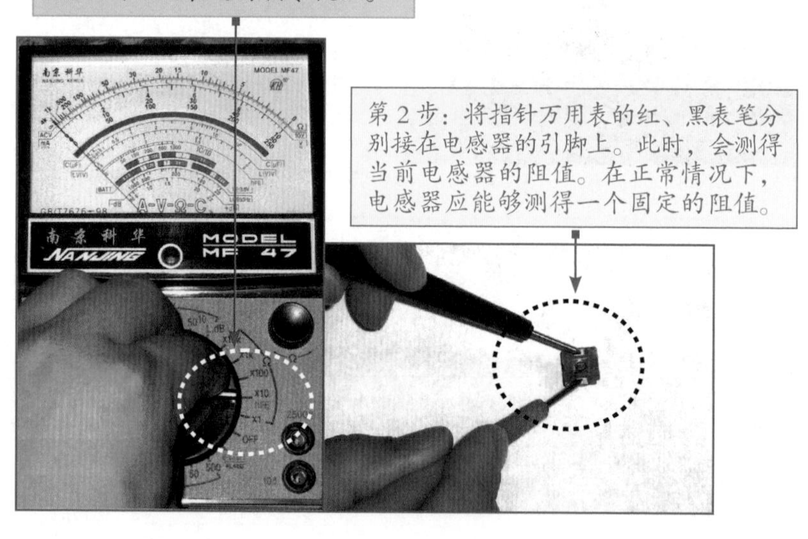
第 1 步：将指针万用表的挡位旋至欧姆挡的“R×10”挡，然后对万用表进行调零校正。
第 2 步：将指针万用表的红、黑表笔分别接在电感器的引脚上。此时，会测得当前电感器的阻值。在正常情况下，电感器应能够测得一个固定的阻值。
南京科华
NANJING
MODEL MF47
A-V-Ω-C

图 4-24 用指针万用表检测电感器的方法

如果电感器的阻值趋于 0 Ω 时，则表明电感器内部存在短路的故障；如果被测电感器的阻值趋于无穷大，选择最高阻值量程继续检测，阻值趋于无穷大，则表明被测电感器已损坏。

2. 数字万用表测量电感器

用数字万用表检测电感器时，首先将数字万用表调到二极管挡（蜂鸣挡），然后把表笔放在两个引脚上，观察万用表的读数。

数字万用表测量电感器的方法如图 4-25 所示。

对于贴片电感，此时的读数应为零，若万用表读数偏大或为无穷大，则表示电感器损坏。

对于电感线圈匝数较多，线径较细的线圈读数会达到几十到小几百，通常情况下线圈的直流电阻只有几欧姆。

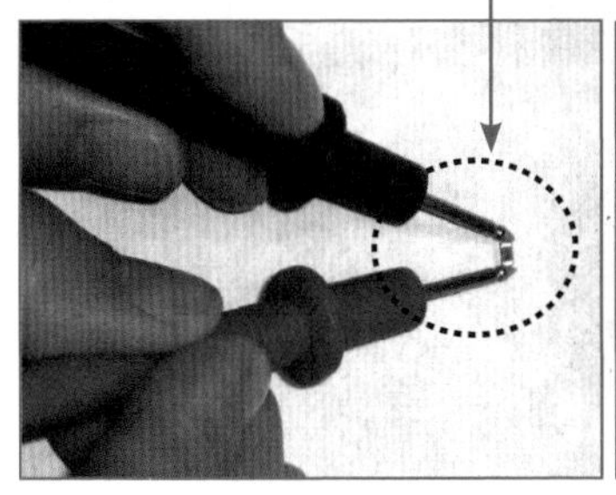

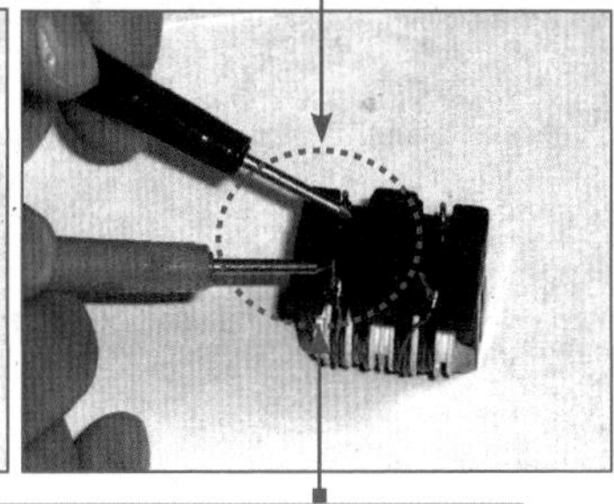

如果电感器损坏，多表现为发烫或电感磁环明显损坏，若电感线圈不是严重损坏，而又无法确定时，可用电感表测量其电感量或用替换法来判断。

图 4-25　数字万用表测量电感器的方法

4.8.2　电感器代换方法

电感器损坏后，原则上应使用与其性能类型相同、主要参数相同、外形尺寸相近的电感器来更换。但若找不到同类型电感器，也可用其他类型的电感器代换。

代换电感器时，首先应考虑其性能参数（如电感量、额定电流、品质因数等）及外形尺寸是否符合要求。几种常用电感器的代换方法如图 4-26 所示。

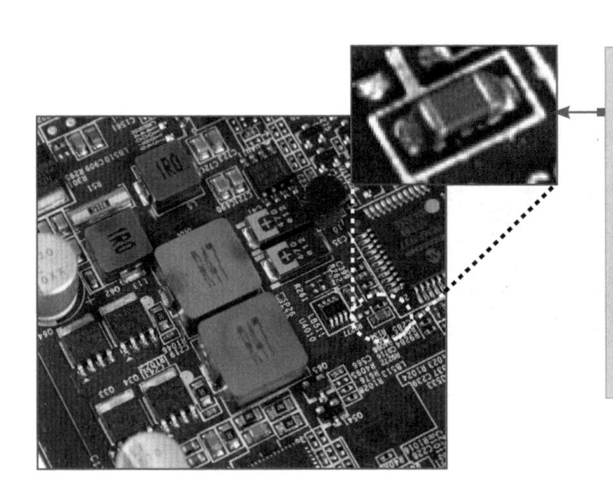

对于贴片式小功率电感器，由于其体积小、线径细、封装严密，一旦通过的电流过大，内部温度上升后热量不易散发。因此，出现断路或者匝间短路的概率是比较大的。代换时只要体积大小相同即可。

图 4-26　几种常用电感器的代换方法

对于体积大、铜线粗的大功率储能电感，其损坏概率很小，如果要代换这种电感元件，必须要与外表上印有的型号相同，对应的体积、匝数、线径都相同才能代换。

图 4-26　几种常用电感器的代换方法（续）

4.9 电感器现场检测实操

4.9.1　封闭式电感器现场检测实操

封闭式电感器是一种将线圈完全密封在一绝缘盒中制成的。这种电感减少了外界对其自身的影响，性能更加稳定。封闭式电感可以使用数字万用表测量，也可以使用指针万用表进行检测，为了测量准确，可对电感器采用开路测量。由于封闭式电感器结构的特殊性，只能对电感器引脚间的阻值进行检测，以判断其是否发生断路。

用数字万用表检测电路板中封闭式电感器的方法如图 4-27 所示。

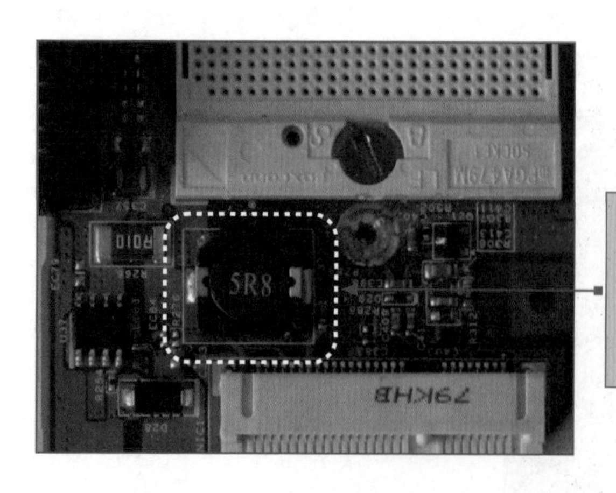

第 1 步：断开电路板的电源，然后对封闭式电感器进行观察，看待测电感器是否有无烧焦、虚焊等情况；如果有，则电感器可能已发生损坏。

图 4-27　用数字万用表检测电路板中封闭式电感器的方法

第 2 步：用电烙铁将待测封闭式电感器从电路板上焊下，并清洁封闭式电感器两端的引脚，去除两端引脚上存留的污物，确保测量时的准确性。

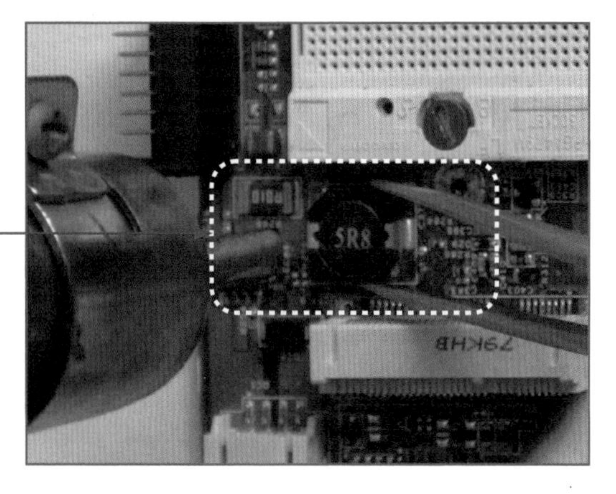

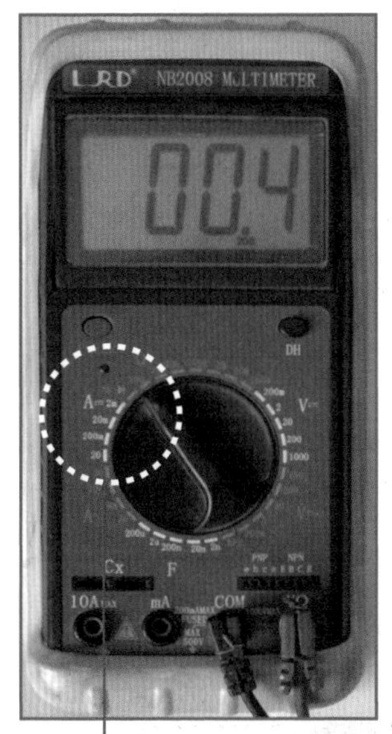

第 3 步：将数字万用表旋至欧姆挡的“200”挡。

第 4 步：将万用表的红、黑表笔分别搭在待测封闭式电感器两端的引脚上，检测两引脚间的阻值。

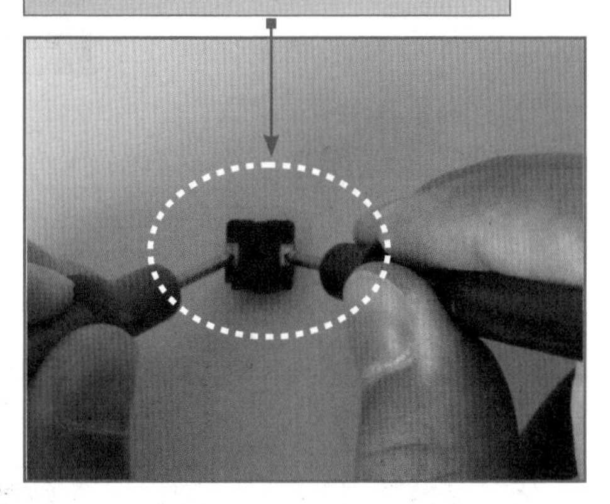

图 4-27　用数字万用表检测电路板中封闭式电感器的方法(续)

总结：由于测得封闭式电感器的阻值为 0.4，非常接近于 00.0，因此可以判断该电感器没有断路故障。

4.9.2　主板电路贴片电感器现场检测实操

主板中的贴片电感器主要在键盘 / 鼠标接口电路、USB 接口电路、南北桥芯片组附近。主板中的贴片电感器可以使用数字万用表测量，也可以使用指针万用表进行检测，为了测量准确，通常采用开路测量。

用数字万用表测量主板中贴片电感器的方法如图 4-28 所示。

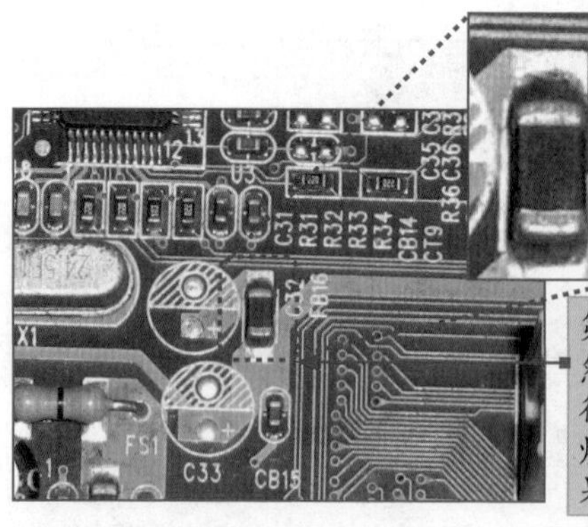

第 1 步：将主板的电源断开，然后对电感器进行观察，看待测电感器是否损坏，有无烧焦、有无虚焊等情况。如果有，则电感器损坏。

第 2 步：将待测贴片电感器从电路板上焊下，并清洁电感器的两端，去除两端引脚下的污物，确保测量时的准确性。

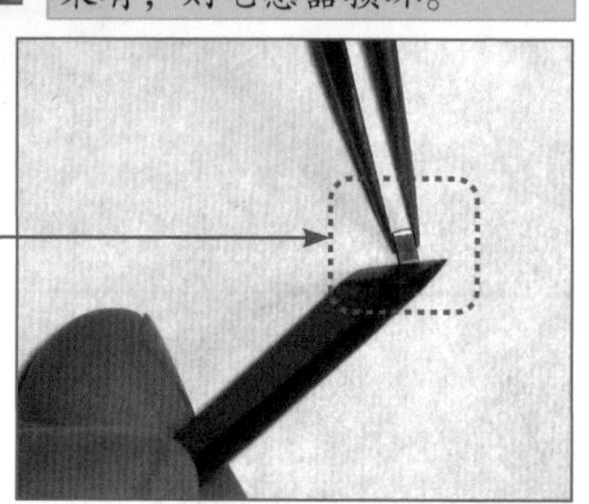

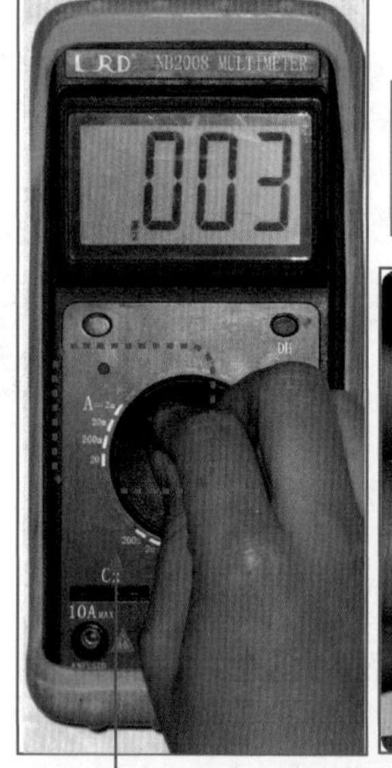

第 4 步：将万用表的红、黑表笔分别搭在待测贴片电感器两端的引脚上，检测两引脚间的阻值。

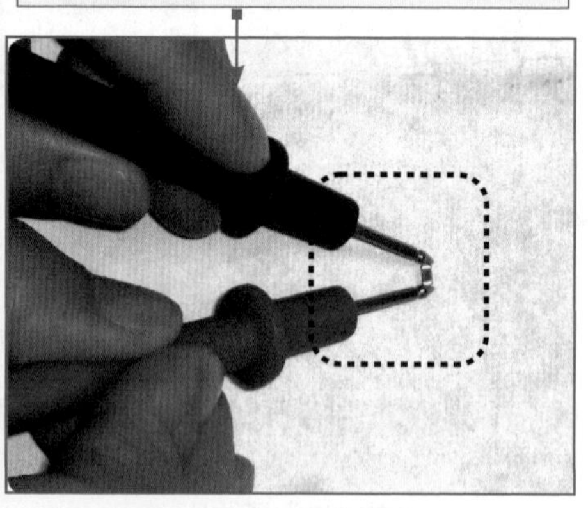

第 3 步：将数字万用表的功能旋钮旋至二极管挡。

图 4-28　用数字万用表测量主板中贴片电感器的方法

总结：由于测量的电感器的读数 0.003，接近于 0，因此判断此电感器正常。

提示：如果测量时，万用表的读数偏大或为无穷大，则表示电感器损坏。

4.9.3 打印机电源滤波电感器（互感滤波器）现场检测实操

打印机电路中的电源滤波电感器主要在打印机的电源供电板中，打印机电路中的电源滤波电感器一般使用指针万用表进行检测，为了测量准确，通常采用开路测量。

用指针万用表测量打印机电路中的电源滤波电感器的方法如图 4-29 所示。

第 1 步：将打印机电路板的电源断开，然后对电源滤波电感器进行观察，看待测电感器是否损坏，有无烧焦、有无虚焊等情况。如果有，则电感器损坏。

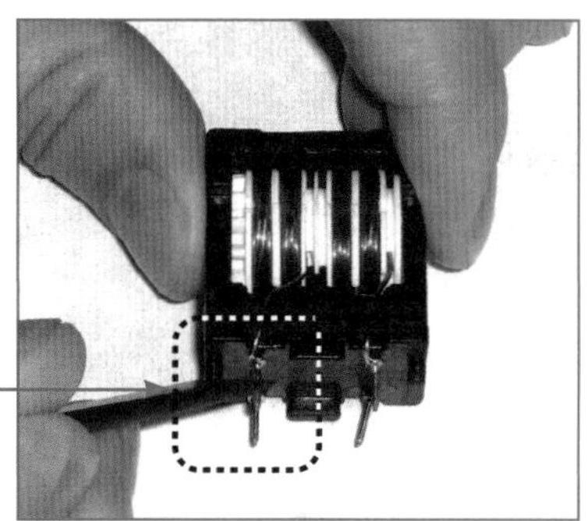

第 2 步：将待测电源滤波电感器从电路板上焊下，并清洁电感器的两端引脚，去除两端引脚下的污物，确保测量时的准确性。

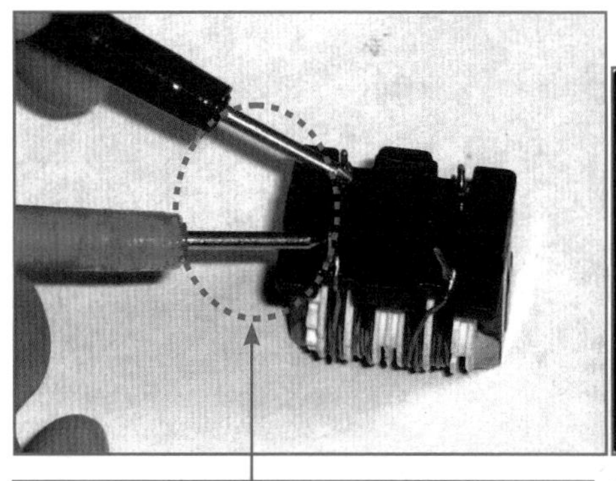

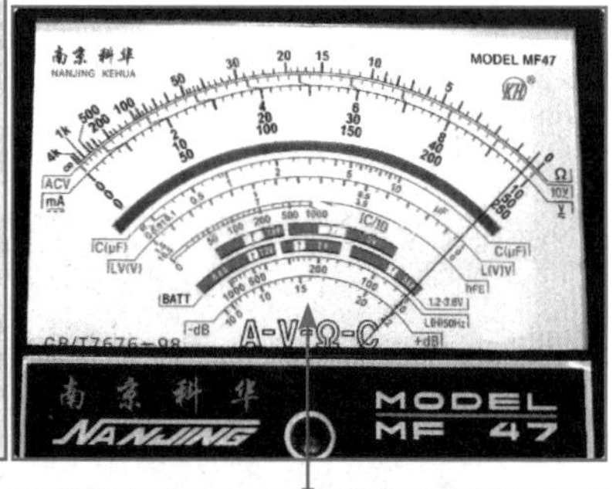

第 3 步：选用欧姆挡的 R×10 挡并调零，然后将万用表的红、黑表笔分别搭在电源滤波电感器中第一组电感的两个引脚上。

第 4 步：观察表盘，测得当前电感的阻值接近于 0。

图 4-29 测量打印机电路中的电源滤波电感器的方法

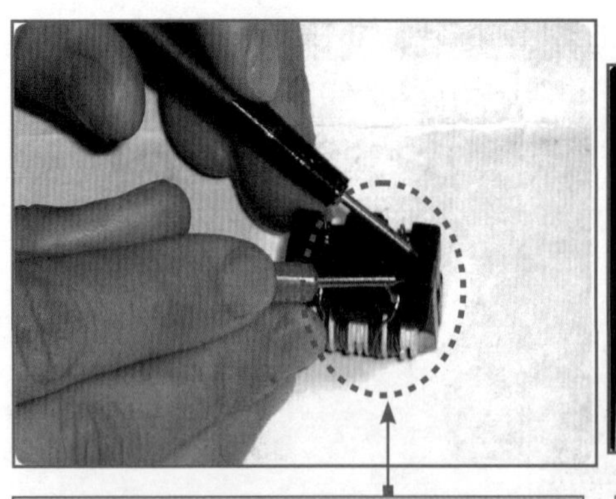

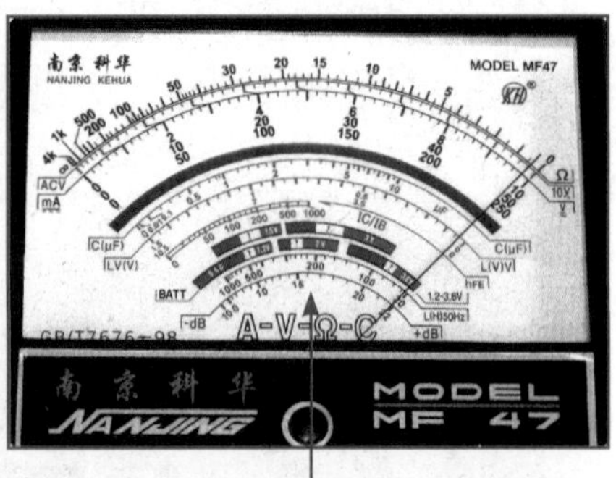

第 5 步：测完第一组电感器后，将万用表的红、黑表笔分别搭在电源滤波电感器中第二组电感的两个引脚上。

第 6 步：观察表盘，测得当前电感的阻值也接近于 0。

图 4-29　测量打印机电路中的电源滤波电感器的方法（续）

总结：由于测量的电源滤波电感器中的两组电感的阻值均接近于 0，因此可以判断，此电源滤波电感器正常。

提示：对于电感量较大的电感器，由于起线圈圈数较多，直流电阻相对较大，因此万用表可以测量出一定阻值。另外，如果被测电感的阻值趋于无穷大，选择最高阻值量程继续检测，阻值趋于无穷大，则表明被测电感器已损坏。

4.9.4　主板电路磁环电感器现场测量实操

主板电路中的磁环 / 磁棒电感器主要应用在各种供电电路。为了测量准确，主板电路中的磁环 / 磁棒电感器，通常采用开路测量。

用指针万用表测量主板中磁环电感器的方法如图 4-30 所示。

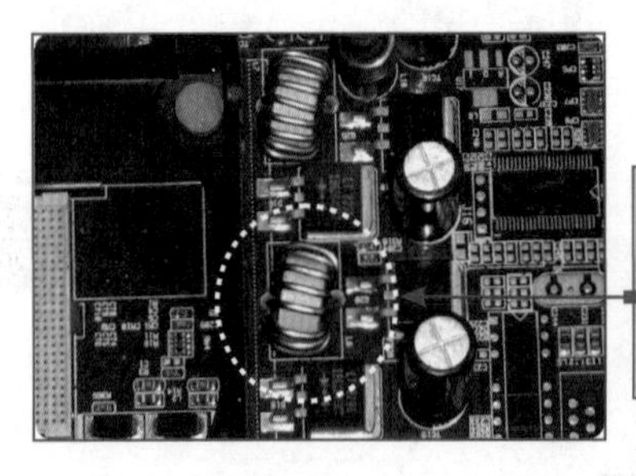

第 1 步：将主板的电源断开，然后对磁环电感器进行观察，看待测电感器是否损坏，有无烧焦、有无虚焊等情况。

第 2 步：将待测磁环电感器从电路板上焊下，并清洁电感器的两端引脚，去除两端引脚下的污物，确保测量时的准确性。

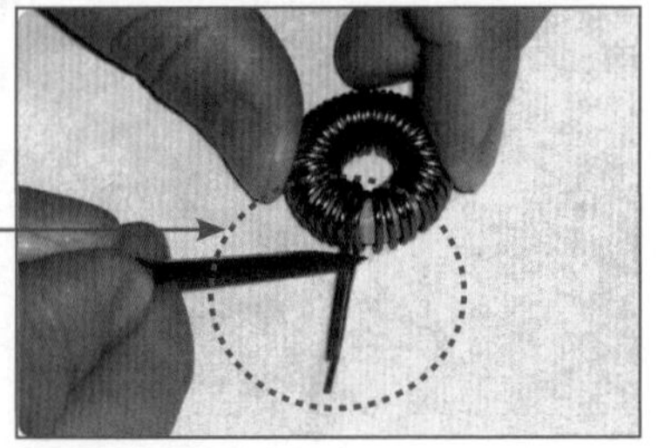

图 4-30　测量主板中磁环电感器

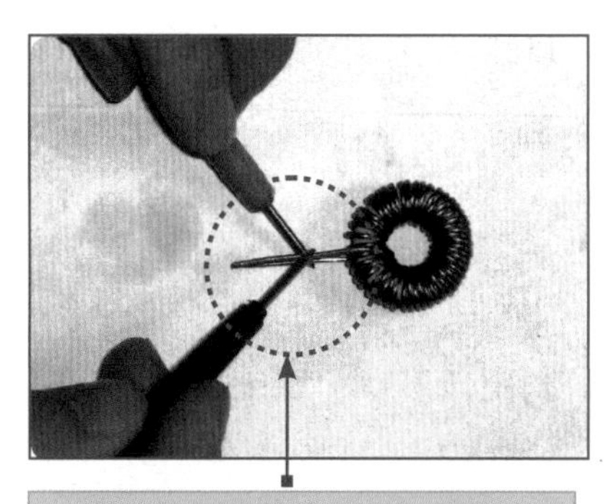

第 3 步：选择欧姆挡的 R×1 挡并调零，然后将万用表的红、黑表笔分别搭在磁环电感器的两端引脚上测量。

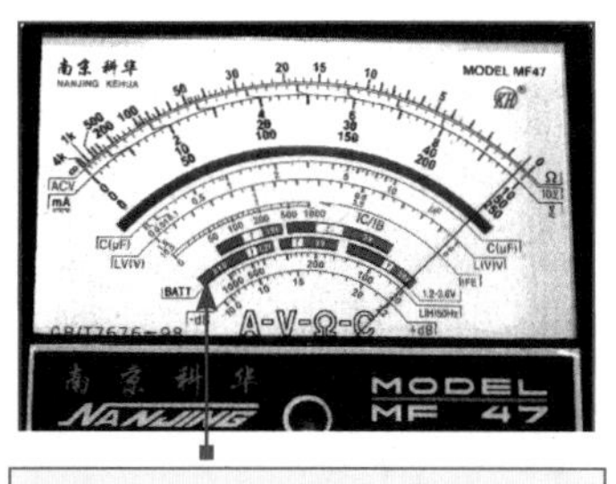

第 4 步：测得当前电感器的阻值为接近于 0。

图 4-30　测量主板中磁环电感器（续）

总结：由于测量的磁环电感器的阻值接近于 0，因此可以判断，此电感器没有断路故障。

提示：对于电感量较大的电感器，由于起线圈圈数较多，直流电阻相对较大，因此万用表可以测量出一定阻值。

第5章 二极管现场检测维修实操

二极管具有两不对称电导的电极，只允许电流由单一方向流过；它是诞生最早的半导体器件之一，几乎在所有的电子电路中，都要用到二极管。因此掌握各种二极管特性、参数、标注规则及其在电路中的应用特点、检测代换方法等知识和技能，对维修电路非常重要。

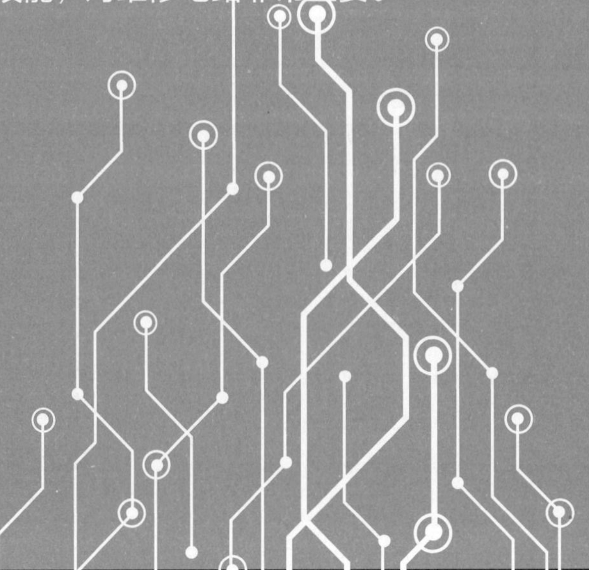

二极管又称晶体二极管，它是最常用的电子元件之一。其最大的特性就是单向导电，在电路中，电流只能从二极管的正极流入，负极流出。利用二极管单向导电性，可以把方向交替变化的交流电变换成单一方向的脉冲直流电。另外，二极管在正向电压作用下电阻很小，处于导通状态，在反向电压作用下，电阻很大，处于截止状态，如同一只开关。利用二极管的开关特性，可以组成各种逻辑电路（如整流电路、检波电路、稳压电路等）。图 5-1 所示为电路中常见的二极管。

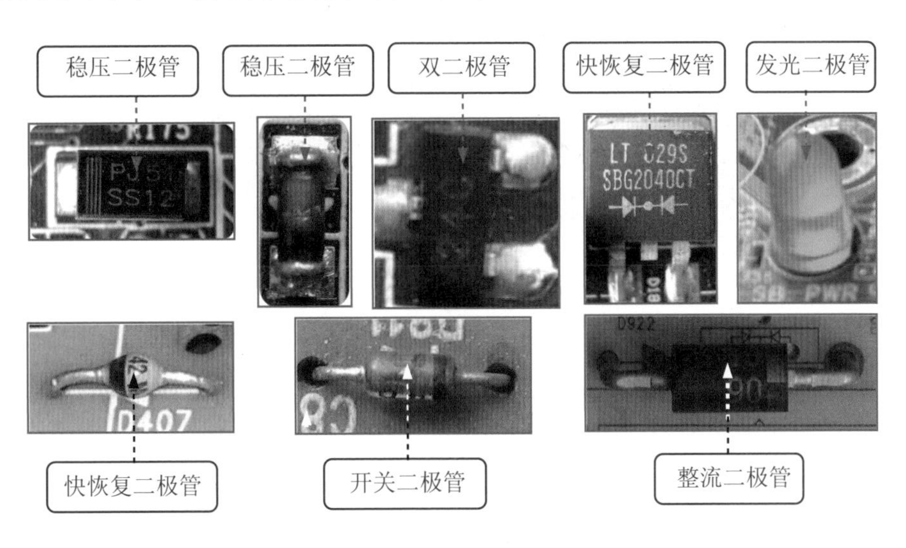

图 5-1　电路中常见的二极管

5.1 二极管的图形符号与分类

5.1.1　二极管的图形与文字符号

二极管是电子电路中比较常用的电子元器件之一，在电路图中，每个电子元器件都有其电路图形符号，二极管的电路图形符号如表 5-1 所示。

表 5-1　常见的二极管电路图形符号

普通二极管	双向抑制二极管	稳压二极管	发光二极管

5.1.2 二极管的分类

1. 检波二极管

检波（也称解调）二极管的作用是利用其单向导电性将高频或中频无线电信号中的低频信号或音频信号分检出来的器件。常见的检波二极管，如图 5-2 所示。

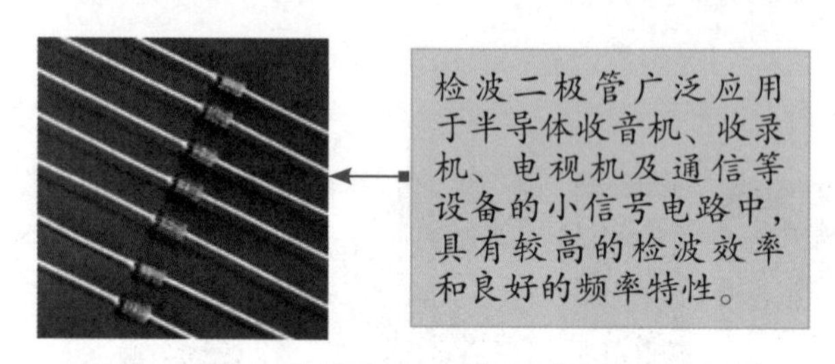

检波二极管广泛应用于半导体收音机、收录机、电视机及通信等设备的小信号电路中，具有较高的检波效率和良好的频率特性。

图 5-2 检波二极管

2. 整流二极管

将交流电源整流成直流电流的二极管称为整流二极管，整流二极管主要用于整流电路。利用二极管的单向导电功能将交电流变为直流电。常见的整流二极管，如图 5-3 所示。

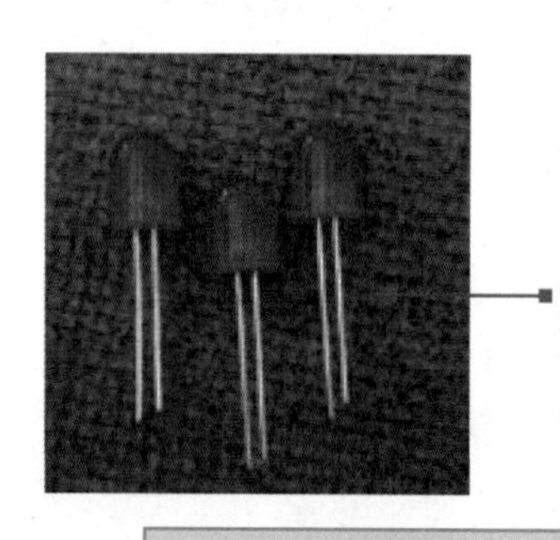

由于整流二极管的正向电流一般较大，所以整流二极管多为面接触型二极管，其结面积大、结电容大，但工作频率低。

图 5-3 整流二极管

3. 开关二极管

在脉冲数字电路中，用于接通和关断电路的二极管叫作开关二极管。常见的开关二极管，如图 5-4 所示。

开关二极管是利用正向偏压时二极管电阻很小、反向偏压时电阻很大的单向导电性，在电路中对电流进行控制，起到接通或关断的开关作用。

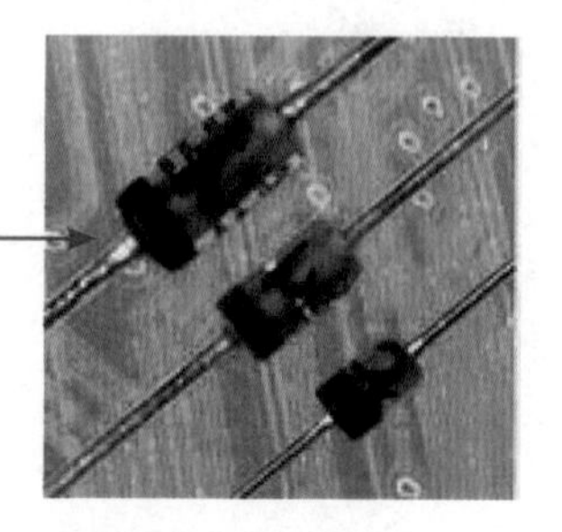

图 5-4 开关二极管

4. 稳压二极管

稳压二极管利用二极管反向击穿时两端电压不变的原理来实现稳压限幅、过载保护。稳压二极管广泛用于稳压电源装置中，是代替稳压电子二极管的产品，常被制作成硅的扩散型或合金型，常用的稳压二极管通常由塑料外壳或金属外壳等封装，如图 5-5 所示。

图 5-5　稳压二极管

5. 变容二极管

变容二极管利用 PN 结电容随加到管子上的反向电压大小而变化的特性，在调谐等电路中取代可变电容，主要用于自动频率控制、扫描振荡、调频和调谐等，如图 5-6 所示。通常，用来变容的二极管为硅的扩散型二极管，但是也可采用合金扩散型、外延结合型、双重扩散型等特殊制作的二极管，因为这些二极管对于电压而言，其静电容量的变化率特别大。

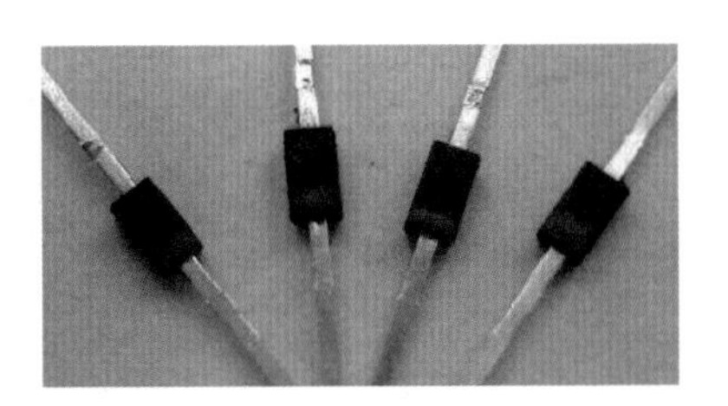

图 5-6　变容二极管

6. 快恢复二极管

快恢复二极管的内部结构与普通二极管不同，它是在 P 型、N 型硅材料中间增加了基区 I，构成 P-I-N 硅片。因基区很薄，反向恢复电荷很小，所以快恢复二极管的反向恢复时间较短，同时还降低了瞬态正向压降，使管子能承受很高的反向工作电压。快恢复二极管（简称 FRD）是一种具有开关特性好、反向恢复时间短等特点的半导体二极管。图 5-7 所示为常见的快恢复二极管。

快恢复二极管主要应用于开关电源、PWM 脉宽调制器、变频器等电子电路中，可作为高频整流二极管、续流二极管或阻尼二极管使用。

图 5-7　快恢复二极管

7. 发光二极管

发光二极管的内部结构为一个 PN 结且具有晶体管的通性。当发光二极管的 PN 结上加上正向电压时，会产生发光现象。图 5-8 所示为电子电路中常见的发光二极管。

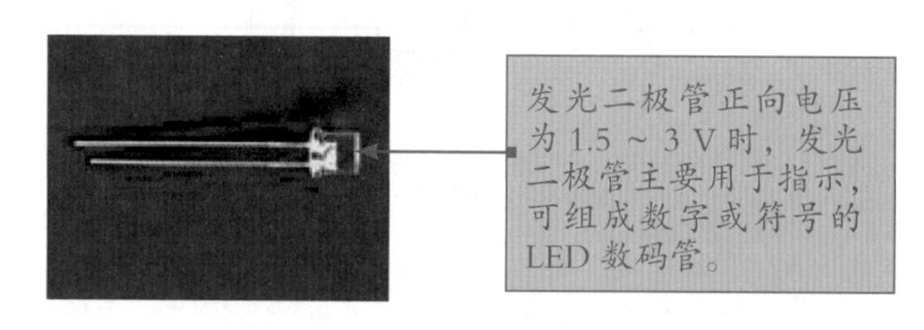

发光二极管正向电压为 1.5 ~ 3 V 时，发光二极管主要用于指示，可组成数字或符号的 LED 数码管。

图 5-8　发光二极管

8. 光电二极管

光电二极管（Photo-Diode）和普通二极管一样，也是由一个 PN 结组成的半导体器件，具有单方向导电特性。图 5-9 所示为常见的光电二极管。

光电二极管是一种将光信号转换成电信号的光电传感器件。有光照时，其反向电流随着光照强度的增加而正比上升，可用于光的测量或作为能源（光电池）。

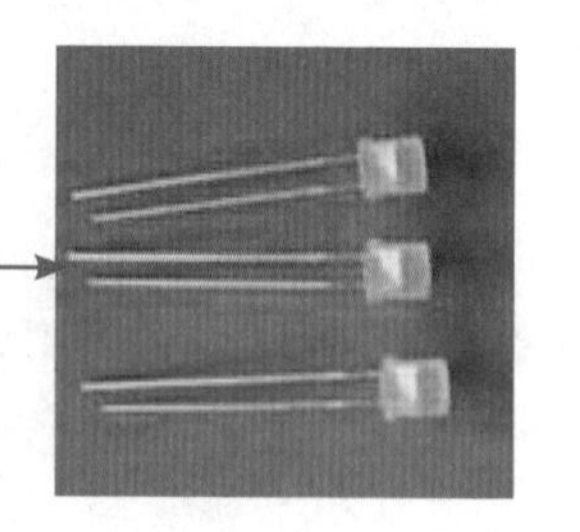

图 5-9　光电二极管

5.2 二极管的特性与作用

二极管的作用就像是电流的一个单向门。当二极管的阳极相对于阴极的电压为正时，称为正向偏置，二极管允许电流通过。然而，当极性相反时，称为反向偏置，二极管不允许电流通过。

二极管经常用在把交流电压和电流转换成直流电压和电流的电路中。二极管也常用于电压的倍增电路、电压平移电路、限压电路和稳压电路中。

二极管是由一个 P 型半导体和一个 N 型半导体形成的 PN 结，接出相应的电极引线，再加上一个管壳密封而成的。图 5-10 所示为二极管的功能区结构图。

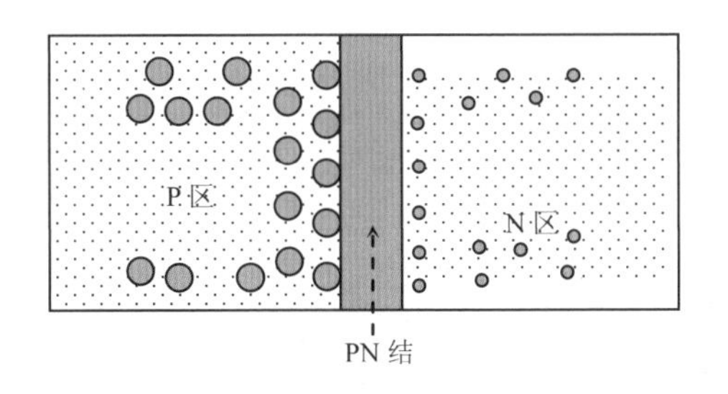

图 5-10　二极管的功能区结构图

二极管具有单向导电性，即电流只能沿着二极管的一个方向流动。

将二极管的正极（P）接在高电位端，负极（N）接在低电位端，当所加正向电压到达一定程度时，二极管就会导通，这种连接方式称为正向偏置。需要补充的是，当加在二极管两端的正向电压比较小时，二极管仍不能导通，流过二极管的正向电流是很小的。只有当正向电压达到某一数值以后，二极管才能真正导通。这一数值常被称为门槛电压。

如果将二极管的负极接在高电位端，正极接在低电位端，此时二极管中将几乎没有电流流过，二极管处于截止状态，我们称这种连接方式为反向偏置。在这种状态下，二极管中仍然会有微弱的反向电流流过二极管，该电流被称为漏电流。当两端反向电压增大到一定程度后，电流会急剧增加，二极管将被击穿，而失去单向导电功能。

二极管的伏安特性曲线如图 5-11 所示。

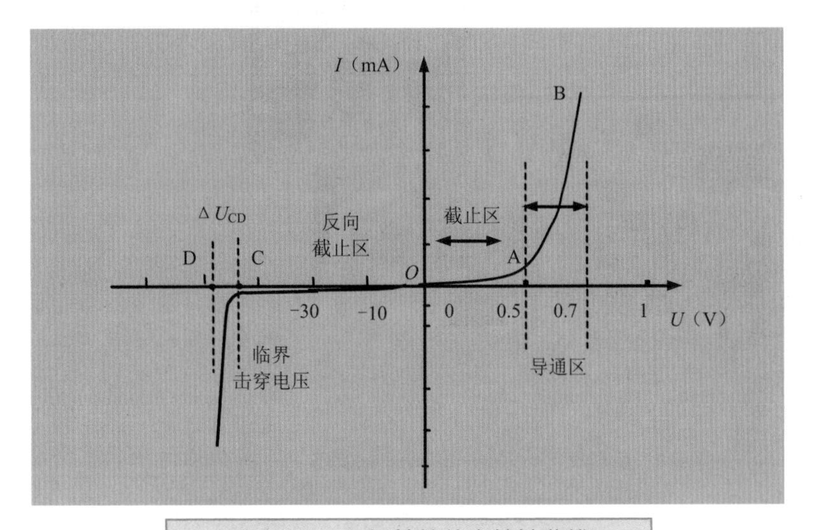

图 5-11　二极管的伏安特性曲线

5.3 从电路板和电路图中识别二极管

5.3.1 从电路板中识别二极管

二极管是电路中最基本的元器件之一，在电路中被广泛的使用，特别是整流电路中。图 5-12 所示为电路中的二极管。

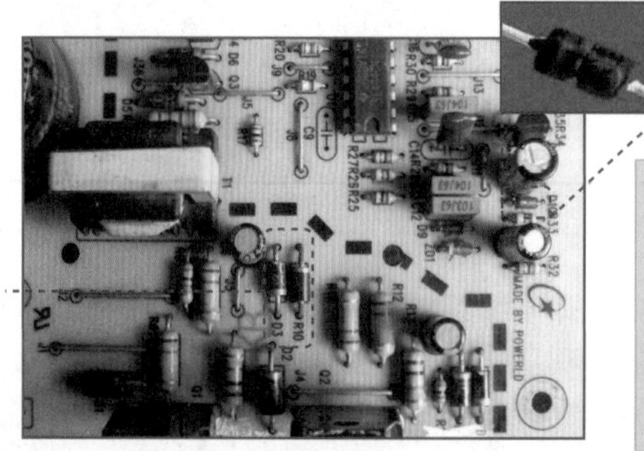

稳压二极管也称齐纳二极管，它是利用二极管反向击穿时两端电压不变的原理来实现稳压限幅、过载保护。
开关二极管是半导体二极管的一种，是为在电路上进行“开”“关”而特殊设计制造的一类二极管。它由导通变为截止或由截止变为导通所需的时间比一般二极管短。

检波二极管的作用是利用其单向导电性将高频或中频无线电信号中的低频信号或音频信号分检出来的器件。

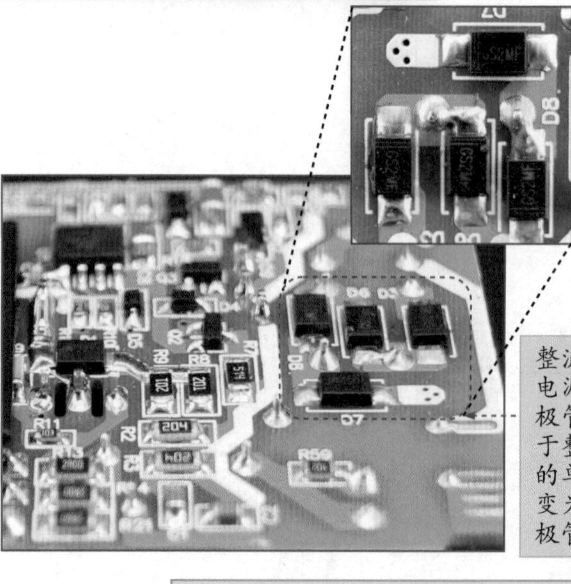

整流二极管，是指将交流电源整流成直流电流的二极管，整流二极管主要用于整流电路。利用二极管的单向导电功能将交电流变为直流电。图中 4 个二极管组成一个整流桥。

图 5-12　电路中的二极管

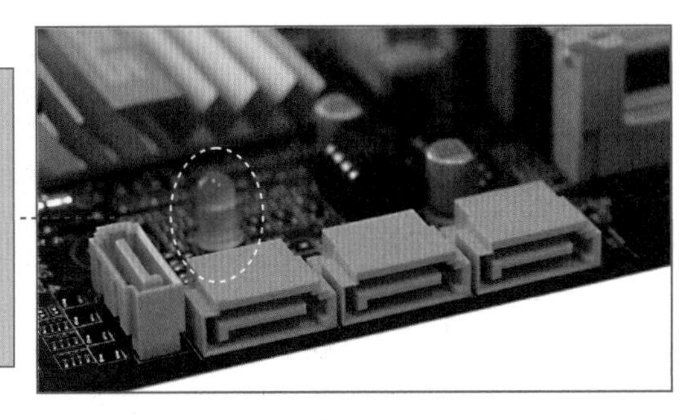

发光二极管的内部结构为一个 PN 结而且具有晶体管的通性。当发光二极管的 PN 结上加上正向电压时，会产生发光现象。

图 5-12　电路中的二极管（续）

5.3.2　从电路图中识别二极管

维修电路时，通常需要参考电器设备的电路原理图来查找问题，下面结合电路图来识别电路图中的二极管。二极管一般用“D”文字符号来表示。图 5-13 为电路图中的二极管。

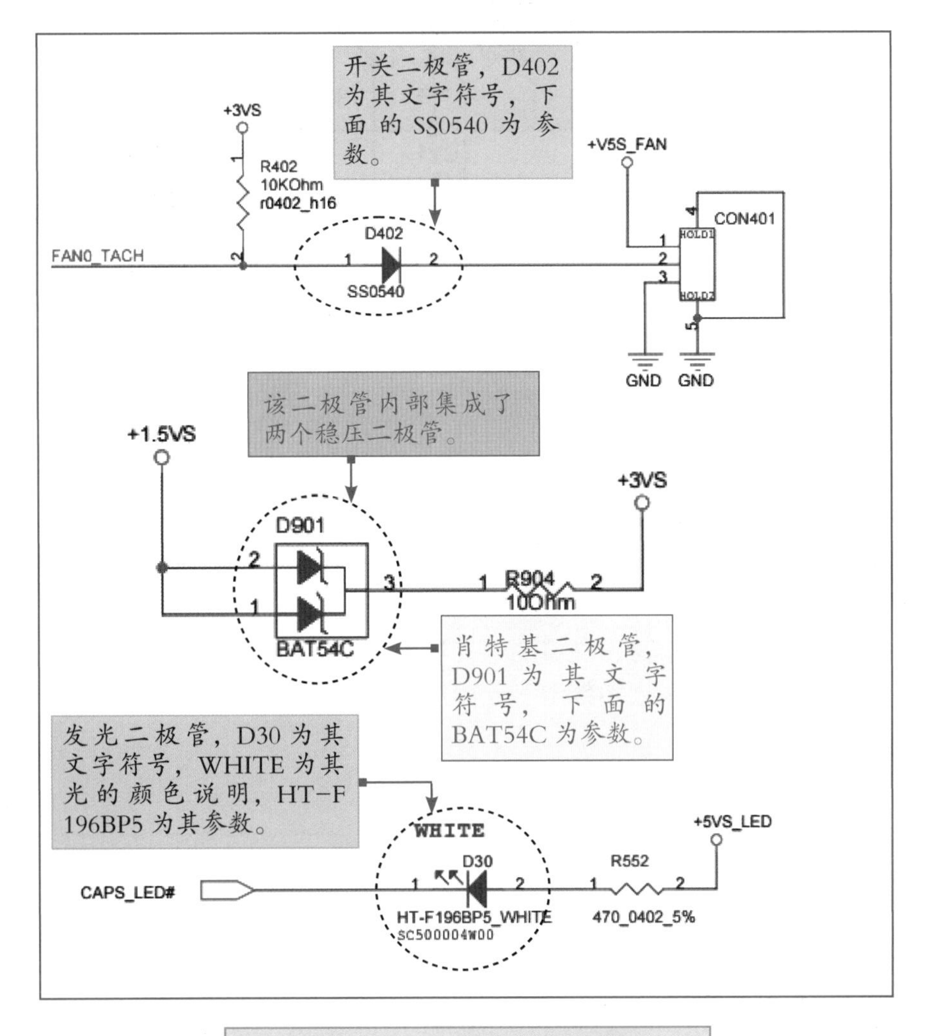

图 5-13　电路图中的二极管

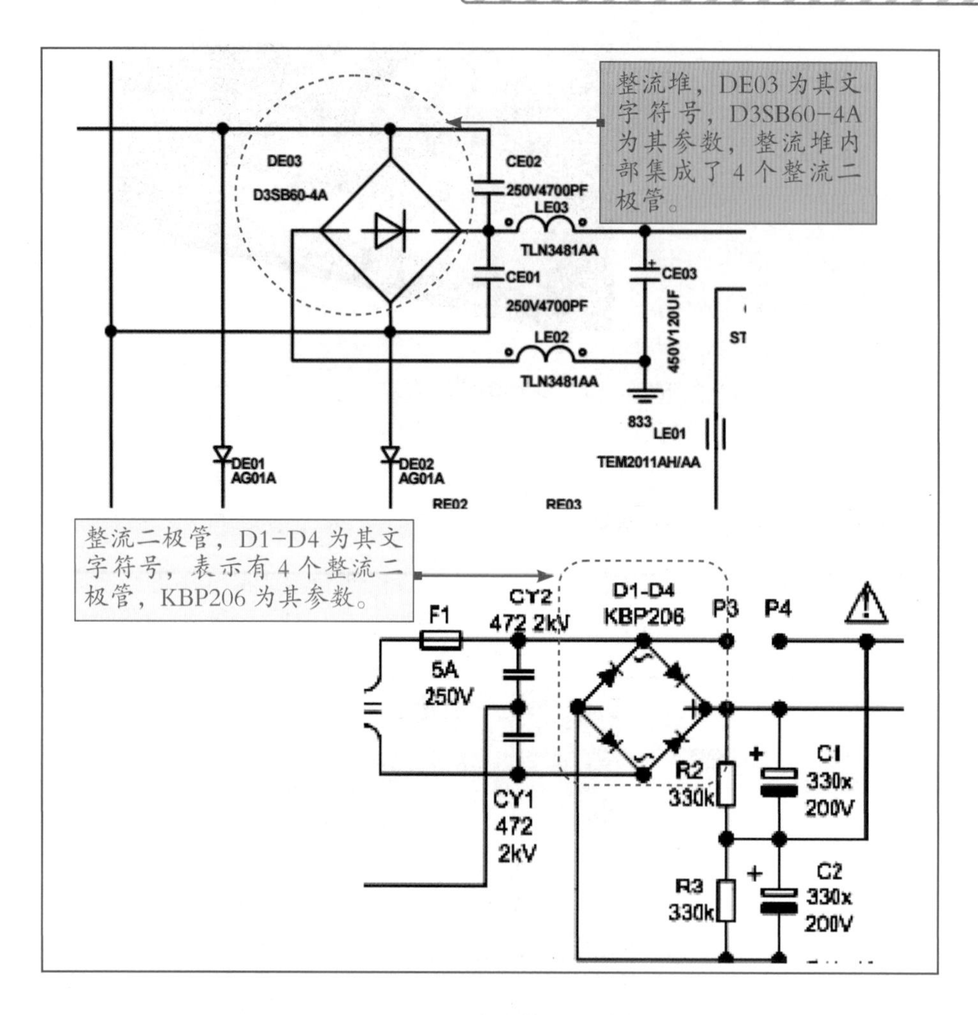

图 5-13　电路图中的二极管（续）

5.4 二极管应用电路分析

整流电路和稳压电路是最为常见的二极管应用电路，整流电路将交流电转换成直流电，而稳压电路则保证了大多数电子元器件的正常工作。下面本节将分析这些电路的工作原理。

5.4.1　二极管半波整流电路分析

半波整流电路是利用二极管的单向导电特性，将交流电转换成单向脉冲性直流电的电路。半波整流电路是用一只整流二极管构成的电路。图 5-14 所示为简易的二极管半波整流电路。

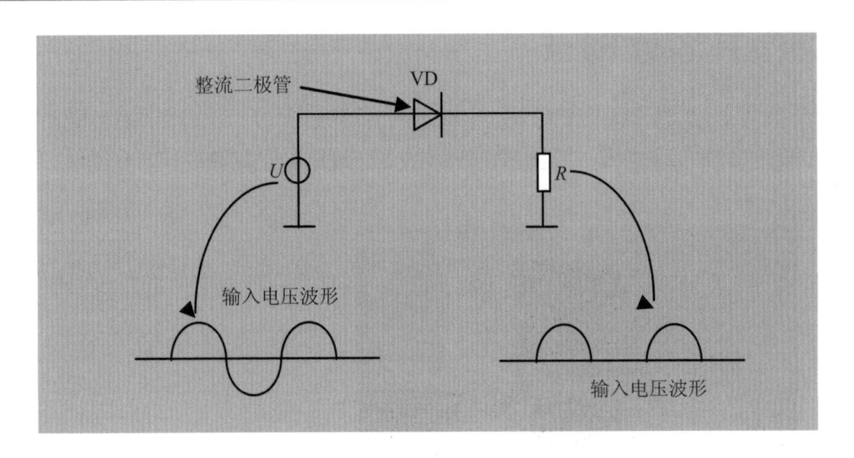

图 5-14　二极管半波整流电路

5.4.2　二极管简易稳压电路分析

稳压电路的作用主要是用来稳定直流工作电压的。图 5-15 所示为由 3 只二极管组成的稳压电路。如果没有 VD_1、VD_2、VD_3 的存在，A 电压会随着输入电压的波动而波动，而当电路中接入 VD_1、VD_2、VD_3 后，A 点形成了稳定的电压。这是二极管一个重要的特性，因为大多数电子元器件都是在稳定的直流电压下才能进行正常的工作。

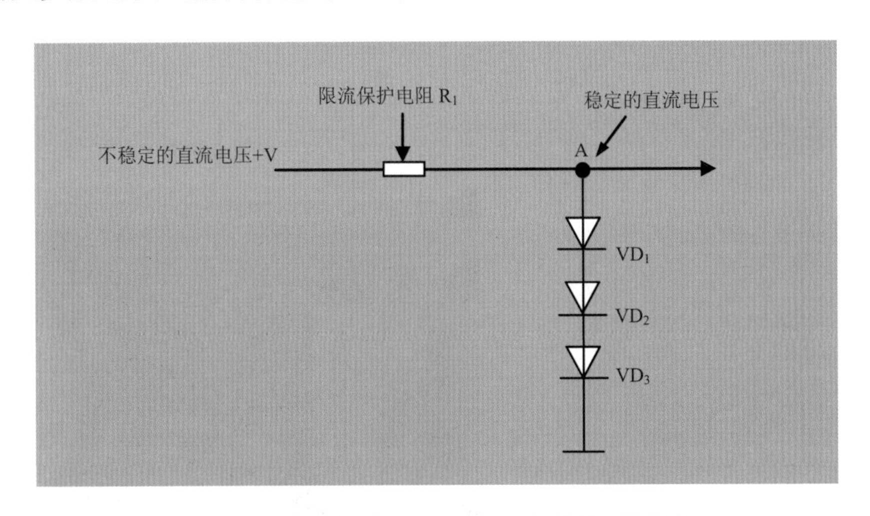

图 5-15　二极管稳压电路

5.5 二极管常见故障诊断

二极管常见的故障有开路故障、击穿故障、正向电阻变大故障和性能变低故障。

5.5.1 二极管开路故障诊断

二极管开路是指二极管的正负极之间已经断开，用万用表测量阻值时，二极管正向阻值和反向阻值均为无穷大。二极管开路故障诊断方法如图 5-16 所示。

二极管开路后，会造成二极管的负极没有电压输出。一般遇到这种情况需要更换电路中的二极管。

图 5-16　二极管开路故障诊断方法

5.5.2 二极管击穿故障诊断

二极管击穿故障是比较常见的故障，用万用表测量二极管的阻值，当正、反向阻值一样大或者十分接近时，说明电路中二极管击穿了。击穿之后二极管正负极之间变成通路。

二极管击穿故障诊断方法如图 5-17 所示。

被击穿的二极管正负极之间的电阻可能为零，也可能存在一定的电阻值，但是负极将会没有正常的信号电压输出，有时会出现电路中过电流的现象。二极管击穿后通常需要更换二极管来排除故障。

图 5-17　二极管击穿故障诊断方法

5.5.3 二极管正向电阻值变大故障诊断

正向电阻值变大是指信号在二极管上的压降增大，造成二极管负极输出信号电压下降，二极管因此发热，二极管过热会烧坏。二极管正向电阻值变大故障诊断方法如

图 5-18 所示。

如果二极管正向电阻值太大，会导致二极管单相的导电性变差。只有更换二极管来恢复电路。

图 5-18　二极管正向电阻值变大故障诊断方法

二极管的检测方法

二极管的检测要根据二极管的结构特点和特性，作为理论依据。特别是二极管正向电阻小、反向电阻大这一特性。

5.6.1　用指针万用表检测二极管

用指针万用表对二极管进行检测的方法如图 5-19 所示。

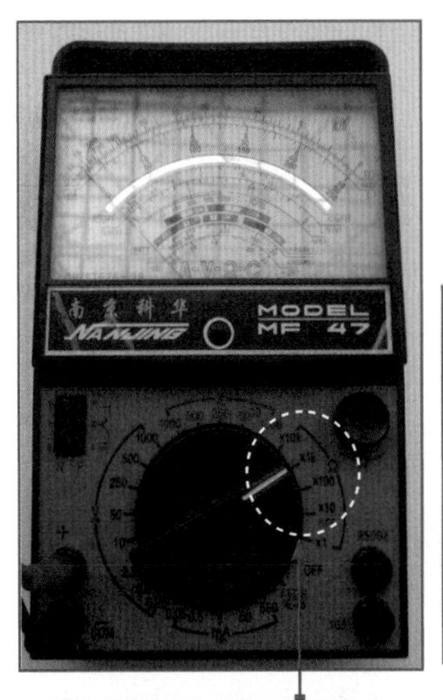
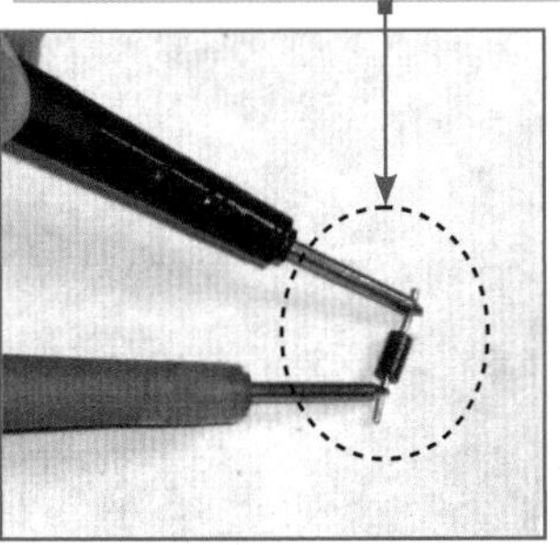

第 2 步：将指针万用表的两表笔分别接二极管的两个引脚，测量出一个结果后，对调两表笔再次进行测量。
第 1 步：将指针万用表置于 R×1k 挡，并对指针万用表做调零校正。

图 5-19　用指针万用表对二极管进行检测的方法

如果两次测量中，一次阻值较小，另一次阻值较大（或为无穷大），则说明二极管基本正常。阻值较小的一次测量结果是二极管的正向电阻值，阻值较大（或为无穷大）的一次为二极管的反向电阻值。且在阻值较小的那一次测量中，指针万用表黑表笔所接二极管的引脚为二极管的正极，红表笔所接引脚为二极管的负极。

如果测得二极管的正、反向电阻值都很小，则说明二极管内部已击穿短路或漏电损坏，需要替换新管。如果测得二极管的正、反向电阻值均为无穷大，则说明该二极管已开路损坏，需要替换新管。

5.6.2 用数字万用表检测二极管

用数字万用表对二极管进行检测的方法如图 5-20 所示。

第 1 步：将数字万用表的挡位调到二极管挡。

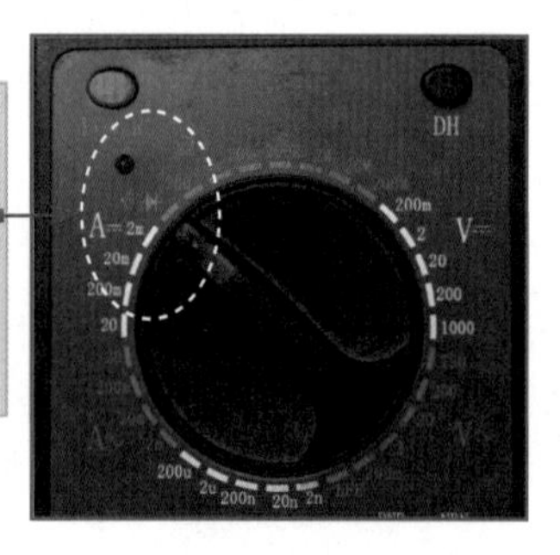

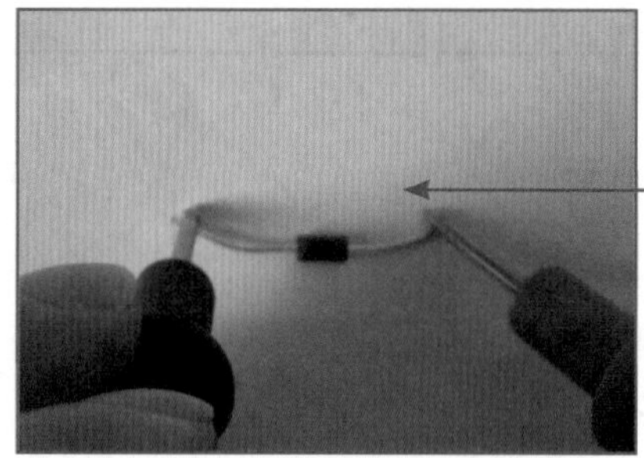

第 2 步：将两表笔分别接二极管的两个引脚，测量出一个结果后，对调两表笔再次进行测量。

图 5-20 用数字万用表对二极管进行检测的方法

总结：如果正反向二次检测中，显示屏显示数均小，数字表有蜂鸣叫声，表明二极管击穿短路；如果均无显示（只显示 1），表明二极管开路。

提示：对正向电阻变大和反向电阻变小的二极管，一般情况下，用数字万用表不能有效检测出来，不如指针万用表有效。

5.6.3 电压法检测二极管

通过在路检测二极管正向压降可以判断二极管是否正常，如图 5-21 所示。

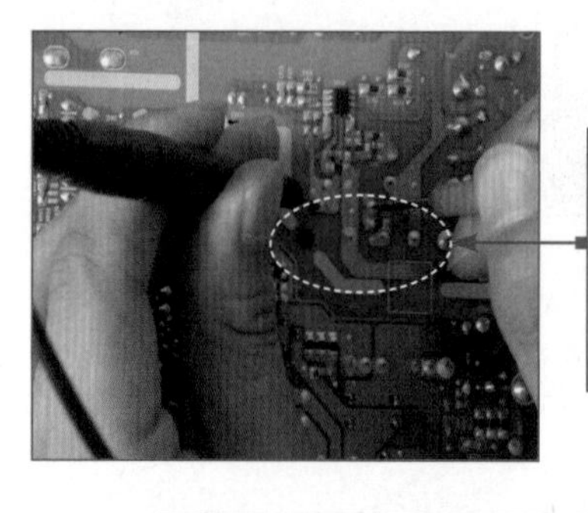

测量方法：用万用表电压挡（20V 挡或 25V 挡），用红表笔接二极管的正极，黑表笔接二极管的负极进行测量。

图 5-21 检测二极管正向压降

总结：在电路加电的情况下，测量二极管的正向压降。由于二极管的正向压降为 0.5~0.7 V。如果在电路加电情况下，二极管两端正向电压远远大于 0.7 V，该二极管肯定已经损坏。

二极管检测与代换方法

二级管损坏后，应用同型号的二极管更换；如果没有同型号的二极管，可以用参数相近的其他型号二极管代换。下面我们看一下不同型号二极管的检测与代换方法。

5.7.1　整流二极管的代换方法

整流二极管的代换方法如图 5-22 所示。

代换整流二极管时，主要应考虑其最大整流电流、最大反向工作电流、截止频率及反向恢复时间等参数。通常，高耐压值（反向电压）的整流二极管可以代换低耐压值的整流二极管，而低耐压值的整流二极管不能代换高耐压值的整流二极管。整流电流值高的二极管可以代换整流电流值低的二极管，而整流电流值低的二极管则不能代换整流电流值高的二极管。

图 5-22　整流二极管的代换方法

5.7.2　稳压二极管的代换方法

稳压二极管的代换方法如图 5-23 所示。

更换稳压二极管时，主要应考虑其稳定电压、最大稳定电流、耗散功率等参数。一般具有相同稳定电压值的高耗散功率稳压二极管可以代换耗散功率低的稳压二极管，但不能用耗散功率低的稳压二极管来代换耗散功率高的稳压二极管。例如，1W、6.2 V 的稳压二极管可以用 2W、6.2 V 稳压二极管代换。

图 5-23　稳压二极管的代换方法

5.7.3　开关二极管的代换方法

开关二极管的代换方法如图 5-24 所示。

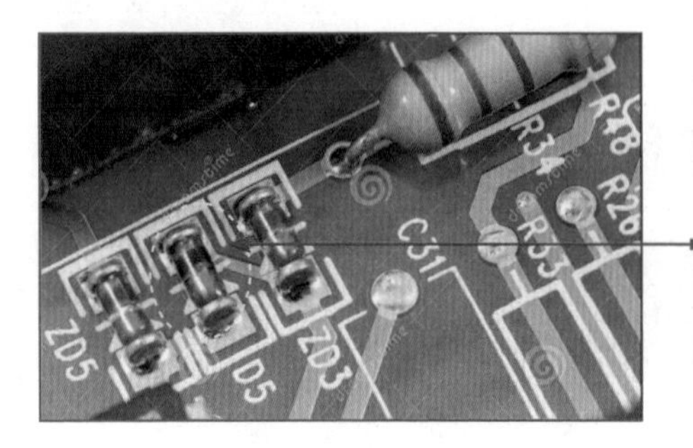

更换开关二极管时，应考虑其正向电流、最高反向电压、反向恢复时间等参数。一般高速开关二极管可以代换普通开关二极管，反向击穿电压高的开关二极管可以代换反向击穿电压低的开关二极管。

图 5-24　开关二极管的代换方法

5.7.4　检波二极管的代换方法

检波二极管的代换方法如图 5-25 所示。

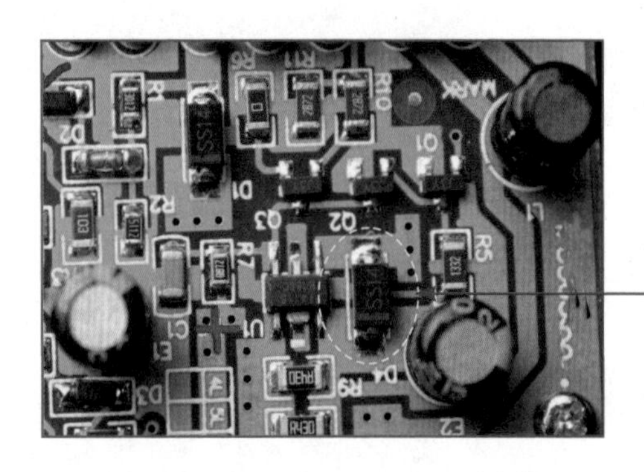

当检波二极管损坏后，如果没有同型号的二极管更换时，可以选用半导体材料相同，主要参数相近的二极管来代换。也可用损坏了一个 PN 结的锗材料高频晶体管来代换。

图 5-25　检波二极管的代换方法

5.8 二极管现场检测实操

5.8.1　整流二极管现场检测实操

整流二极管主要用在电源供电电路板中，电路板中的整流二极管可以采用开路测量，也可以采用在路测量。

整流二极管开路测量的方法如图 5-26 所示。

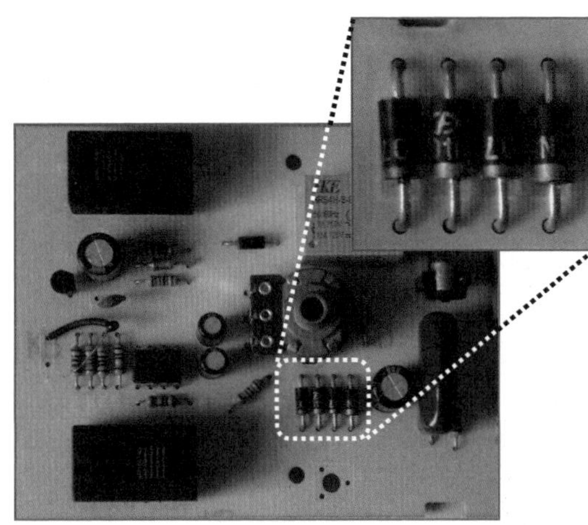

第 1 步：首先将待测整流二极管的电源断开，然后对待测整流二极管进行观察，看待测二极管是否损坏，有无烧焦、虚焊等情况。如果有，整流二极管已损坏。

第 2 步：用一小毛刷清洁整流二极管的两端，去除两端引脚下的污物，以避免因油污的隔离作用而使表笔与引脚间的接触不实影响测量结果。

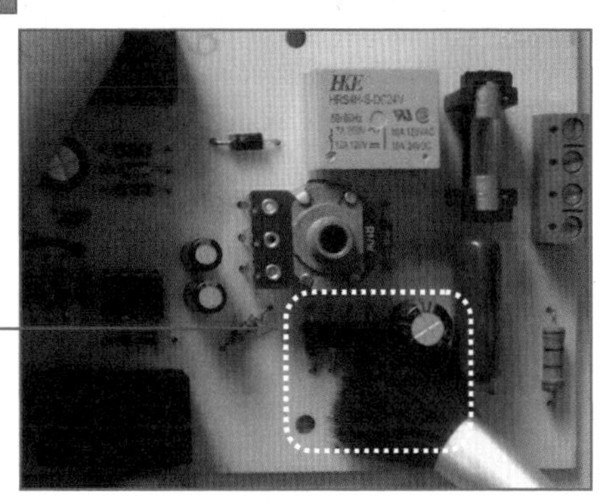

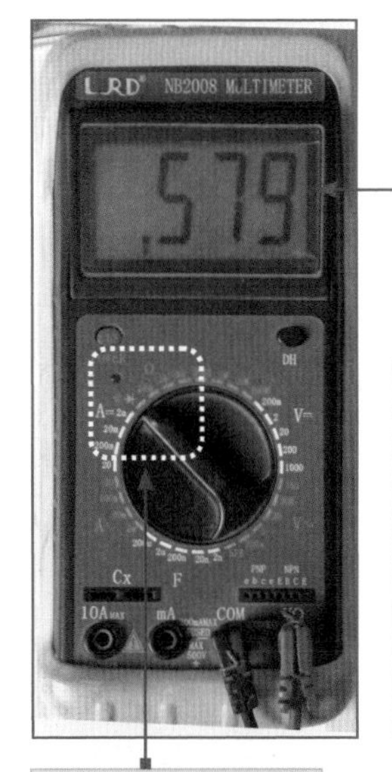

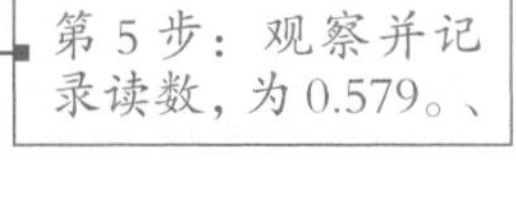
第 5 步：观察并记录读数，为 0.579。、

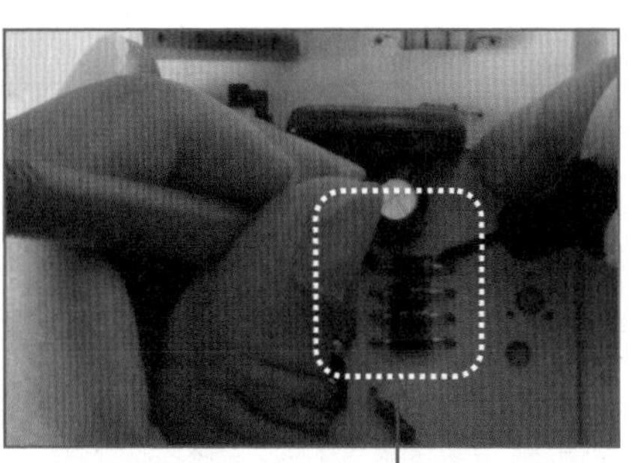

第 3 步：选择数字万用表的“二极管”挡。

第 4 步：将红表笔接待测整流二极管正极，黑表笔接待测整流二极管负极。

图 5-26　整流二极管开路测量的方法

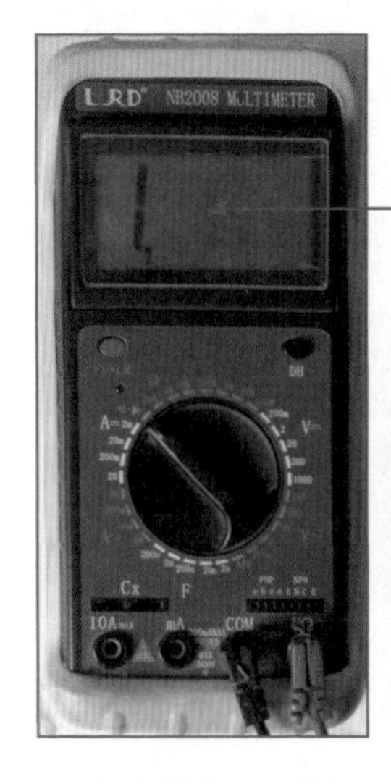
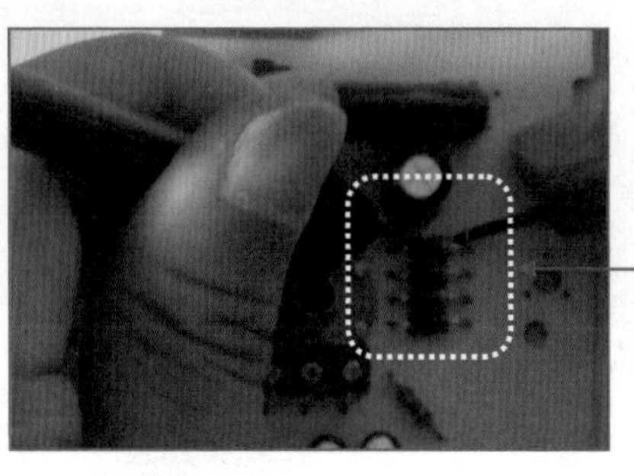
第 7 步：观察并记录读数 1。
第 6 步：交换的红黑表笔，继续测量二极管的反向电阻值。

图 5-26　整流二极管开路测量的方法（续）

总结：经检测，待测整流二极管正向电阻为一固定值，反向电阻为无穷大，因此该整流二极管的功能基本正常。

测试分析：如果待测整流二极管的正向阻值和反向阻值均为无穷大，则二极管很可能有断路故障。如果测得整流二极管的正向阻值和反向阻值都接近于 0，则二极管已被击穿短路。如果测得整流二极管的正向阻值和反向阻值相差不大，则说明二极管已经失去了单向导电性或单向导电性不良。

5.8.2　主板电路稳压二极管现场检测实操

主板电路中的稳压二极管主要在内存供电电路等电路中。主板电路中的稳压二极管可采用开路测量，也可采用在路测量。为了测量准确，通常用指针万用表开路进行测量。

开路测量主板电路中稳压二极管的方法如图 5-27 所示。

第 1 步：将主板的电源断开，然后对稳压二极管进行观察，看待测稳压二极管是否损坏，有无烧焦、有无虚焊等情况。

图 5-27　开路测量主板电路中稳压二极管的方法

第2步：将待测稳压二极管从电路板上焊下，并清洁稳压二极管的两端，去除两端引脚下的污物，确保测量时的准确性。

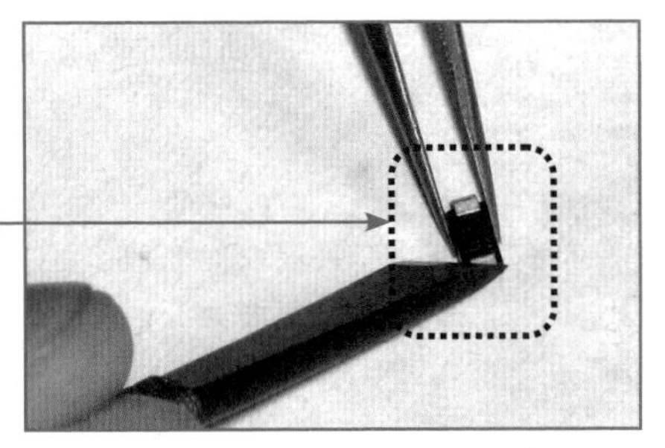

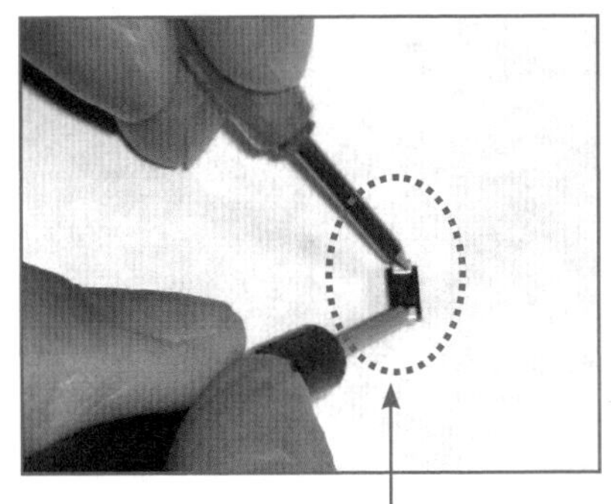

第3步：将指针万用表调零，然后将万用表的红、黑表笔随意搭在稳压二极管的两个引脚上。

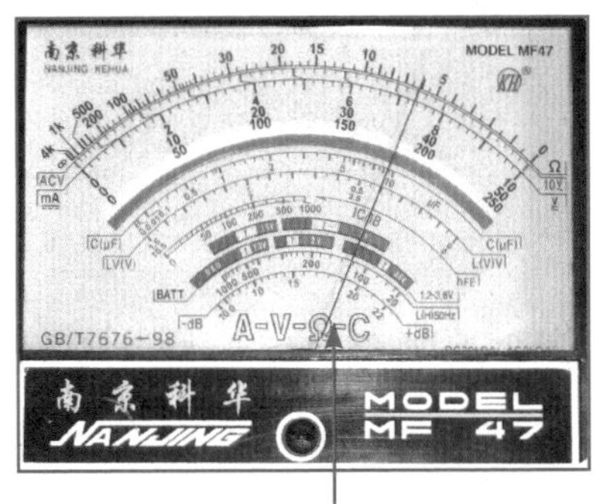

第4步：观察表盘，测得当前二极管的阻值为6 kΩ；可以判定黑表笔一端为二级管正极。

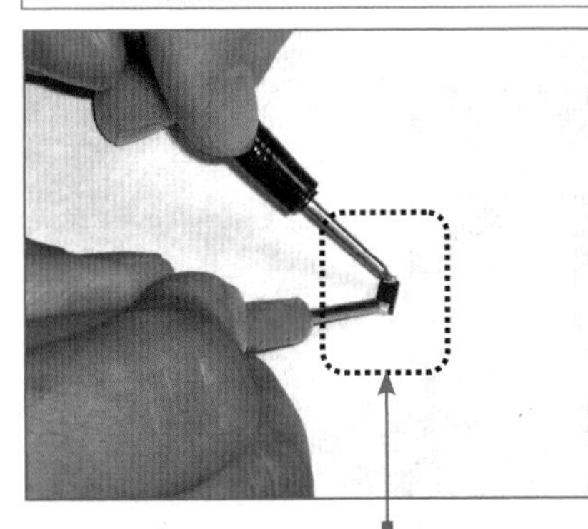

第5步：将指针万用表的黑、红表笔分别接二极管的负、正极引脚。

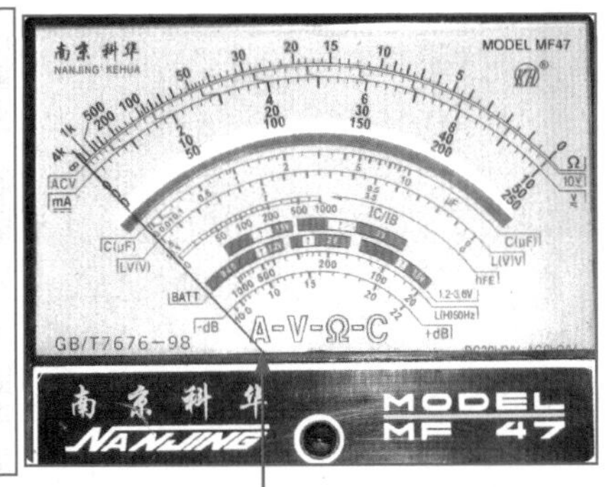

第6步：观察测量结果，发现其反向阻值为无穷大；可以判定黑表笔一端为二极管负极。

图5-27　开路测量主板中稳压二极管的方法（续）

总结：由于稳压二极管的正向阻值为一个固定阻值，而反向阻值趋于无穷大，因此可以判断此稳压二极管正常。

提示：如果测量的正向阻值和反向阻值都趋于无穷大，则二极管有断路故障；如果二极管的正向阻值和反向阻值都趋于0，则二极管被击穿短路；如果二极管的正向阻值和反向阻值都很小，可以断定该二极管已被击穿；如果二极管的正向阻值和反向阻值相差不大，则说明二极管失去单向导电性或单向导性不良。

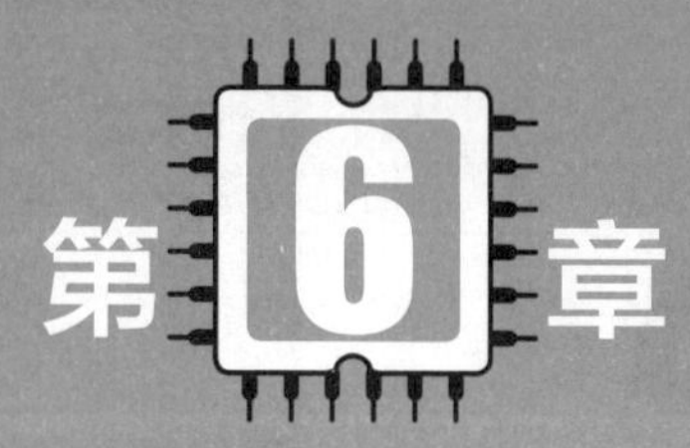

第6章 三极管现场检测维修实操

三极管是电流放大器件，它可以把微弱的电信号变成一定强度的信号，因此在电路中被广泛应用。本章中我们首先讲解各种三极管的特性、参数、标注规则等基本知识，然后重点掌握三极管在电路中的应用特点、三好坏检测和代换方法。

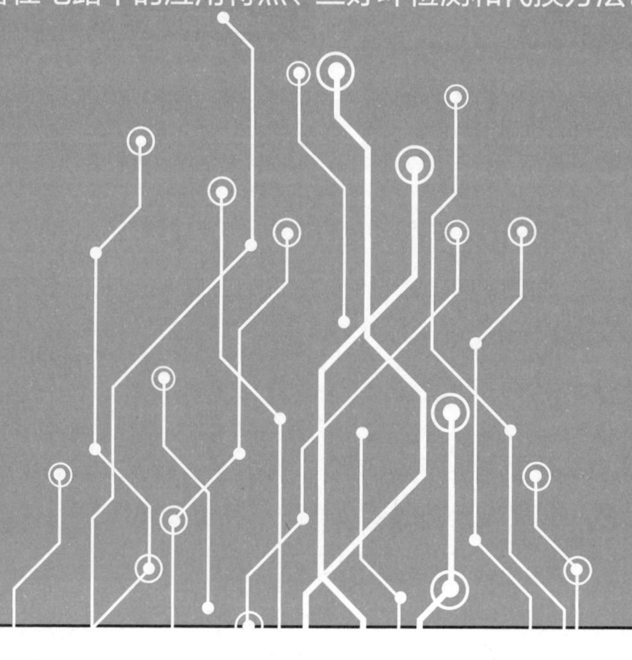

三极管全称为晶体三极管，具有电流放大作用，是电子电路的核心元件。三极管是一种控制电流的半导体器件，其作用是把微弱信号放大成幅度值较大的电信号。

三极管是在一块半导体基片上制作两个相距很近的 PN 结，两个 PN 结把整块半导体分成三部分，中间部分是基区，两侧部分是发射区和集电区，排列方式有 PNP 和 NPN 两种。

三极管按材料分有两种：锗管和硅管。而每一种又有 NPN 和 PNP 两种结构形式，但使用最多的是硅 NPN 和锗 PNP 两种三极管。图 6-1 所示为电路中常见的三极管。

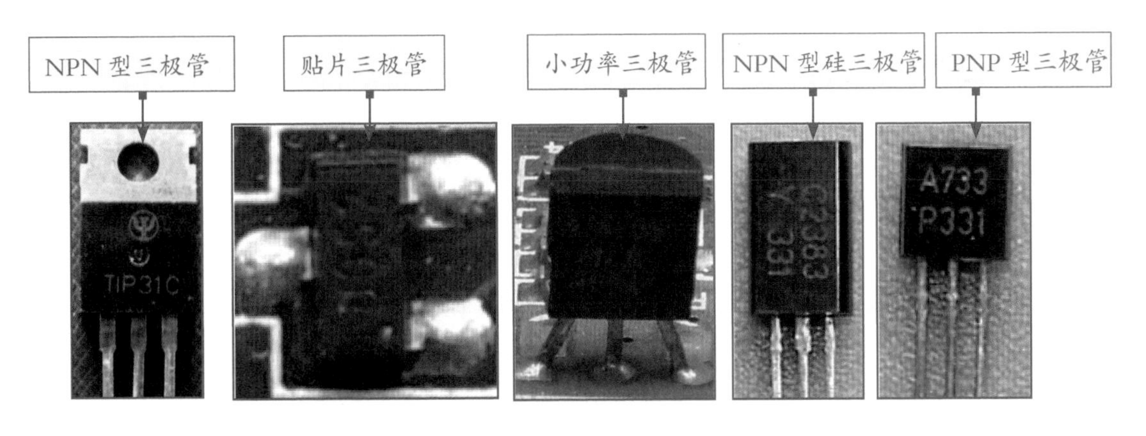

图 6-1　电路中常见的三极管

6.1 三极管在电路中的符号与分类

6.1.1　三极管的图形与文字符号

三极管是电子电路中最常用的电子元件之一，在电路图中，每个电子元器件都有其电路图形符号，三极管的电路图形符号如图 6-2 所示。

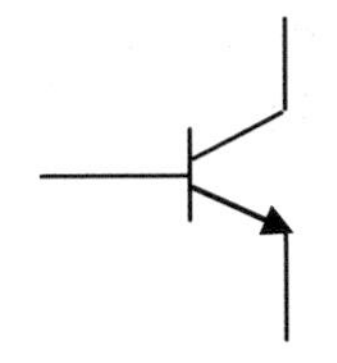

（a）新 NPN 型三极管电路符号

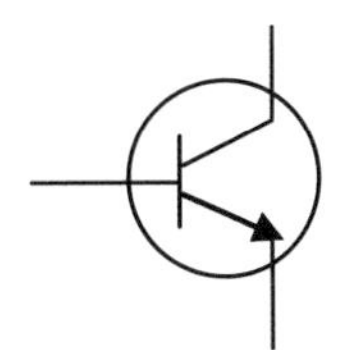

（b）旧 NPN 型三极管电路符号

图 6-2　三极管的图形符号

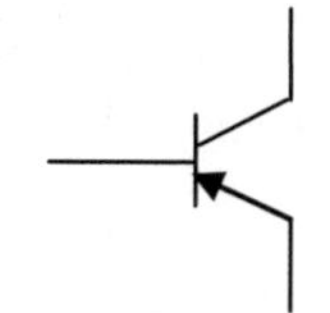

（a）新 PNP 型三极管电路符号

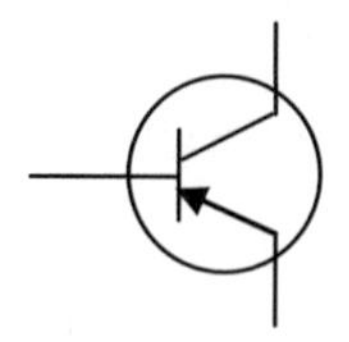

（b）旧 PNP 型三极管电路符号

图 6-2　三极管的图形符号（续）

6.1.2　三极管的分类

三极管的种类很多，具体分类方法如下：

如果按照制造材料分，可分为硅三极管和锗三极管；

如果按照导电类型分，可分为 NPN 型和 PNP 型。其中，硅三极管多为 NPN 型，锗三极管多为 PNP 型；

如果按照工作频率分，可分为低频三极管和高频三极管。一般低频三极管用以处理频率在 3 MHz 以下的电路中，而高频三极管的工作频率可达到几百兆赫；

按照三极管消耗功率的大小分，可分为小功率管和大功率管。一般小功率管的额定功耗在 1 W 以下，而大功率管的额定功耗可达几十瓦以上；

按照功能可将三极管分为开关管、功率管、达林顿管、光敏管等。

1. NPN 型三极管

NPN 型三极管内部结构的图形符号如图 6-3（a）所示，常见的 NPN 型三极管如图 6-3（b）所示。

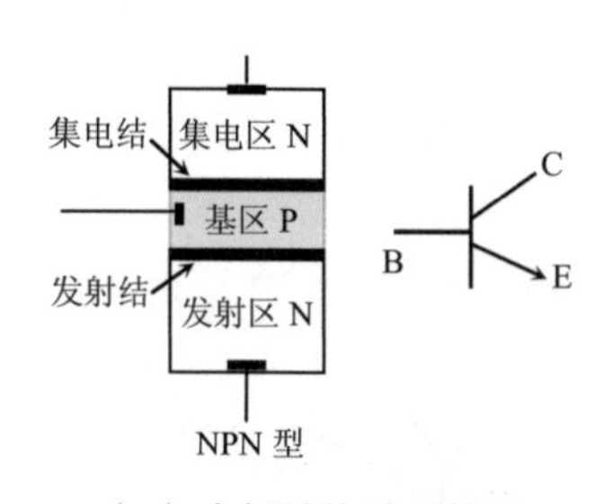

（a）内部结构图形符号

（b）常见 NPN 型三极管

图 6-3　NPN 型三极管

2. PNP 型三极管

PNP 型三极管内部结构的图形符号如图 6-4（a）所示，常见的 PNP 型三极管如图 6-4（b）所示。

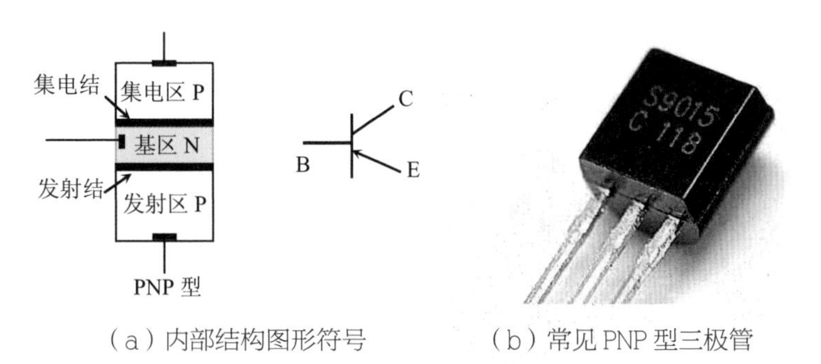

（a）内部结构图形符号　　（b）常见 PNP 型三极管

图 6-4　PNP 型三极管

3. 低频小功率三极管

低频小功率三极管多用于低频放大电路，如收音机的功放电路，其外形如图 6-5 所示。

图 6-5　低频小功率三极管

4. 高频三极管

高频三极管的工作频率很高，通常采用金属壳封装，金属外壳可以起到屏蔽作用。图 6-6 所示为一种常见的高频三极管。

图 6-6　常见高频三极管

5. 开关三极管

开关三极管在开关电路中，用来控制电路的开启或关闭。开关三极管的外形如

图 6-7 所示。

开关三极管突出的优点是开关速度快、体积小、可以用很小的电流控制很大的电流的通/断，这大大提高了操作的安全性。

图 6-7　开关三极管

6. 光电三极管

光电三极管和普通三极管相似，也有电流放大作用，只是它的集电极电流不仅受基极电路和电流控制，同时也受光辐射的控制。图 6-8 所示为一种光电三极管。

光电三极管通常基极不引出，但一些光电三极管的基极有引出，用于温度补偿和附加控制等作用，

图 6-8　光电三极管

6.2 三极管的特性和作用

三极管是半导体器件，它既可以用作电控制的开关，也可以用作放大器。三极管的优点是以类似水龙头控制水流的方式控制电流，利用加在三极管一个控制端的小电压或小电流可以控制通过三极管另两端的大电流。三极管经常应用于开关电路、放大器电路等电路中。

三极管在半导体锗或硅的单晶上制备两个能相互影响的 PN 结，组成一个 PNP（或 NPN）结构。中间的 N 区（或 P 区）叫作基区，两边的区域叫作发射区和集电区，这三部分各有一条电极引线，分别叫作基极 B、发射极 E 和集电极 C。图 6-9 所示为三极管结构示意图。

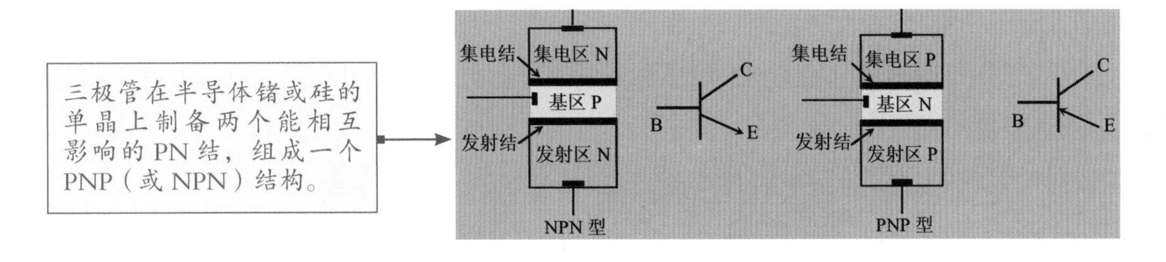

图 6-9 三极管结构示意图

6.2.1 三极管的接法及电流分配

在对三极管的电流放大作用进行讲解之前，首先了解一下三极管在电路中的接法，以及各电极上电流的分配。以 NPN 三极管为例，图 6-10 所示为一个三极管各电极电流分配示意图。

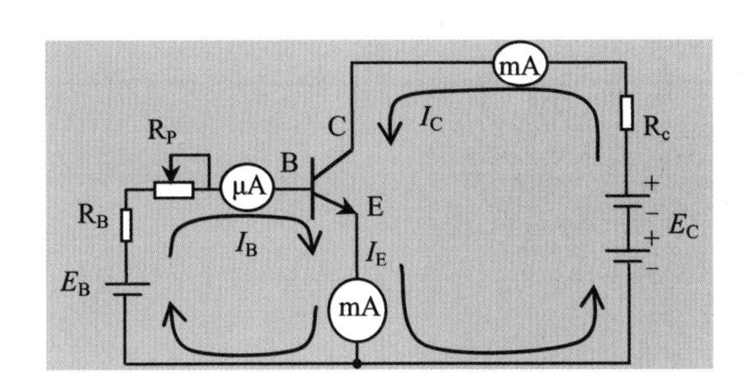

图 6-10 三极管各电极电流分配示意图

在图 6-10 中，电源 E_C 给三极管集电结提供反向电压，电源 E_B 给三极管发射结提供正向电压。电路接通后，就有三支电流流过三极管，即基极电流 I_B、集电极电流 I_C 和发射极电流 I_E。其中三支电流的关系为：$I_E = I_B+I_C$，这对 PNP 型三极管同样适用。这个关系符合节点电流定律：流入某节点的电流之和等于流出该节点电流之和。

注意：PNP 型三极管的电流方向刚好和 NPN 型三极管的电流方向相反。

6.2.2 三极管的电流放大作用

对于晶体三极管来说，在电路中最重要的特性就是对电流的放大作用。如图 6-5 所示，通过调节可变电阻 R_P 的阻值，可以改变基极电压的大小，从而影响基极电流 I_B 的大小。三极管具有一个特殊的调节功能，即使 $I_C/I_B \approx \beta$，β 为三极管一固定常数（绝大多数三极管的 β 值为 50 ～ 150），也就是通过调节 I_B 的大小可以调节 I_C 的变化，进一步得到对发射极电流 I_E 的调控。

需要补充的是，为使三极管放大电路能够正常工作，需要为三极管加上合适的工作电压。对于图中 NPN 型三极管而言，要使图中的 $U_B > U_E$、$U_C > U_B$，这样电流才能正常流通。假使 $U_B > U_C$，那么 I_C 就要掉头了。

综上可知，三极管的电流放大作用，实质是一种以小电流操控大电流的作用，并不是一种使能量无端放大的过程。该过程遵循能量守恒。

6.3 从电路板和电路图中识别三极管

6.3.1 从电路板中识别三极管

三极管是电路中最基本的元器件之一，在电路中被广泛的使用，特别是放大电路中。图 6-11 所示为电路中的三极管。

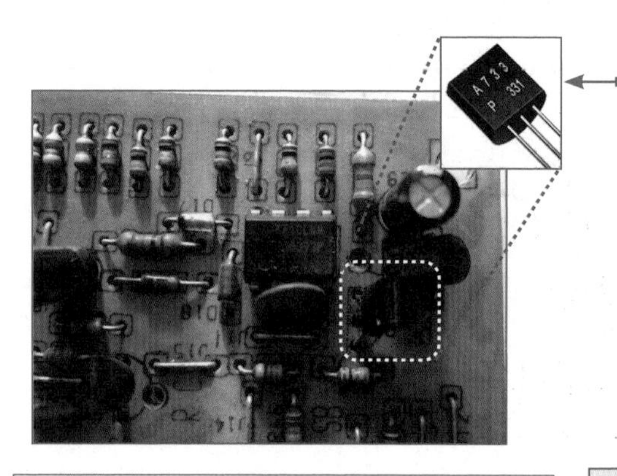

PNP 型二极管，由两块 P 型半导体中间夹着一块 N 型半导体所组成的三极管，称为 PNP 型三极管。也可以描述成电流从发射极 E 流入的三极管。

开关三极管，其外形与普通三极管外形相同，其工作于截止区和饱和区，相当于电路的切断和导通。由于其具有完成断路和接通的作用，被广泛应用于各种开关电路中，如常用的开关电源电路、驱动电路、高频振荡电路、模数转换电路、脉冲电路及输出电路等。

贴片三极管的基本作用是放大，它可以把微弱的电信号放大到一定强度，当然这种转换仍然遵循能量守恒，它只是把电源的能量转换成信号的能量。

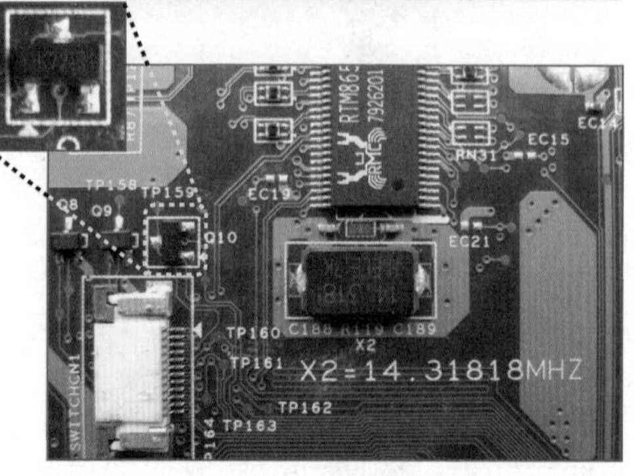

图 6-11　电路中的三极管

NPN 型三极管，由三块半导体构成，其中两块 N 型和一块 P 型半导体组成，P 型半导体在中间，两块 N 型半导体在两侧。

图 6-11　电路中的三极管（续）

6.3.2　从电路图中识别三极管

维修电路时，通常需要参考电器设备的电路原理图来查找问题，下面结合电路图来识别电路图中的三极管。三极管一般用“Q”文字符号来表示。图 6-12 为电路图中的三极管。

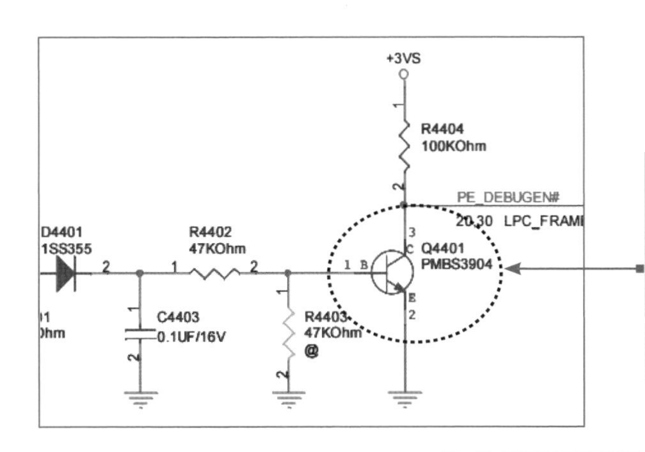

NPN 型三极管，Q4401 为其文字符号，下面的 PMBS3904 为型号。通过型号可以查询到三极管的具体参数，如此型号三极管的集电极连续输出电流为 0.1 A，集电极－基极反向击穿电压为 60 V 等。

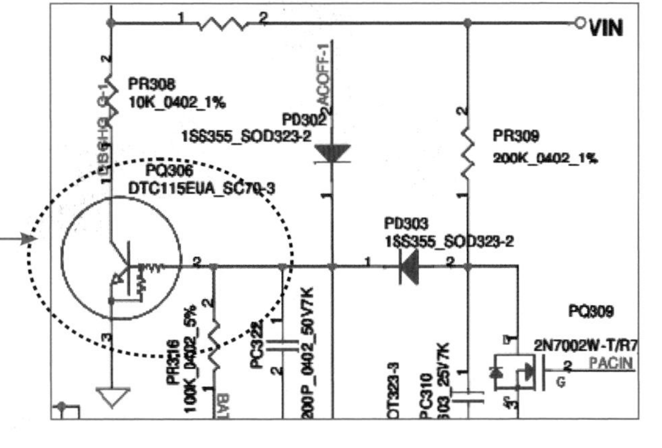

NPN 型数字三极管，PQ306 为其文字符号，下面的 DTC115EUA_SC70-3 为型号。数字晶体三极管是带电阻的三极管，此三极管在基极上串联一只电阻，并在基极与发射极之间并联一只电阻。

图 6-12　电路图中的三极管

PNP型数字三极管，PQ104为其文字符号，上面的DTA144EUA为其型号，SC70-3为封装形式。

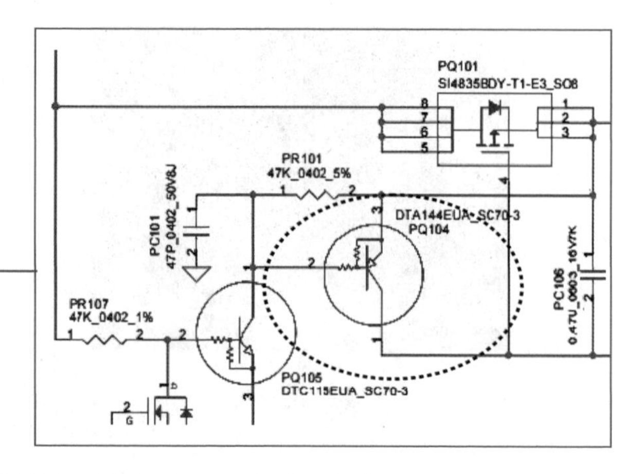

图6-12　电路图中的三极管（续）

6.4 三极管常见故障诊断

三极管的损坏，主要是指其PN结的损坏。按照三极管工作状态的不同，造成三极管损坏的具体情况是：工作于正向偏置的PN结，一般为过电流损坏，不会发生击穿；而工作于反向偏置的PN结，当反偏电压过高时，将会使PN结因过电压而击穿。

三极管在工作时，电压过高、电流过大都会令其损坏。而在电路板上只能通过万用表测量阻值或者测量直流电压的方法来判断是否击穿或开路。

通过测量三极管各引脚电阻值诊断故障的方法如图6-13所示。

利用三极管内PN结的单向导电性，检查各极间PN结的正、反向电阻值，如果相差较大，说明管子是好的，如果正、反向电阻值都大，说明管子内部有断路或者PN结性能不好。如果正、反向电阻都小，说明管子极间短路或者击穿了。

测量PNP型小功率锗管时，指针万用表R×100挡测量，将红表笔接集电极，黑表笔接发射极，相当于测量三极管集电结承受反向电压时的阻值，高频管读数应在50 kΩ以上，低频管读数应在几千欧姆到几十千欧姆内，测量NPN锗管时，表笔极性相反。

图6-13　测量各种三极管的阻值

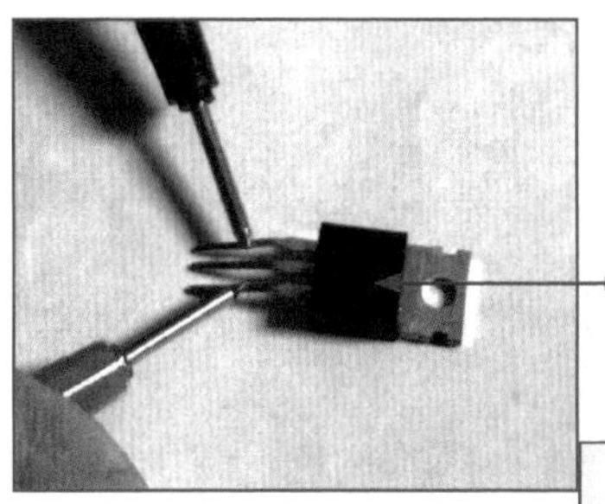

测量 NPN 型小功率硅管时，用指针万用表 R×1k 挡测量，将负表笔接集电极，正表笔接发射极，由于硅管的穿透电流很小，阻值应在几百千欧姆以上，一般表针不动或者微动。

测量大功率三极管时，由于 PN 结大，一般穿透电流值较大，用指针万用表 R×10 挡测量集电极与发射极间反向电阻，应在几百欧姆以上。

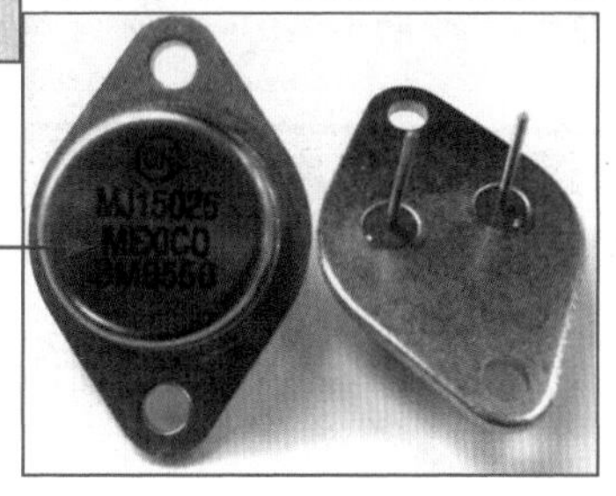

图 6-13　测量各种三极管的阻值（续）

诊断方法：如果测得阻值偏小，说明管子穿透电流过大。如果测试过程中表针缓缓向低阻方向摆动，说明管子工作不稳定。如果用手捏管壳，阻值减小很多，说明管子热稳定性很差。

6.5 三极管检测与代换方法

6.5.1　识别三极管的材质

由于硅三极管的 PN 结压降约为 0.7 V，而锗三极管的 PN 结压降约为 0.3V，所以可以通过测量 b-e 结正向电阻的方法来区分锗管和硅管。

1. 识别 PNP 型三极管的材料

识别 PNP 型三极管为锗管还是硅管的方法如图 6-14 所示。

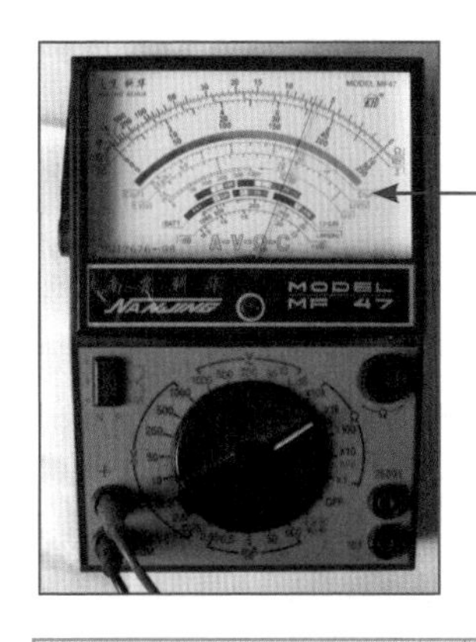

用指针万用表欧姆挡的 R×1 k 挡测量，将红表笔接基极 b，黑表笔接发射极 e，然后观察测量的电阻值。如果测量的电阻值小于 1 kΩ，则三极管为锗管；如果测量的电阻值为 5~10 kΩ，则三极管为硅管。

图 6-14　识别 PNP 型三极管为锗管还是硅管的方法

2. 识别 NPN 型三极管的材料

识别 NPN 型三极管为锗管还是硅管的方法如图 6-15 所示。

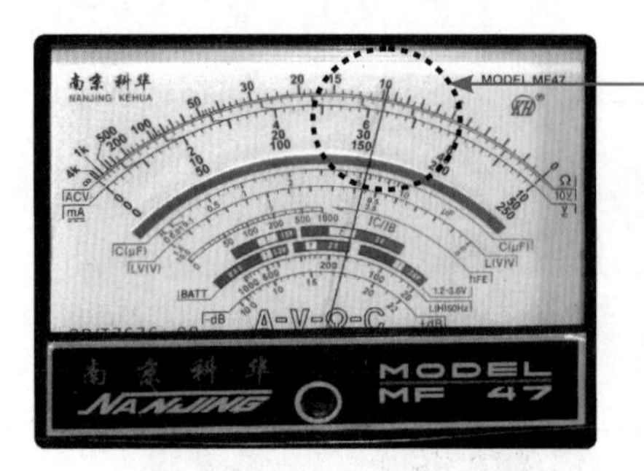

用指针万用表欧姆挡的 R×1k 挡测量，将红表笔接基极 e，黑表笔接发射极 b，然后观察测量的电阻值。如果测量的电阻值小于 1kΩ，则三极管为锗管；如果测量的电阻值为 5~10 kΩ，则三极管为硅管。

图 6-15　识别 NPN 型三极管为锗管还是硅管的方法

6.5.2　PNP 型三极管的检测方法

PNP 型三极管的测量方法如图 6-16 所示。

第 1 步：用指针万用表的 R×1k 挡，分别测量三极管集电结的反向电阻、正向电阻和发射结的反向电阻、正向电阻。

第 2 步：将集电结和发射结的正、反向电阻进行比较。如果集电结、发射结的反向电阻小于正向电阻，且集电结和发射结的正向电阻相等，则该 PNP 型三极管正常。

图 6-16　PNP 型三极管的测量方法

提示：

（1）黑表笔接三极管的 b 极，红表笔接 c 极，测量的为集电结的反向电阻。将红、黑表笔反过来测量的为集电结的正向电阻；

（2）黑表笔接三极管的 b 极，红表笔接 e 极，测量的为发射结的反向电阻。将红黑表笔反过来测量的为发射结的正向电阻。

6.5.3　NPN 型三极管的检测方法

NPN 型三极管的测量方法如图 6-17 所示。

图6-17 NPN型三极管的测量方法

6.5.4 三极管代换方法

三极管的代换方法如图6-18所示。

当三极管损坏后，最好选用同类型（材料相同、极性相同）、同特性（参数值和特性曲线相近）、同外形的三极管替换。如果没有同型号的三极管，则应选用耗散功率、最大集电极电流、最高反向电压、频率特性、电流放大系数等参数相同的三极管代换。

图6-18 三极管的代换方法

6.6 三极管现场检测实操

6.6.1 区分NPN型和PNP型三极管现场检测实操

区分NPN型三极管和PNP型三极管的方法如图6-19所示。

第 1 步：将电路板的电源断开，然后对三极管进行观察，看待测三极管是否损坏，有无烧焦、有无虚焊等情况。

第 2 步：将待测三极管从电路板上卸下，并清洁三极管的引脚，去除引脚上的污物，确保测量时的准确性。

第 3 步：指针万用表功能旋钮旋至欧姆挡的 R×1k 挡并调零，将黑表笔接在三极管某一只引脚上不动，红表笔接另外任一只引脚。

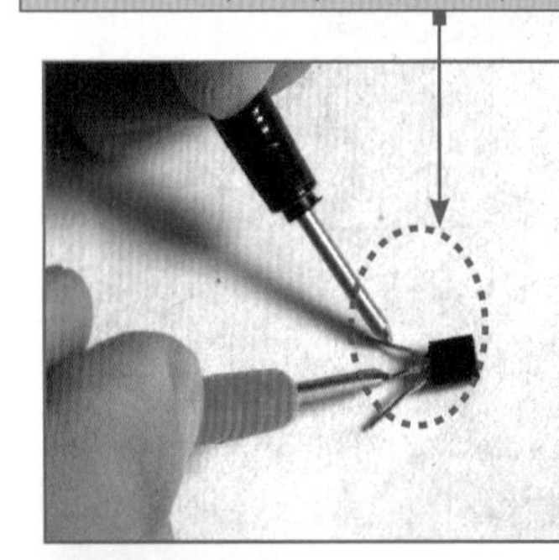

第 4 步：观察表盘，测得的阻值为 10。

第 5 步：黑表笔不动，红表笔接第三只引脚测量。

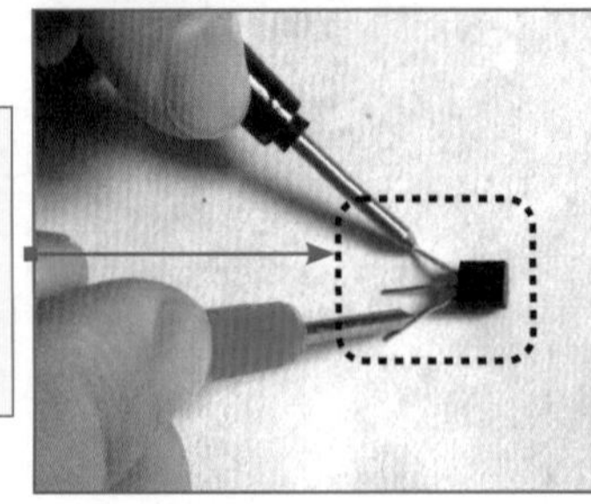

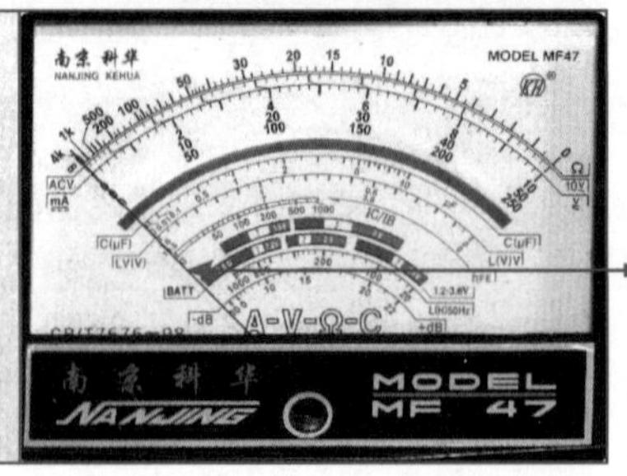

第 6 步：观察表盘，测量的电阻值为无穷大。

图 6-19　区分 NPN 型三极管和 PNP 型三极管的方法

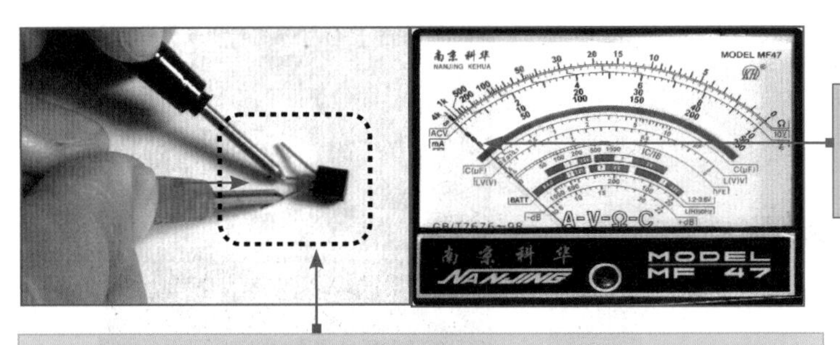

第 8 步：观察表盘，测量的电阻值为无穷大。

第 7 步：由于两次测量的电阻值，一个大一个小，因此需要重新测量。将万用表的黑表笔换到其他引脚上，将红表笔接另外两只引脚中的任一只。

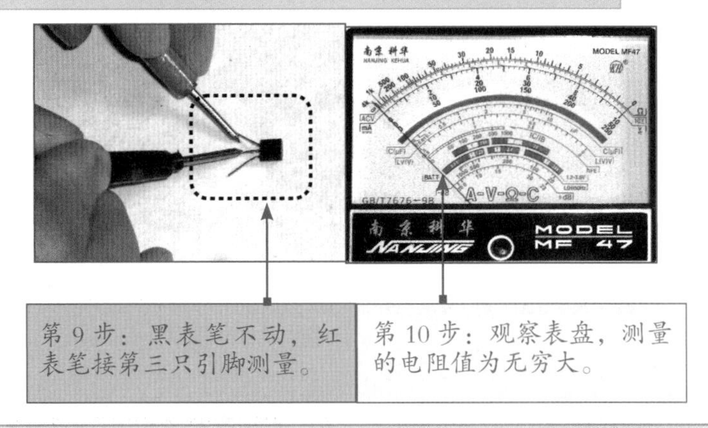

第 9 步：黑表笔不动，红表笔接第三只引脚测量。

第 10 步：观察表盘，测量的电阻值为无穷大。

图 6-19　区分 NPN 型三极管和 PNP 型三极管的方法（续）

测量分析：由于步骤 7~10 中两次测量的电阻值都很大，因此可以判断此三极管为 PNP 型三极管，且黑表笔接的引脚为三极管的基极。

提示：如果在二次测量中，万用表测量的电阻值都很小，则该三极管为 NPN 型三极管，且黑表笔接的电极为基极（b 极）。

6.6.2　用指针万用表判断 NPN 型三极管极性现场检测实操

判断 NPN 型三极管的集电极和发射极的方法如图 6-20 所示。

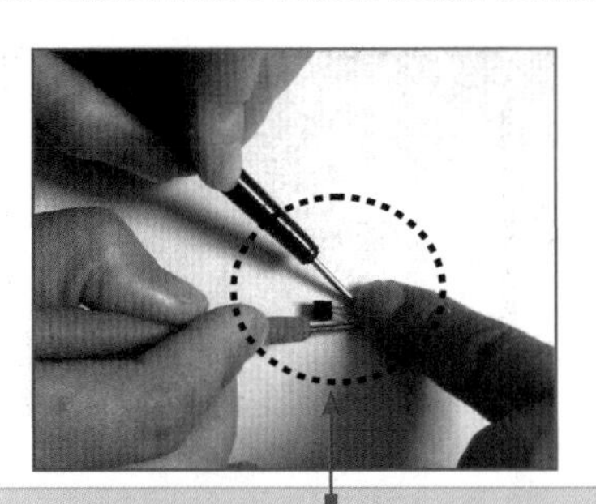

第 1 步：使用 R×10k 挡并调零，将红、黑表笔分别接三极管基极外的两只引脚，并用一只手指将基极与黑表笔相接触。

第 2 步：观察表盘，测得阻值为“150k”。

图 6-20　判断 NPN 型三极管的集电极和发射极的方法

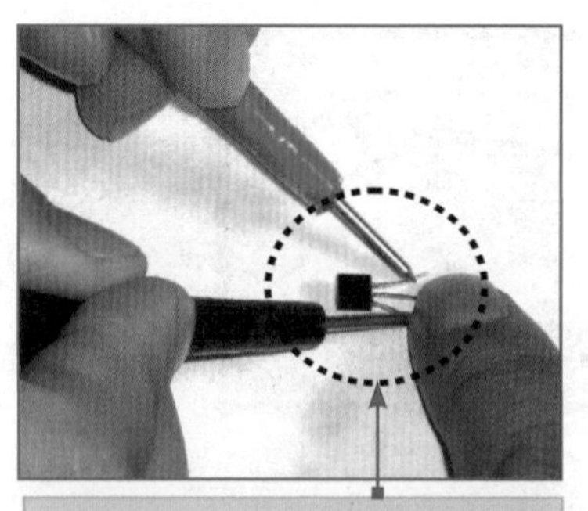

第 3 步：将红、黑表笔交换再重测量一次，同样用一只手指将基极与黑表笔相接触。

第 4 步：观察表盘，发现测得的阻值为“180k”。

图 6-20　判断 NPN 型三极管的集电极和发射极的方法（续）

总结：在两次测量中，指针偏转量最大的一次（阻值为“150k”的一次），黑表笔接的是集电极，红表笔接的是发射极。

6.6.3　用指针万用表判断 PNP 型三极管极性现场检测实操

判断 PNP 型三极管的集电极和发射极的方法如图 6-21 所示。

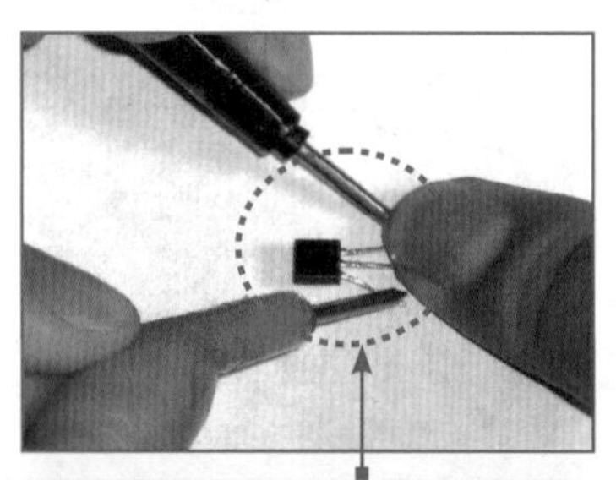

第 1 步：使用 R×10k 挡并调零，将红、黑表笔分别接三极管基极外的两只引脚，并用一只手指将基极与黑表笔相接触。

第 2 步：观察表盘，测得阻值为“500k”。

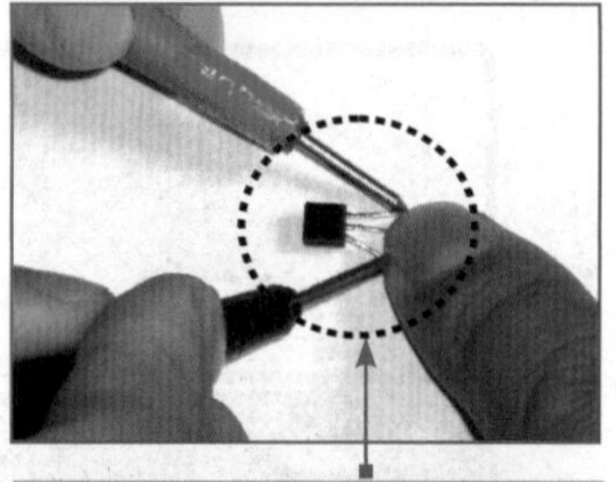

第 3 步：将红、黑表笔交换再重测量一次，同样用一只手指将基极与黑表笔相接触。

第 4 步：观察表盘，显示为无穷大。

图 6-21　判断 PNP 型三极管的集电极和发射极的方法

总结：在两次测量中，指针偏转量最大的一次（阻值为“500k”的一次），因此黑表笔接的是发射极，红表笔接的是集电极。

6.6.4　用数字万用表“hFE”挡判断三极管极性现场检测实操

目前，指针万用表和数字万用表都有三极管“hFE”测试功能。万用表面板上也有三极管插孔，插孔共有八个，按三极管电极的排列顺序排列，每四个一组，共两组，分别对应 NPN 型和 PNP 型。

判断三极管各引脚极性的方法如图 6-22 所示。

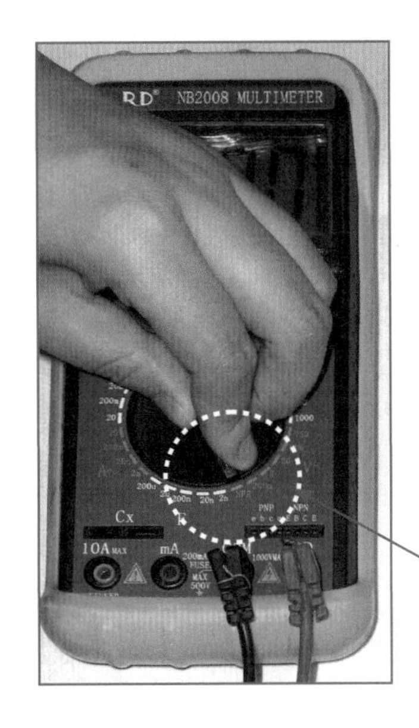

第 1 步：判断三极管的类型及基极，然后将万用表功能旋钮旋至“hFE”挡。

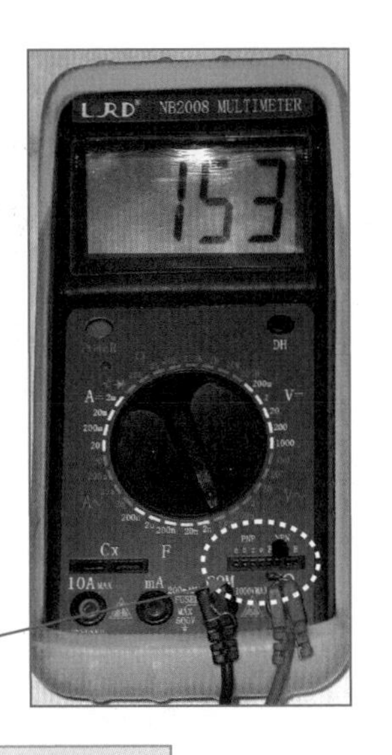

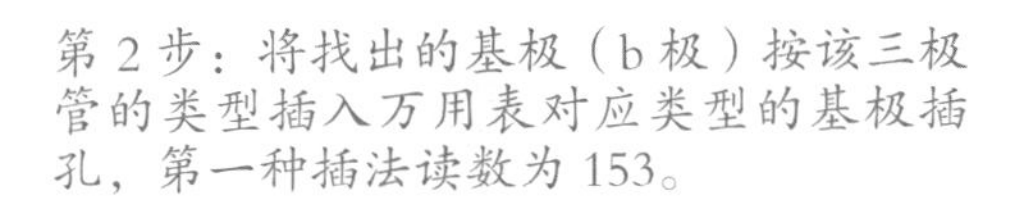

第 2 步：将找出的基极（b 极）按该三极管的类型插入万用表对应类型的基极插孔，第一种插法读数为 153。

图 6-22　判断三极管各引脚极性的方法

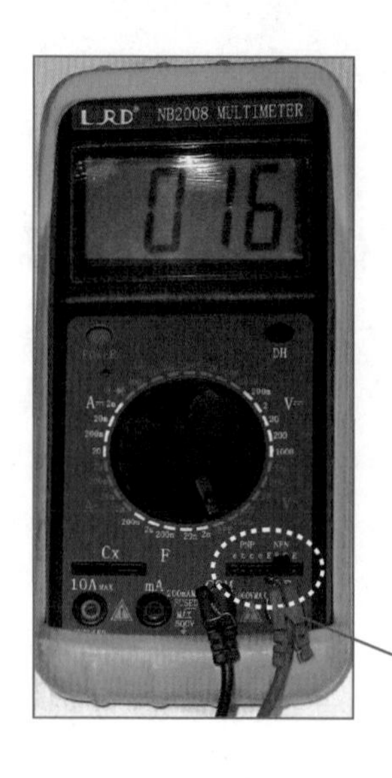

第 3 步：换一种插法插入三极管继续测试，第二种插法读数为 16。

图 6-22　判断三极管各引脚极性的方法（续）

总结：对比两次测量结果，其中“hFE”值为“153”一次的插入法中，三极管的电极符合万用表上的排列顺序（值较大的一次），由此确定三极管的集电极和发射极。

6.6.5　直插式三极管现场检测实操

直插式三极管一般被应用在打印机的电源供电电路板中，为了准确测量，一般采用开路测量。

打印机电路中的直插式三极管的测量方法如图 6-23 所示。

第 1 步：首先将电路板的电源断开，然后对三极管进行观察，看待测三极管是否损坏，有无烧焦、有无虚焊等情况。

第 2 步：将待测三极管从电路板上卸下，并清洁三极管的引脚，去除引脚上的污物，确保测量时的准确性。

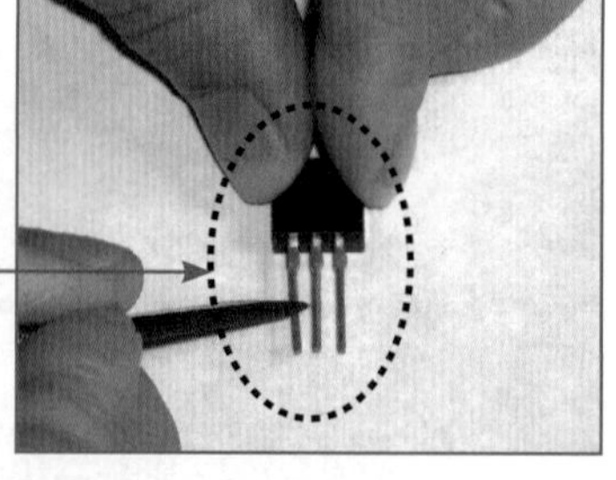

图 6-23　直插式三极管的测量方法

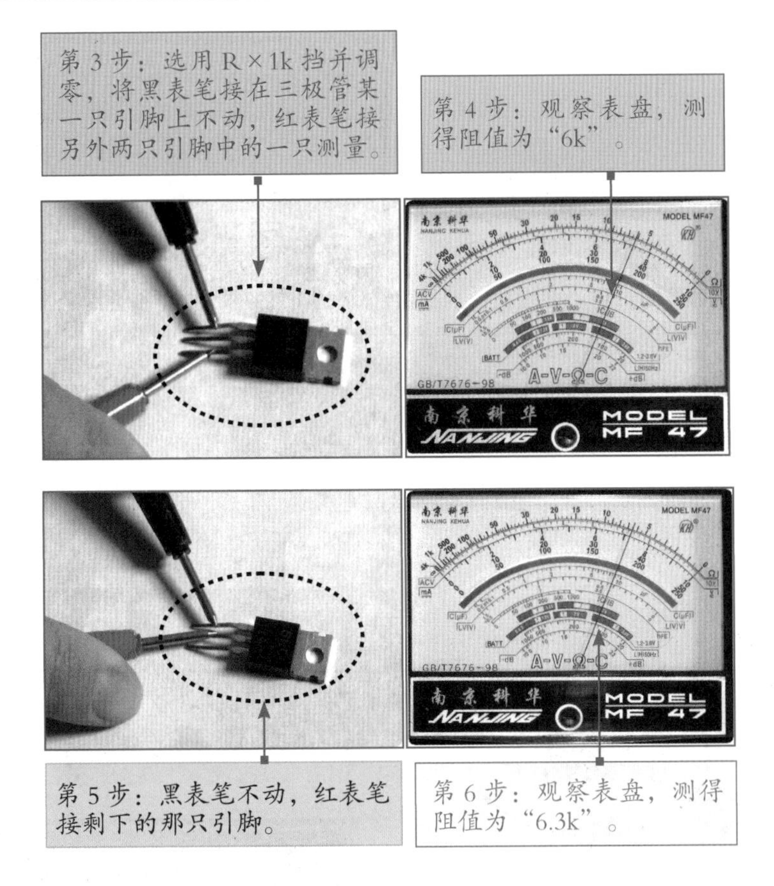

第 3 步：选用 R×1k 挡并调零，将黑表笔接在三极管某一只引脚上不动，红表笔接另外两只引脚中的一只测量。
第 4 步：观察表盘，测得阻值为“6k”。
第 5 步：黑表笔不动，红表笔接剩下的那只引脚。
第 6 步：观察表盘，测得阻值为“6.3k”。

小结：由于两次测量的电阻值都比较小，因此可以判断此三极管为 NPN 型三极管，且黑表笔接的引脚为三极管的基极 B。

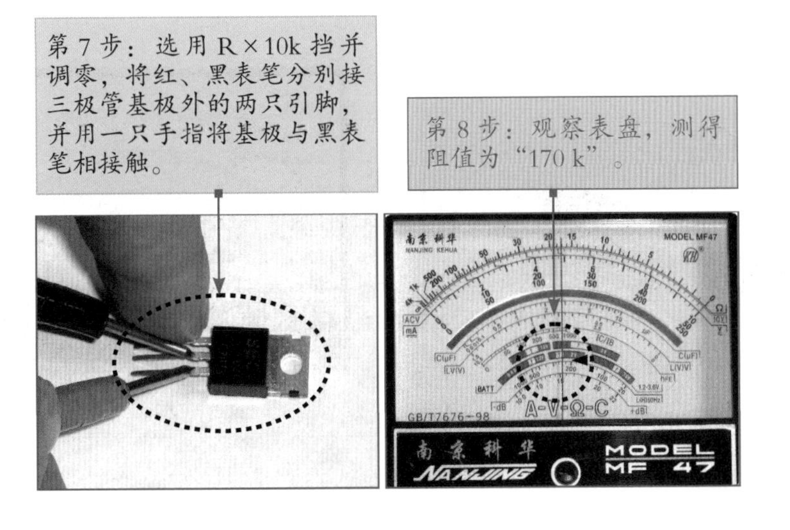

第 7 步：选用 R×10k 挡并调零，将红、黑表笔分别接三极管基极外的两只引脚，并用一只手指将基极与黑表笔相接触。
第 8 步：观察表盘，测得阻值为“170 k”。

图6-23　直插式三极管的测量方法（续）

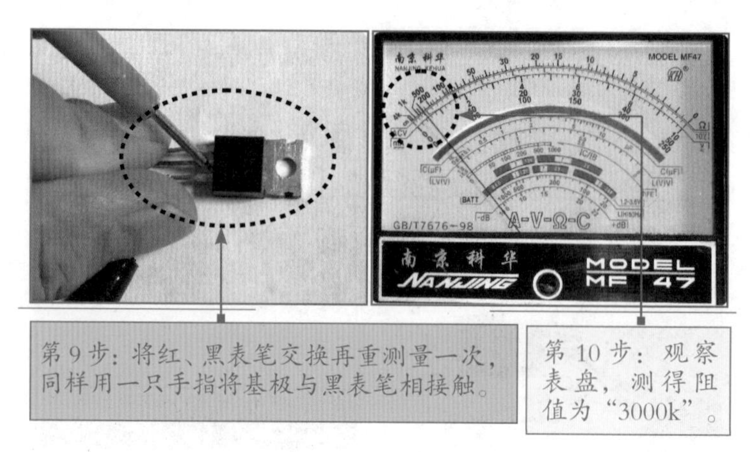

第 9 步：将红、黑表笔交换再重测量一次，同样用一只手指将基极与黑表笔相接触。

第 10 步：观察表盘，测得阻值为“3000k”。

小结：在两次测量中，指针偏转量最大的一次（阻值为“170k”的一次），黑表笔接的是发射极，红表笔接的是集电极。

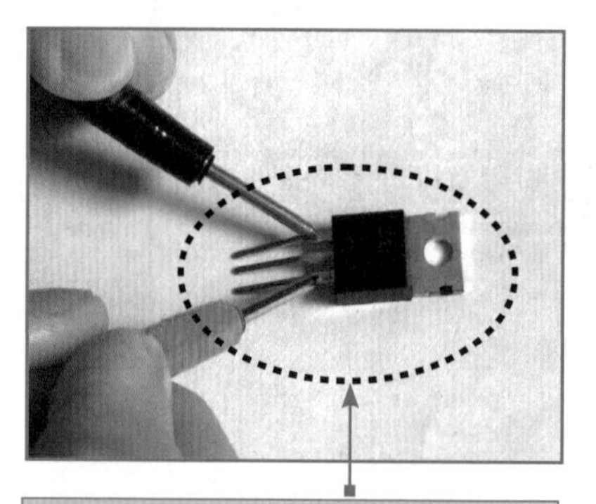

第 11 步：选用 R×1k 挡并调零，将黑表笔接在三极管的基极（b）引脚上，红表笔接在三极管的集电极（c）引脚上。

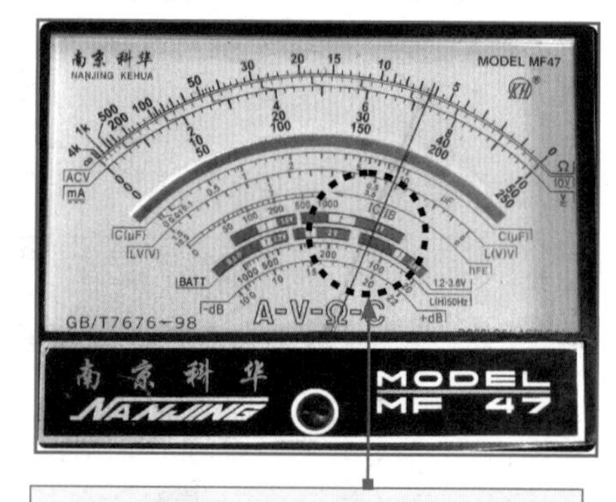

第 12 步：观察表盘，发现测量的三极管集电结的反向电阻的阻值为“6.3k”。

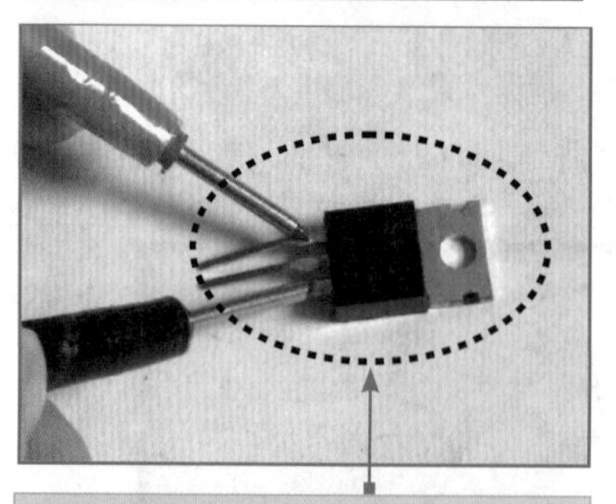

第 13 步：将万用表的红、黑表笔互换位置。

第 14 步：发现测量的三极管集电结的正向电阻的阻值为“无穷大”。

图6-23　直插式三极管的测量方法(续)

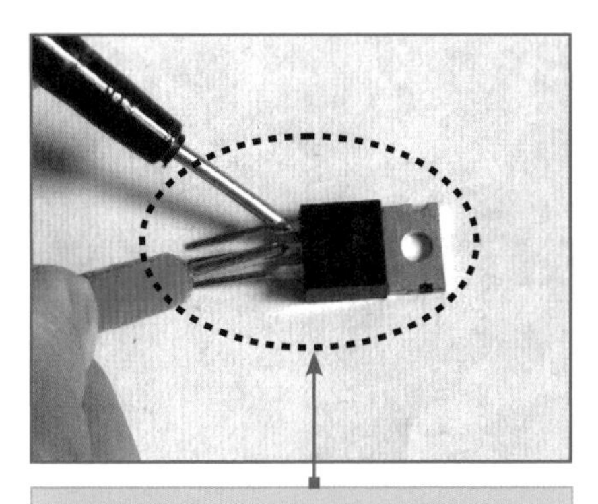

第 15 步：将万用表的黑表笔接在三极管的基极（b）引脚上，红表笔接在三极管的发射极（e）的引脚上。

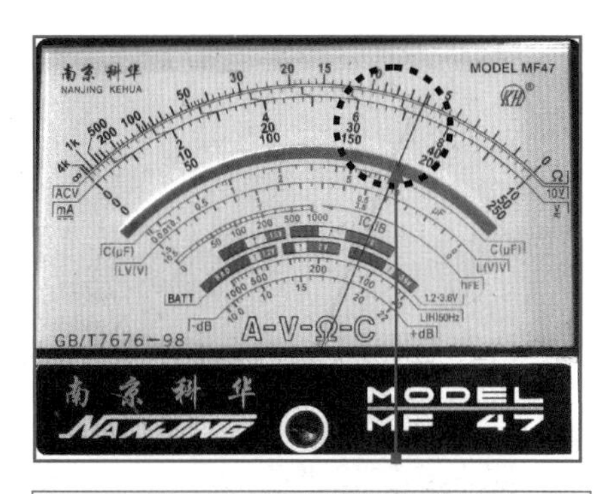

第 16 步：观察表盘，发现测量的三极管（NPN）发射结反向电阻的阻值为“6.1k”。

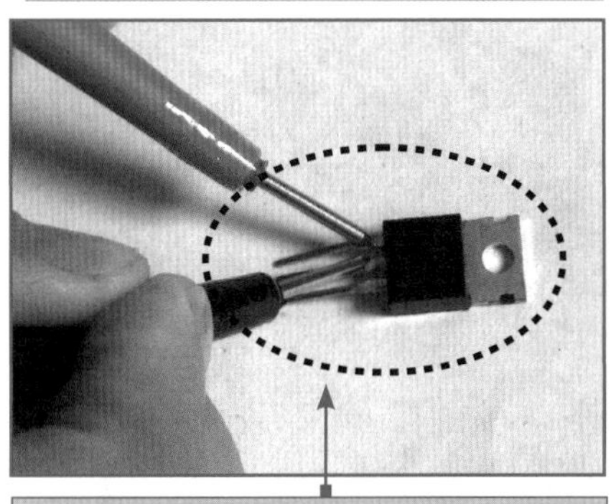

第 17 步：再将万用表的红、黑表笔互换位置。

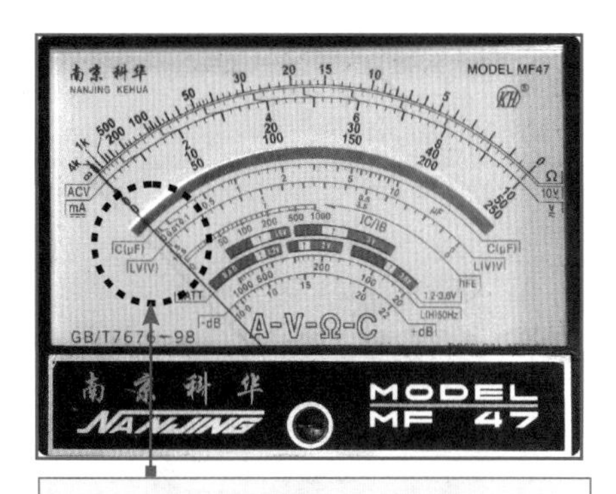

第 18 步：观察表盘，发现测量的三极管（NPN）发射结正向电阻的阻值为无穷大。

图6-23　直插式三极管的测量方法（续）

总结：由于测量的三极管集电结反向电阻的阻值为“6.3k”，远小于集电结正向电阻的阻值无穷大。另外，三极管发射结反向电阻的阻值为“6.1k”，远小于发射结正向电阻的阻值无穷大。且发射结正向电阻与集电结正向电阻的阻值基本相等，因此可以判断该 NPN 型三极管正常。

6.6.6　贴片三极管现场检测实操

由于电路板设计的要求小型化，所以在很多电路板中都会用贴片三极管取代个头大的直插式三极管。在主板电路中，会看到很多贴片三极管，对于这样的三极管，为了准确测量，一般采用开路测量。

主板电路中的贴片三极管的测量方法如图 6-24 所示。

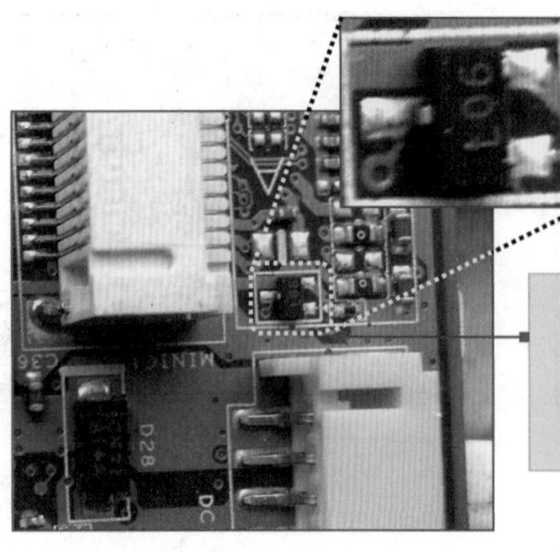

第 1 步：将电路板的电源断开，然后对三极管进行观察，看待测三极管是否损坏，有无烧焦、有无虚焊等情况。

第 2 步：将待测三极管从电路板上卸下，并清洁三极管的引脚，去除引脚上的污物，确保测量时的准确性。

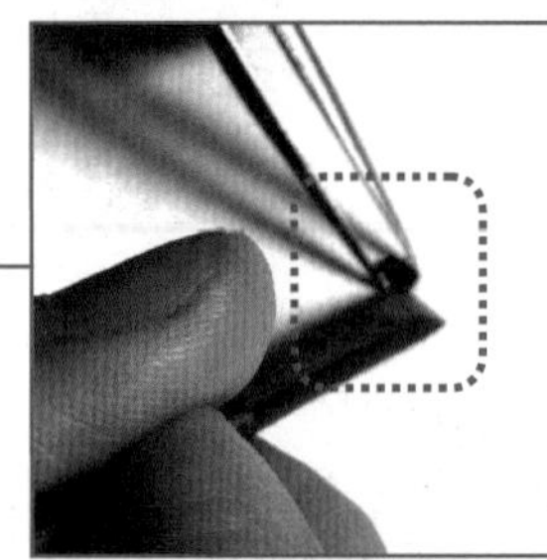

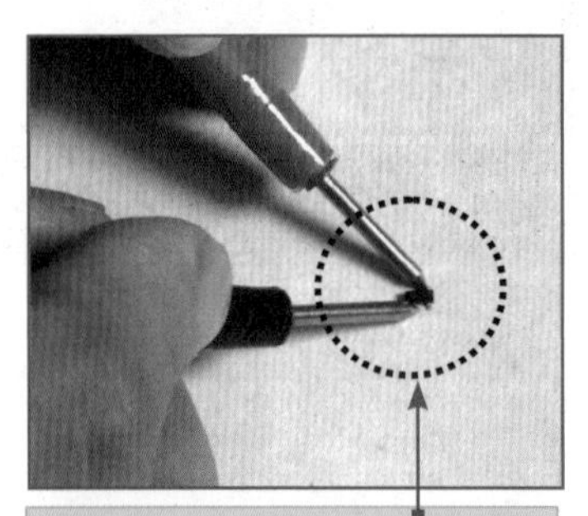

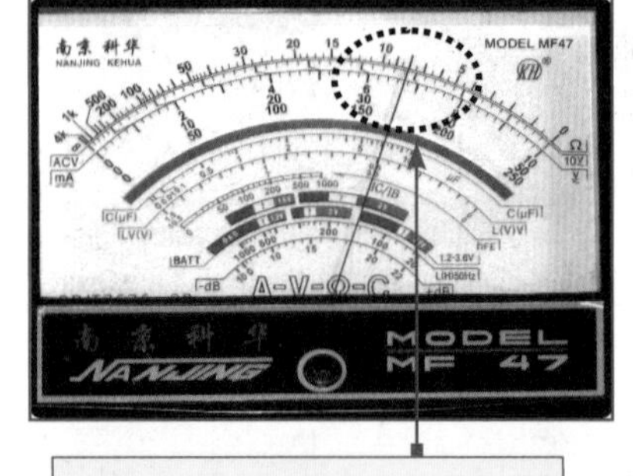

第 3 步：使用 R×1k 挡并调零，将黑表笔接在三极管某一只引脚上不动，红表笔接另外两只引脚中的一只测量。

第 4 步：观察表盘，测得阻值为“8k”。

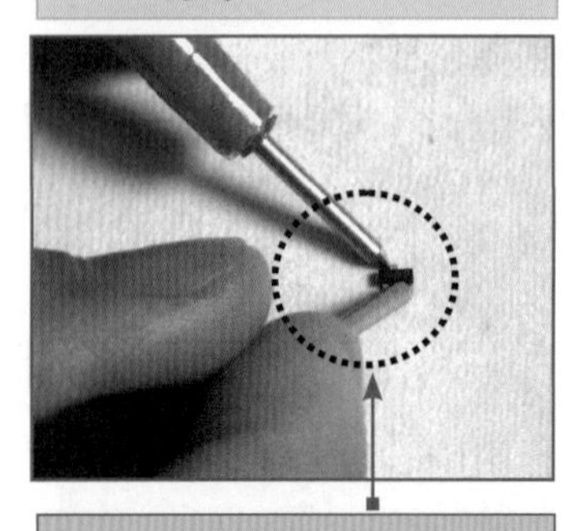

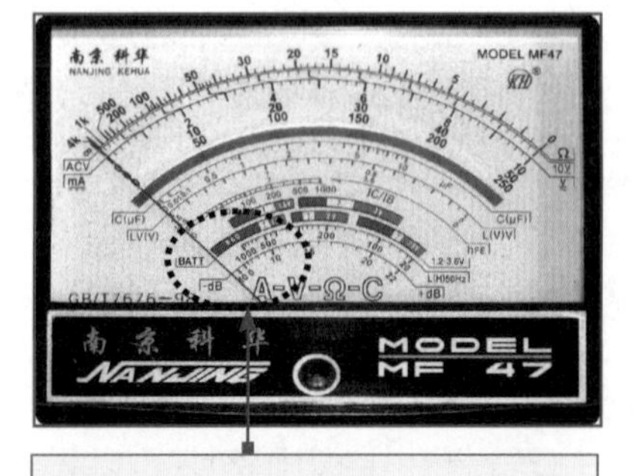

第 5 步：黑表笔不动，红表笔接剩下的那只引脚。

第 6 步：观察表盘，测得阻值为无穷大。

图 6-24　主板电路中贴片三极管的测量方法

总结：由于两次测量的电阻值，一个大一个小，因此需要重新测量。

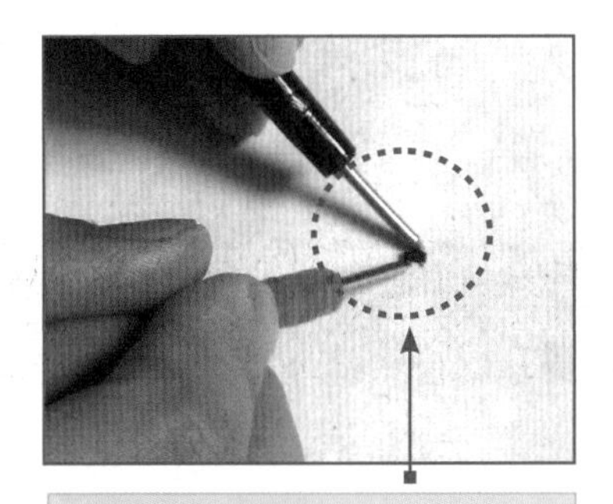

第 6 步：将黑表笔换到另一个引脚上不动，红表笔接另外两只引脚中的一只。

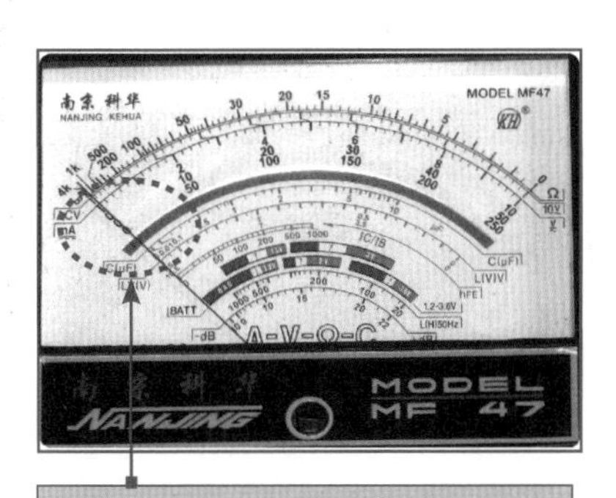

第 7 步：观察表盘，测得阻值为无穷大。

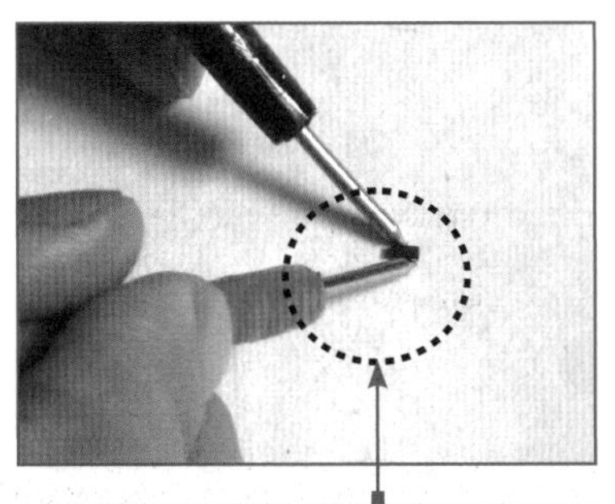

第 8 步：黑表笔不动，红表笔接剩下的那只引脚。

第 9 步：观察表盘，测得阻值为无穷大。

小结：由于两次测量的电阻值都比较大，因此可以判断此三极管为 PNP 型三极管，且黑表笔接的引脚为三极管的基极 b。

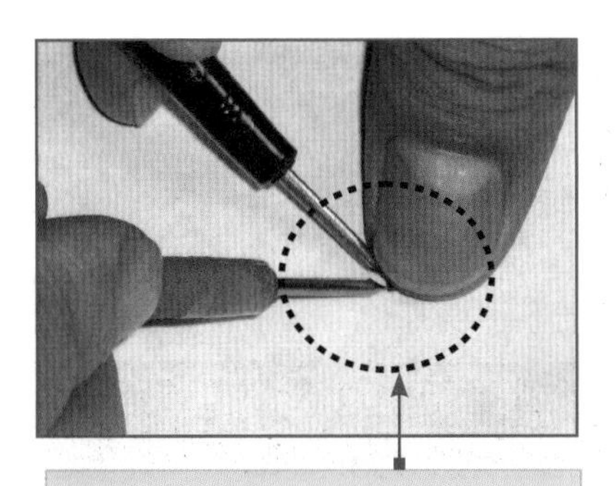

第 10 步：选用 R×10k 挡并调零，再将红、黑表笔分别接三极管基极外的两只引脚，并用一只手指将基极与黑表笔相接触。

第 11 步：观察表盘，测得阻值为 4 k。

图6-24 主板电路中贴片三极管的测量方法（续）

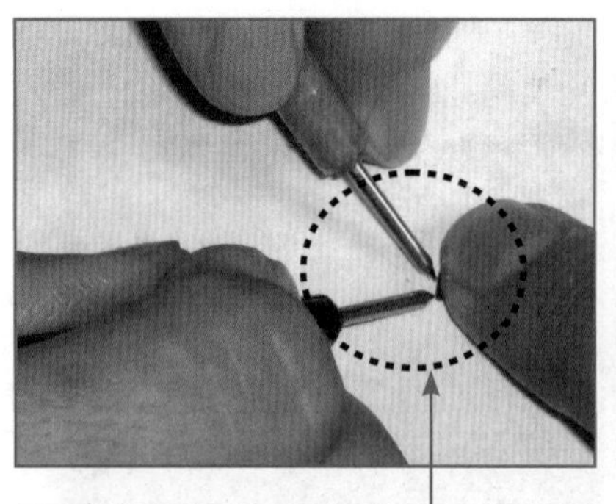

第 12 步：将红、黑表笔交换再重测量一次。

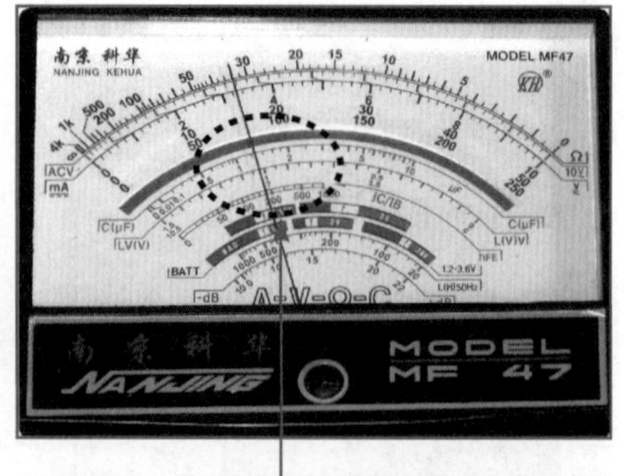

第 13 步：观察表盘，测得阻值为 320k。

小结：在两次测量中，指针偏转量最大的一次（阻值为“4k”的一次），黑表笔接的是集电极 c，红表笔接的是发射极 e。

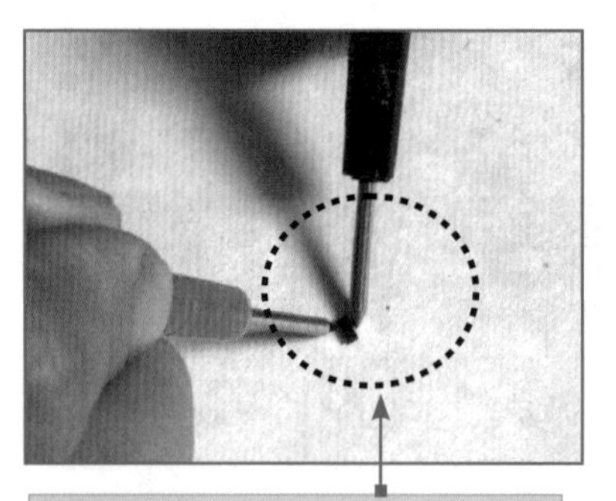

第 14 步：选用 R×1k 挡并调零，将黑表笔接在三极管基极（b）引脚上，红表笔接在三极管发射极（e）的引脚上。

第 15 步：观察表盘，发现测量的三极管（PNP）发射结反向电阻的阻值为“无穷大”。

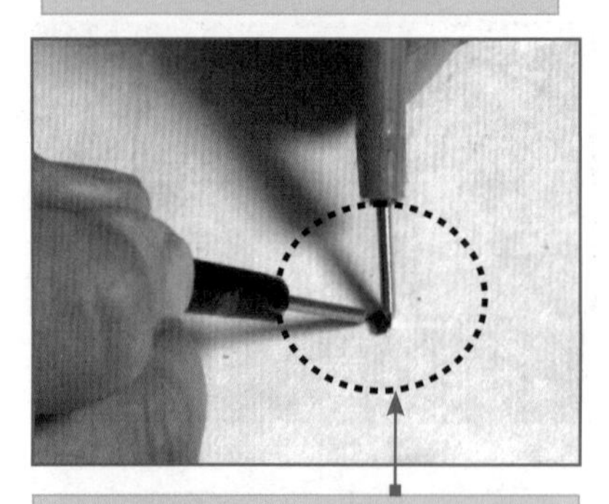

第 16 步：测量完反向电阻后，将红、黑表笔互换位置。

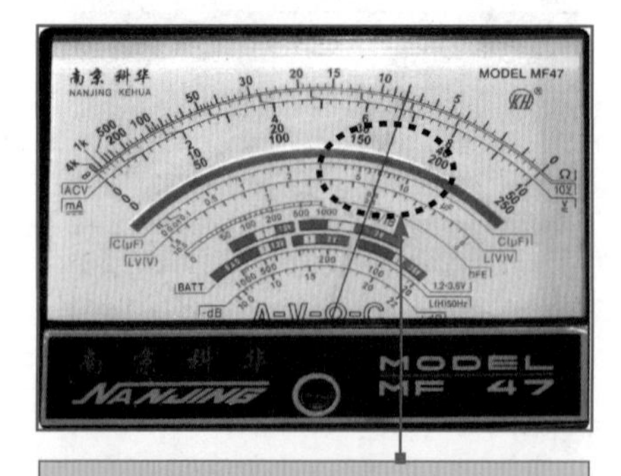

第 17 步：观察表盘，发现测量的三极管（PNP）发射结正向电阻的阻值为“8k”。

图6-24 主板电路中贴片三极管的测量方法(续)

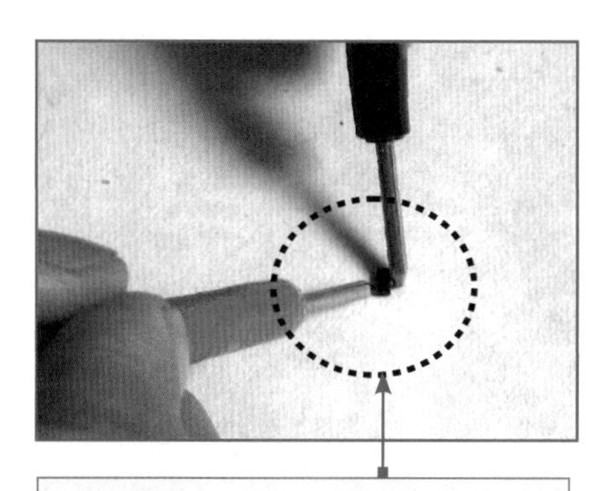

第18步：将黑表笔接基极（B）引脚，红表笔接集电极（c）引脚。

第19步：观察表盘，发现集电结的反向电阻的阻值为“无穷大”。

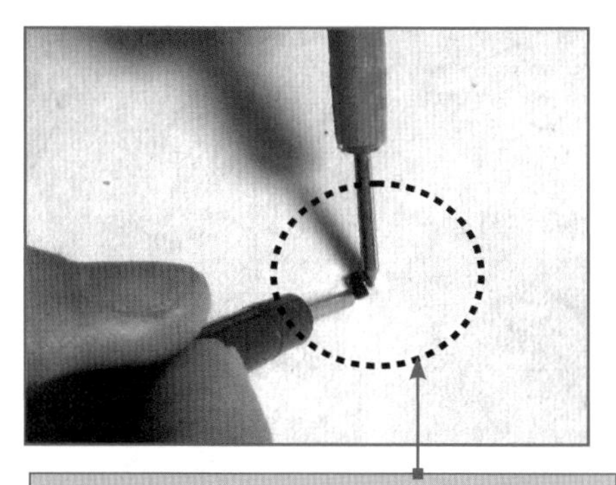

第20步：将红、黑表笔互换位置。

第21步：测得集电结的正向电阻的阻值为“7.9k”。

图6-24　主板电路中贴片三极管的测量方法（续）

测量结论：由于测量的三极管集电结的反向电阻的阻值为“无穷大”，远大于集电结正向电阻的阻值“8 k”。另外，三极管发射结反向电阻的阻值为“无穷大”，远大于发射结正向电阻的阻值“7.9 k”。且发射结正向电阻与集电结正向电阻的阻值基本相等，因此可以判断该PNP型三极管正常。

提示：如果上面三个条件中有一个不符合，则可以判断此三极管不正常。

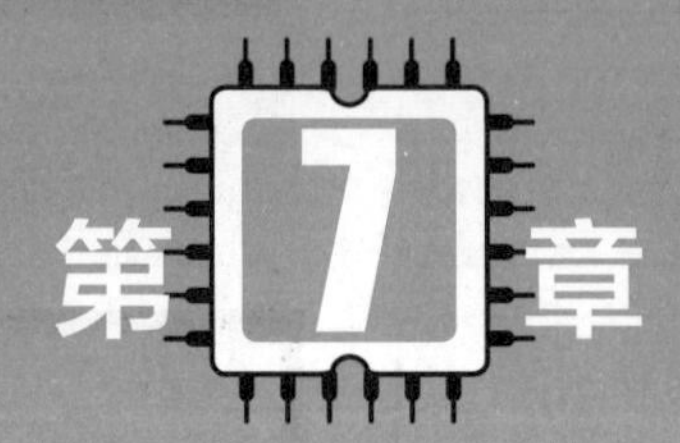

第7章 场效应管现场检测维修实操

场效应管经常出现在电路的供电电路部分，主要起控制电压的作用；正因如此，场效应管通常发热量较大，容易损坏。要掌握场效应管的维修检测方法，首先要掌握各种场效应管的特性、参数、标注规则等基本知识，然后还需掌握场效应管在电路中的应用特点、好坏检测和代换方法。

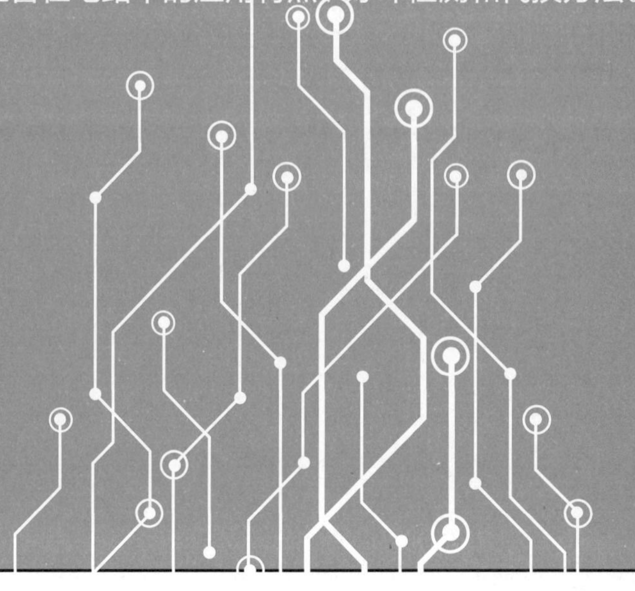

场效应晶体管（Field Effect Transistor，FET）简称场效应管，是利用控制输入回路的电场效应来控制输出回路电流的一种半导体器件。场效应管是电压控制电流器件，其放大能力较差，而三极管是电流控制电流器件，其放大能力较强。

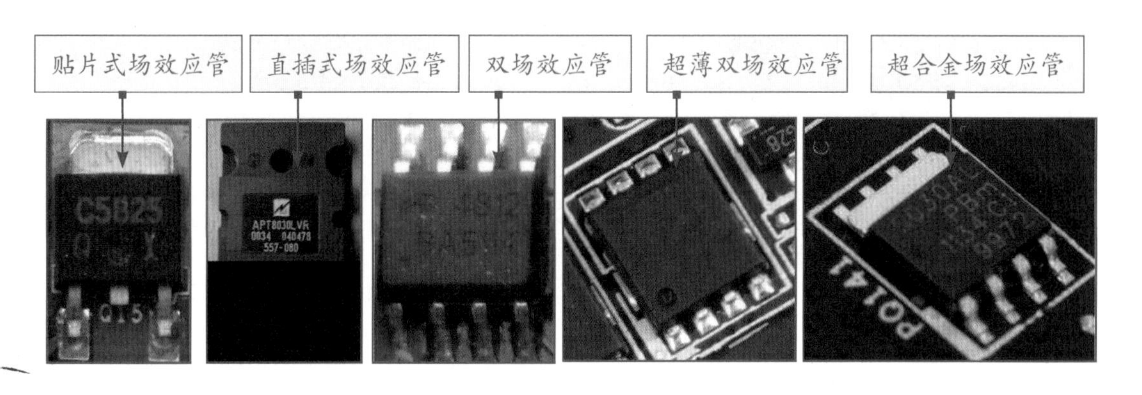

图 7-1　电路中常见的场效应管

7.1 场效应管实用知识

场效应管的结构、工作原理和识别方法等知识对理解场效应管的特性和其在电路中的作用很重要；本节重点讲解这些实用知识。

7.1.1　场效应管的结构

场效应管的品种有很多，按其结构可分为两大类，一类是结型场效应管，另一类是绝缘栅型场效应管，而且每种结构又有N沟道和P沟道两种导电沟道。

场效应管一般都有3个极，即栅极G、漏极D和源极S，为方便理解可以把它们分别对应于三极管的基极B、集电极C和发射极E。场效应管的源极S和漏极D结构是实际对称的，在使用中可以互换。

下面先对结型场效应管加以介绍，图7-2所示为结型场效应管的结构图及电路图形符号。

在一块N型（或P型）半导体棒两侧各做一个P型区（或N型区），就形成两个PN结。把两个P区（或N区）并联在一起，引出一个电极，称为栅极（G），在N型（或P型）半导体棒的两端各引出一个电极，分别称为源极（S）和漏极（D）。夹在两个PN结中间的N区（或P区）是电流的通道，称为沟道。这种结构的管子称为N沟道（或P沟道）结型场效应管。

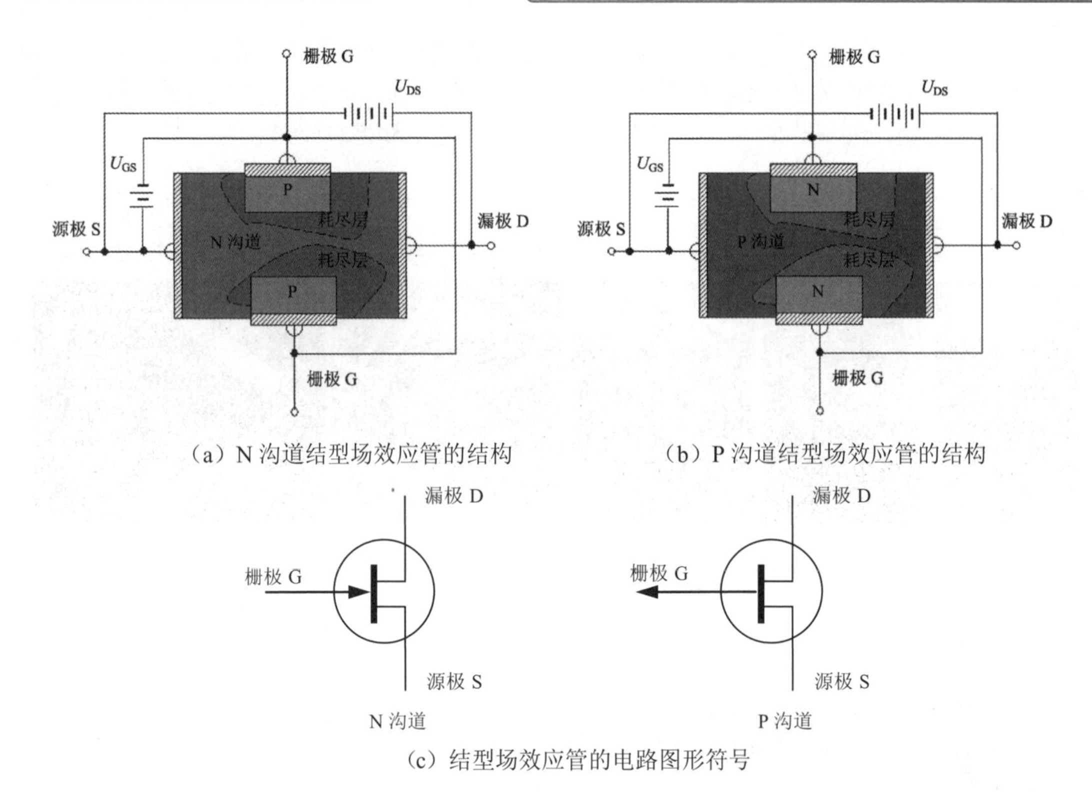

（a）N 沟道结型场效应管的结构

（b）P 沟道结型场效应管的结构

（c）结型场效应管的电路图形符号

图 7-2　结型场效应管的结构及符号

接下来对绝缘栅型场效应管加以讲解，图 7-3 所示为绝缘栅型场效应管的结构及符号。

以一块 P 型薄硅片作为衬底，在它上面做两个高杂质的 N 型区，分别作为源极 S 和漏极 D。在硅片表覆盖一层绝缘物，然后用金属铝引出一个电极 G（栅极）。这就是绝缘栅场效应管的基本结构。

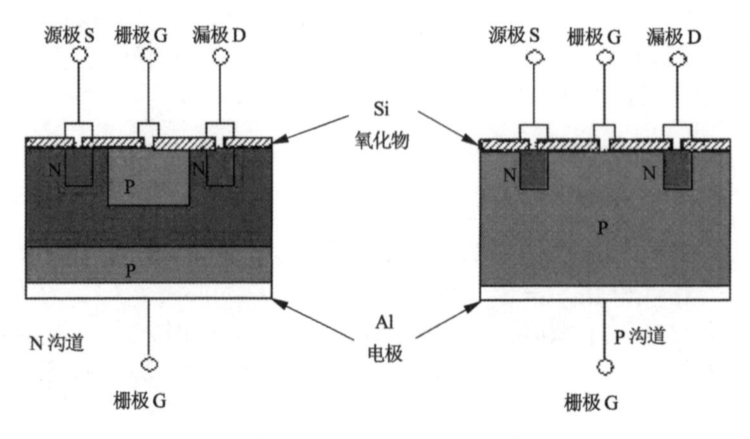

(a) N 沟道和 P 沟道绝缘栅场效应管的结构

图 7-3　绝缘栅场效应管的结构及符号

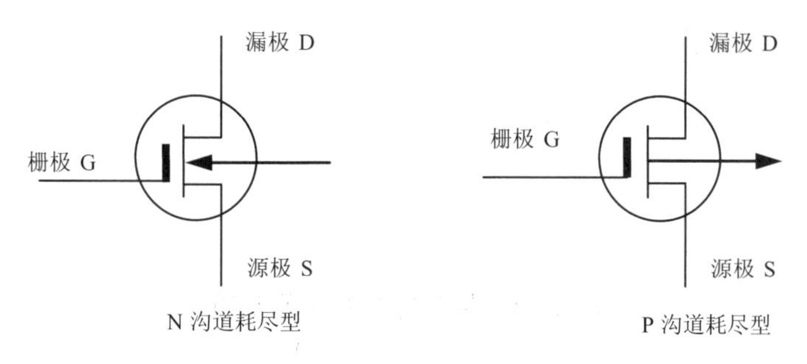

(b) N沟道和P沟道耗尽型绝缘栅场效应管符号

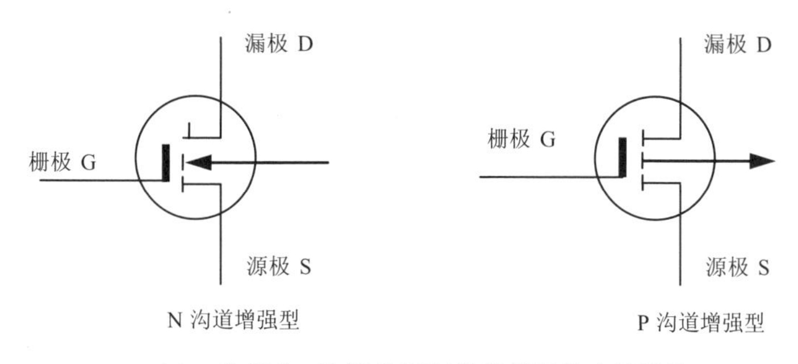

(c) N沟道和P沟道增强型绝缘栅场效应管符号

图 7-3 绝缘栅场效应管的结构及符号（续）

7.1.2 场效应管的工作原理

以结型场效应管为例，如图 7-4 所示，当结型场效应管 G 极接上负偏压时（为方便理解，此时假定源极 S 电压恒定），在 G 极附近就会形成耗尽层。负偏压越大，耗尽层就会越大，电流流过的沟道就会越小，类似于狭窄的公路更容易出现交通阻塞，漏极电流也会因沟道变窄而减小。当负偏压减小时，耗尽层就会减小，沟道变宽漏极电流就会增大。漏极电流受栅极电压的控制，所以场效应管是电压控制器件。

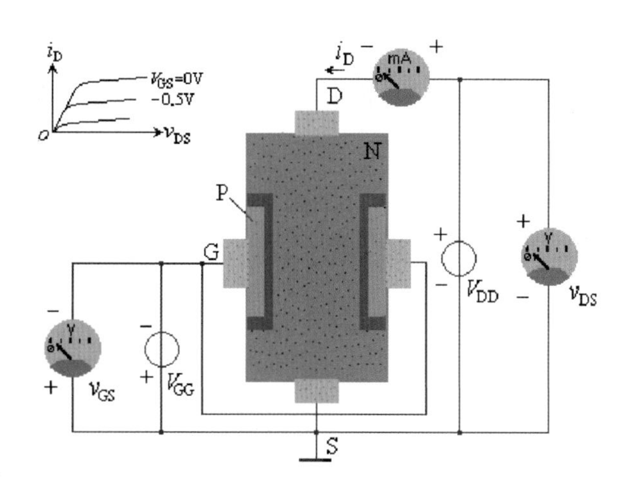

图 7-4 结型场效应管工作原理

7.1.3 场效应管的重要参数

场效应管的参数包括夹断电压、开启电压、直流输入电阻、饱和漏电流、漏源击穿电压、栅源击穿电压、跨导、最大漏源电流、最大耗散功率等，具体参数名称与解释如表 7-1 所示。

表 7-1 场效应管的重要参数

参数名称	功 能
夹断电压	在结型场效应管或耗尽型绝缘栅型场效应管中，当栅源间反向偏压U_{GS}足够大时，会使耗尽层扩展，沟道堵塞，此时的栅源电压称为夹断电压U_P
开启电压	在增强型绝缘栅场效应管中，当U_{DS}为某一固定数值时，使沟道可以将漏、源极导通的最小U_{GS}，即为开启电压U_T
直流输入电阻	直流输入电阻R_{GS}是指在栅源间所加电压U_{GS}与栅极电流之比值。结型场效应管的R_{GS}可达10^3MΩ，而绝缘栅场效应管的R_{GS}可超过10^7MΩ
饱和漏电流	在耗尽型场效应管中，当栅源间电压U_{GS}=0，漏源电压U_{DS}足够大时，漏极电流的饱和值称为饱和漏电流I_{DSS}
漏源击穿电压	在场效应管中，当栅源电压一定，增加漏源电压时的过程中，使漏电流I_D开始急剧增加时的漏源电压，称为漏源击穿电压$U_{(BR)DSS}$
栅源击穿电压	在结型场效应管中，反向饱和电流急剧增加时的栅源电压，称为栅源击穿电压$U_{(BR)GSS}$
跨导	在漏源电压U_{DS}一定时，漏电流I_D的微小变化量与引起这一变化量的栅源电压的比值称为跨导。即$g_m=\Delta I_D/\Delta U_{GS}$。它是衡量场效应管栅源电压对漏极电流控制能力的一个重要参数，也是衡量放大作用的一个重要参数，它反映了场效应管的放大能力，g_m的单位是μA/V
最大漏源电流	最大漏源电流，是一项极限参数。它是指场效应管正常工作时漏源间所允许通过的最大电流。场效应管的工作电流不能超过I_{DSM}，以免发生烧毁
最大耗散功率	在保证场效应管性能不变坏的情况下，所允许承载的最大漏源耗散功率。最大耗散功率是一项极限参数，使用时场效应管实际功耗应小于PDSM并留有一定余量

从电路板和电路图中识别场效应管

7.2.1 从电路板中识别场效应管

场效应管是电路中常见的元器件之一，在电源电路中被广泛的使用。图 7-5 所示为电路中的场效应管。

N 沟道增强型绝缘栅场效应管，此场效应管是利用 UGS 来控制“感应电荷”的多少，以改变由这些“感应电荷”形成的导电沟道的状况，然后达到控制漏极电流的目的。

双 N 沟道增强型场效应晶体管，内部集成两个 N 沟道增强型场效应管，其内部结构如下：

S2	1	8	D2
G2	2	7	D2
S1	3	6	D1
G1	4	5	D1

超合金场效应管采用特种金属在高温高压环境中锻造出的超合金料件。超合金场效应管将带来最高达 30% 的电压耐压增长，温度更低、尺寸更小、更稳定。

图 7-5　电路中的场效应管

7.2.2　从电路图中识别场效应管

场效应管是电子电路中常用的电子元件之一，在电路图中，每个电子元器件都有其电路图形符号，场效应管的电路图形符号如图 7-6 所示。

维修电路时，通常需要参考电器设备的电路原理图来查找问题，下面结合电路图来识别电路图中的场效应管。场效应管一般用“Q”文字符号来表示。图 7-7 为电路图中的场效应管。

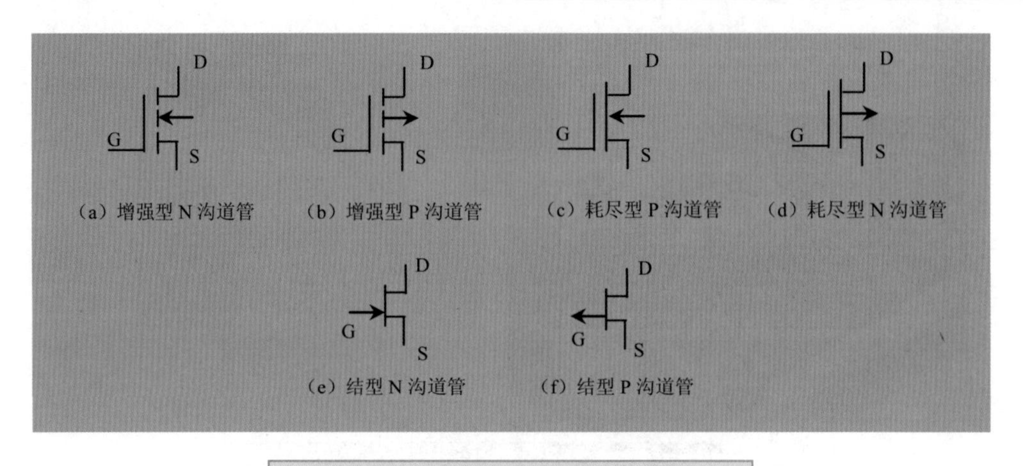

图7-6 不同场效应管的图形符号

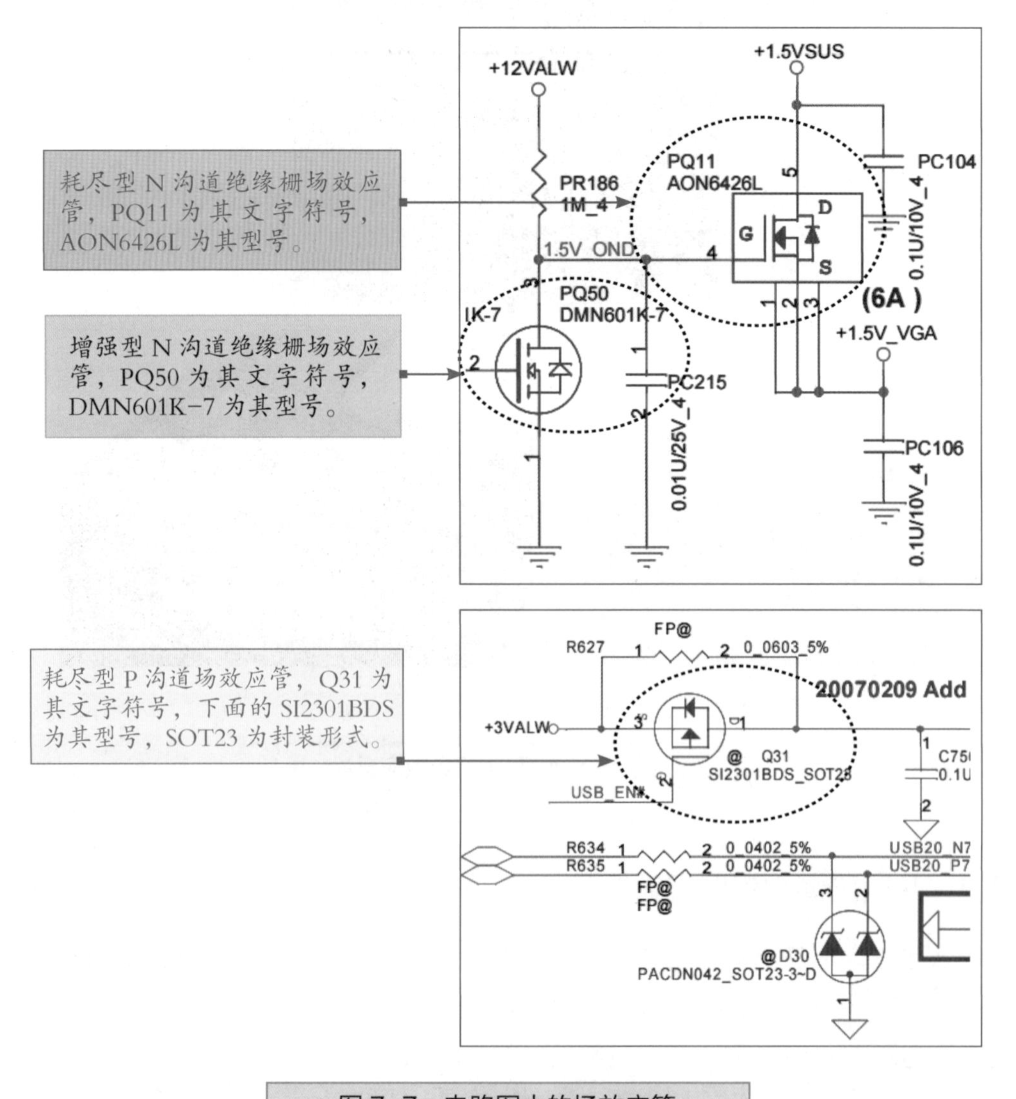

图7-7 电路图中的场效应管

场效应管检测方法

7.3.1 判别场效应管极性的方法

根据场效应管的PN结正、反向电阻值不一样的特性，可以判别出结型场效应管的三个电极。

用指针万用表判别场效应管极性的方法如图7-8所示。

第2步：将黑表笔（红表笔也行）任意接触一个电极，另一支表笔依次去接触其余的两个电极，测其电阻值。当出现两次测得的电阻值近似或相等时，则黑表笔所接触的电极为栅极G，其余两电极分别为漏极D和源极S。

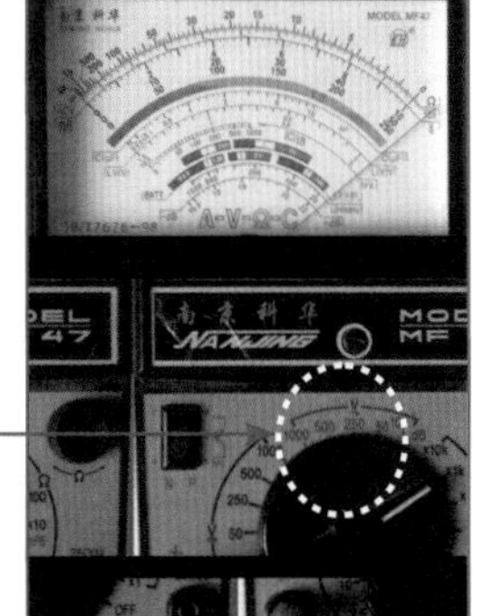

第1步：挡位首先拨在R×1k挡上。

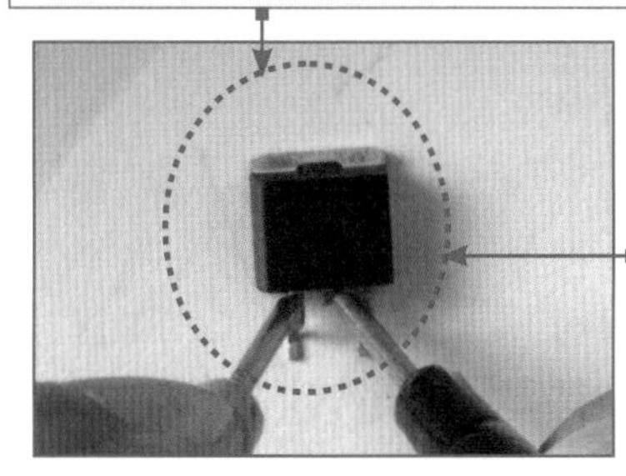

第3步：如果没有出现两次测得的电阻值近似或相等，则将黑表笔接到另一个电极，重新测量。

第4步：将两表笔分别接在漏极D和源极S的引脚上，测量其电阻值。之后，再调换表笔测量其电阻值。在两次测量中，电阻值较小的一次（一般为几千欧至十几千欧）测量中，黑表笔接的是源极S，红表笔接的是漏极D。

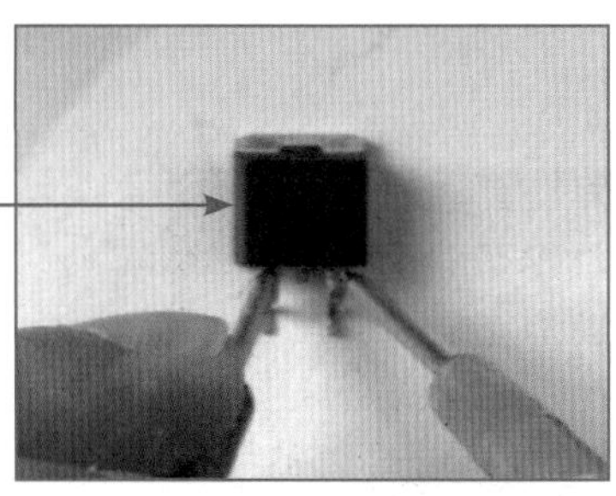

图7-8 判别场效应管极性的方法

7.3.2 用数字万用表检测场效应管

用数字万用表检测场效应管的方法如图7-9所示。

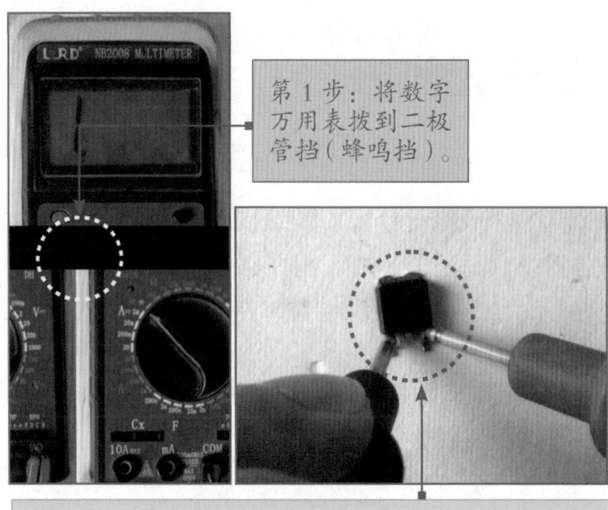

第 1 步：将数字万用表拨到二极管挡（蜂鸣挡）。
第 2 步：将场效应管的 3 只引脚短接放电。然后用两表笔分别接触场效应管三只引脚中的两只，测量三组数据。

图 7-9　用数字万用表检测场效应管的方法

判别原则：如果其中两组数据为 1，另一组数据为 300~800，说明场效应管正常；如果其中有一组数据为 0，则场效应管被击穿。

7.3.3　用指针万用表检测场效应管

用指针万用表检测场效应管的方法如图 7-10 所示。

第 1 步：测量场效应管的好坏也可以使用万用表的“R×1k”挡。测量前同样须将 3 只引脚短接放电，以避免测量中发生误差。

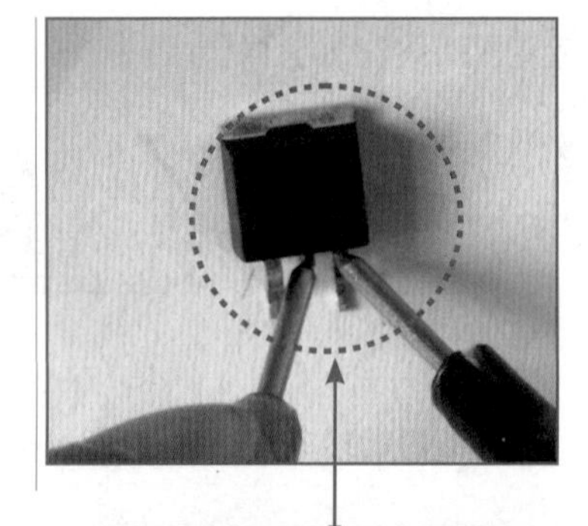

第 2 步：用万用表的两表笔任意接触场效应管的两只引脚，好的场效应管测量结果应只有一次有读数，并且值为 4 ~ 8 k，其他均为无穷大。

图 7-10　用指针万用表检测场效应管的方法

判别原则：如果在最终测量结果中测得只有一次有读数，并且为“0”时，须短接该组引脚重新测量；如果重测后阻值为 4 ~ 8 k，则说明场效应管正常；如果有一组数据为 0，说明场效应管已经被击穿。

场效应管代换方法

场效应管代换方法如图 7-11 所示。

场效应管损坏后，最好用同类型、同特性、同外形的场效应管更换。如果没有同型号的场效应管，则可以采用其他型号的场效应管代换。

图 7-11　场效应管代换方法

场效应管代换注意事项：一般 N 沟道的与 N 沟道的场效应管代换，P 沟道的与 P 沟道的场效应管进行代换。功率大的可以代换功率小的场效应管。小功率场效应管代换时，应考虑其输入阻抗、低频跨导、夹断电压或开启电压、击穿电压等参数；大功率场效应管代换时，应考虑击穿电压（应为功放工作电压的 2 倍以上）、耗散功率（应达到放大器输出功率的 0.5~1 倍）、漏极电流等参数。

场效应管现场检测实操

7.5.1　数字万用表检测场效应管现场实操

数字万用表测量主板中场效应管的方法如图 7-12 所示。

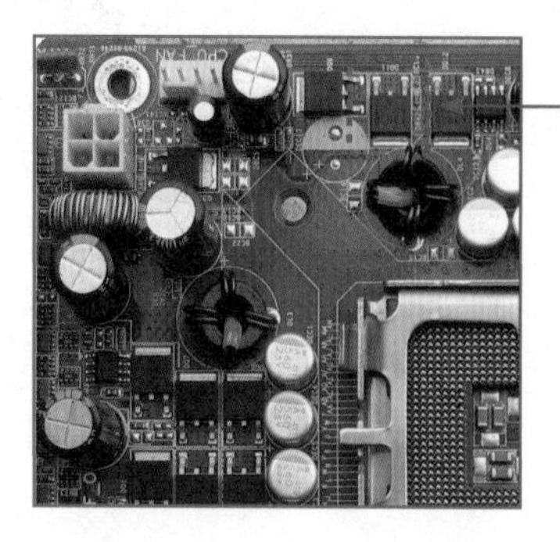

第 1 步：首先观察场效应管，看待测场效应管是否损坏，有无烧焦或针脚断裂等情况。

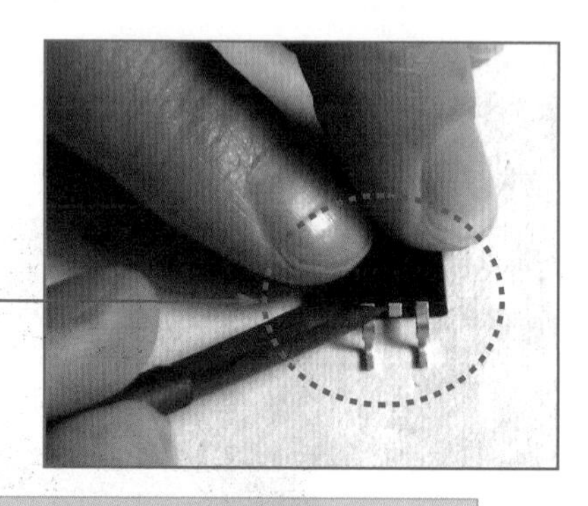

第 2 步：将场效应管从主板中卸下，并清洁场效应管的引脚，去除引脚上的污物，确保测量时的准确性。

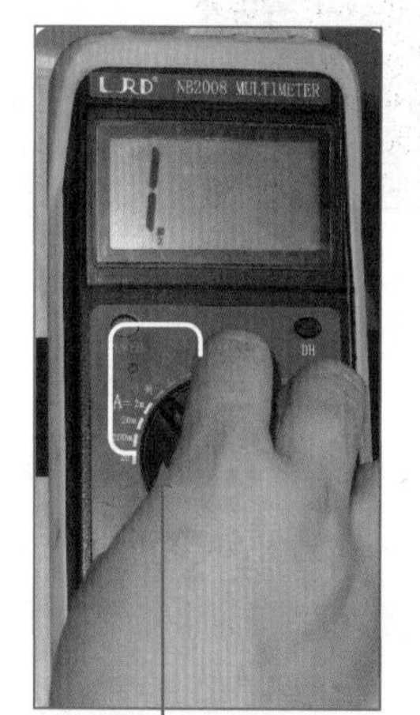

第 4 步：将场效应管的三只引脚短接放电。

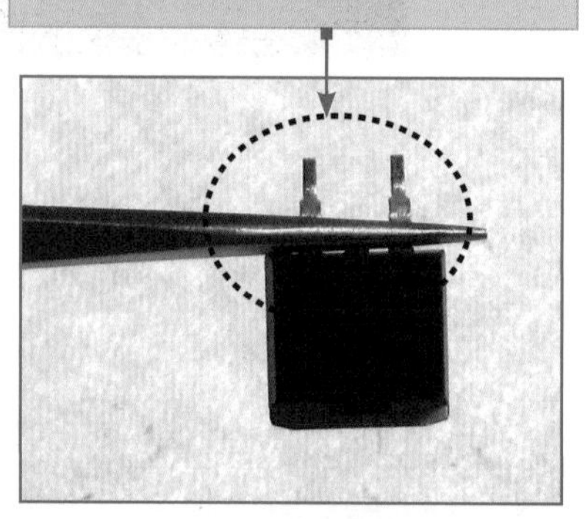

第 3 步：将数字万用表的功能旋钮旋至“二极管”挡。

第 5 步：将数字万用表的黑表笔任意接触场效应管的一只引脚，红表笔接触其余两只引脚中的一只，测量其电阻值。

第 6 步：观察测量的电阻值，测量值为 1（无穷大）。

图 7-12　数字万用表测量主板中场效应管的方法

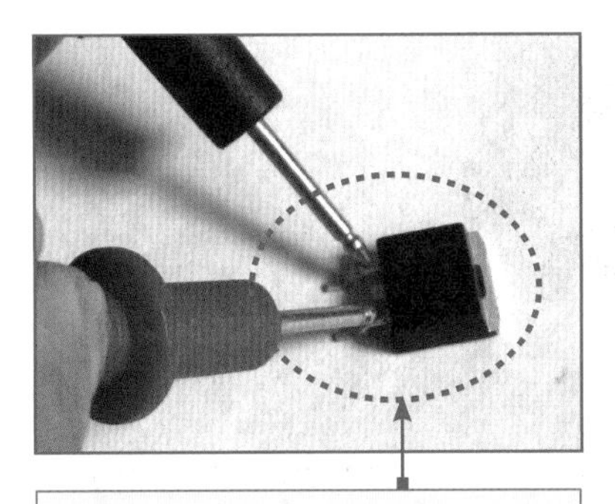

第 7 步：黑表笔不动，红表笔接剩余的第三只引脚，测量其电阻值。

第 8 步：观察测量的电阻值，测量值为 1（无穷大）。

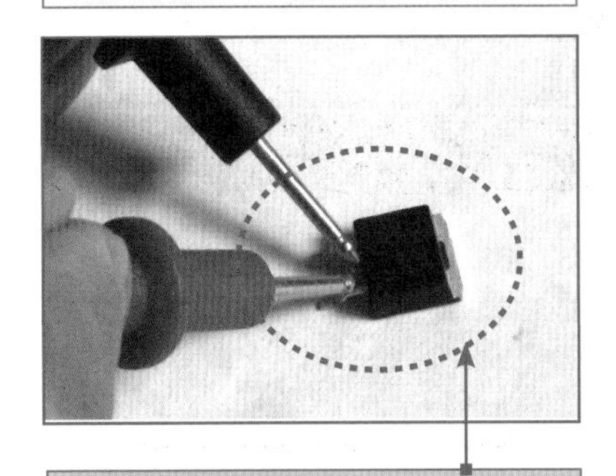

第 9 步：红表笔不动，黑表笔移到没测量的另一只引脚上，测量电阻值。

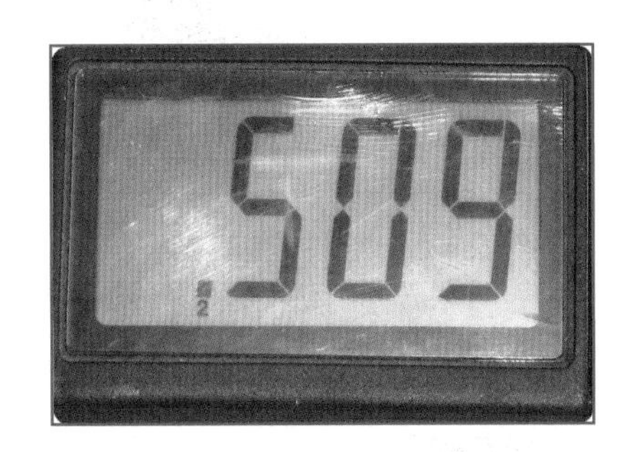

第 10 步：观察测量的电阻值，测量值为“509”。

图 7-12　数字万用表测量主板中场效应管的方法（续）

测量结论：由于 3 次测量的阻值中，有两组电阻值为 1，另一组电阻值为 300~800，因此可以判断此场效应管正常。

提示：如果其中有一组数据为 0，则场效应管被击穿。

7.5.2　指针万用表检测液晶显示器电路场效应管现场实操

液晶显示器电路中场效应管的检测方法如图 7-13 所示。

第 1 步：首先观察场效应管，看待测场效应管是否损坏，有无烧焦或针脚断裂等情况。

图 7-13　液晶显示器电路中场效应管的检测方法

第 2 步：将场效应管从主板中卸下，并清洁场效应管的引脚，去除引脚上的污物，确保测量时的准确性。

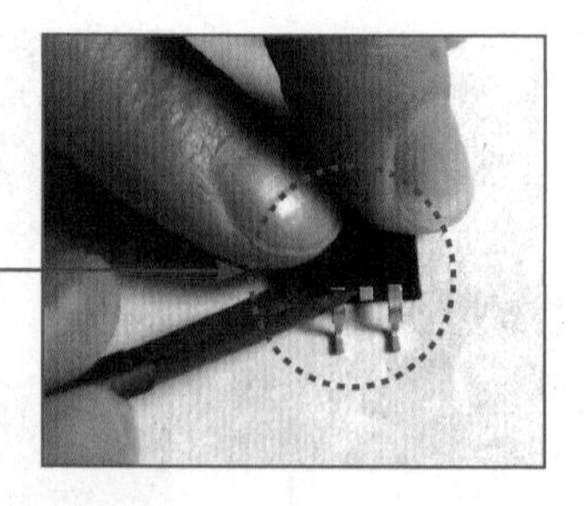

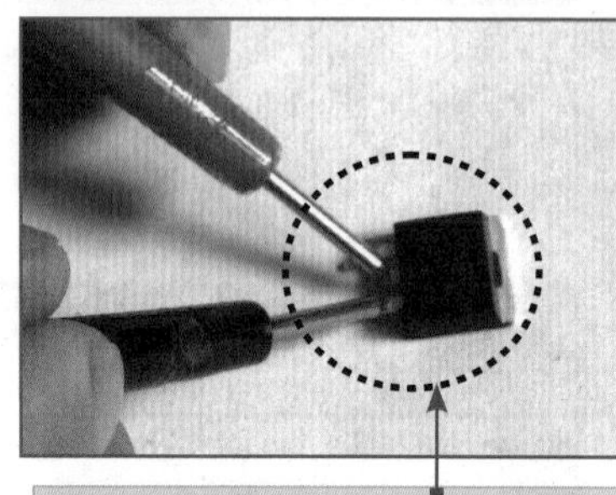

第3步：选用R×10k挡并调零，将黑表笔任意接触场效应管一只引脚，红表笔接触其余两只引脚中的一只。

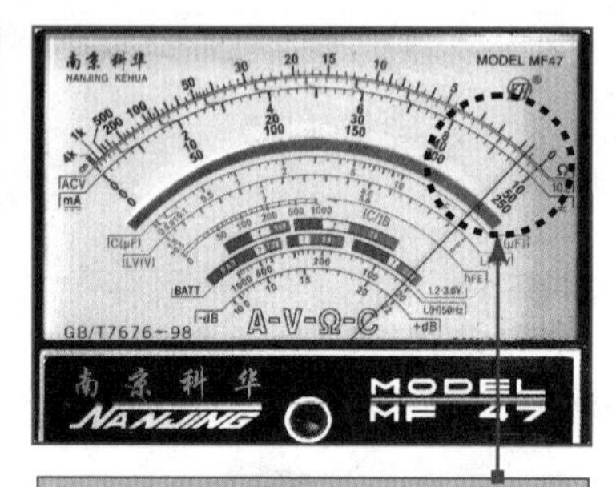

第 4 步：测量表指针，发现测量的电阻值为“6k”。

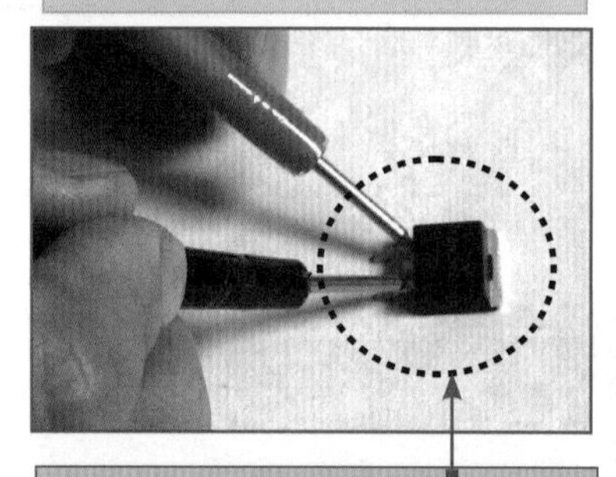

第 5 步：黑表笔不动，红表笔去接触剩余的第三只引脚。

第 6 步：测量表指针，发现测量的电阻值为无穷大。

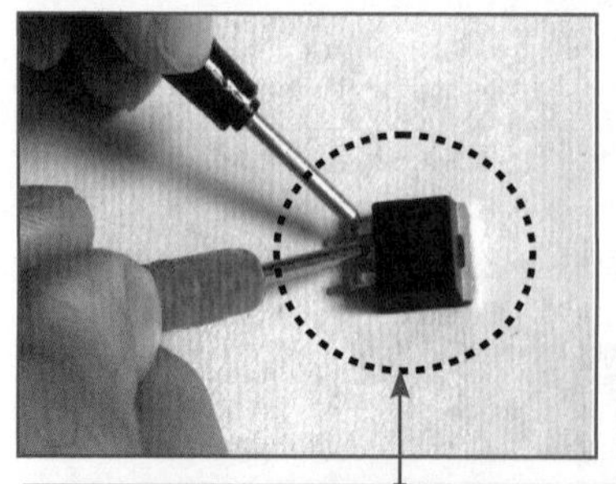

第 7 步：由于测量的电阻值不相等，将黑表笔换一只引脚，红表笔去接触其余两只引脚中的一只。

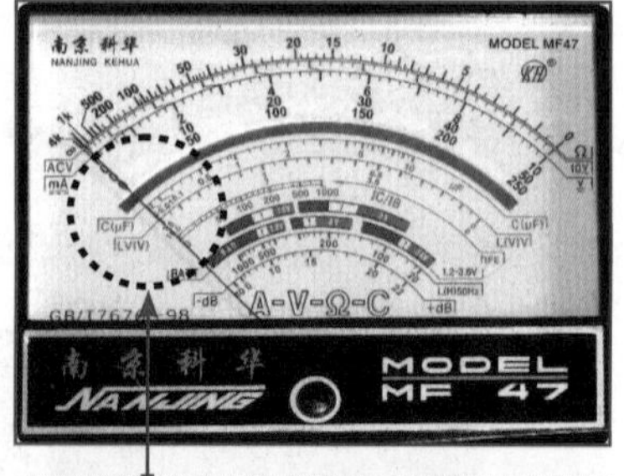

第 8 步：测量表指针，发现测量的电阻值为无穷大。

图 7-13　液晶显示器电路中场效应管的检测方法（续）

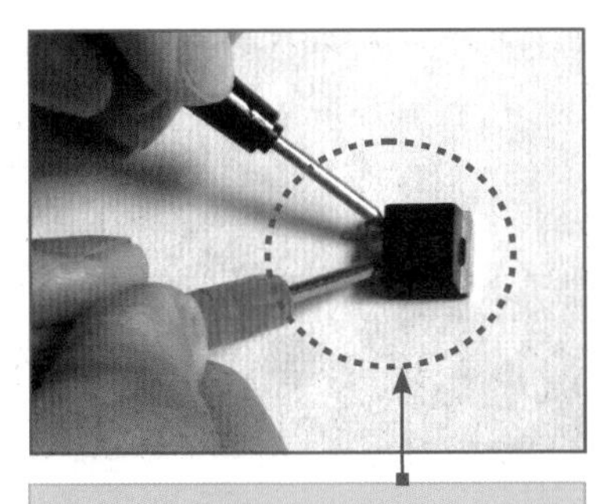

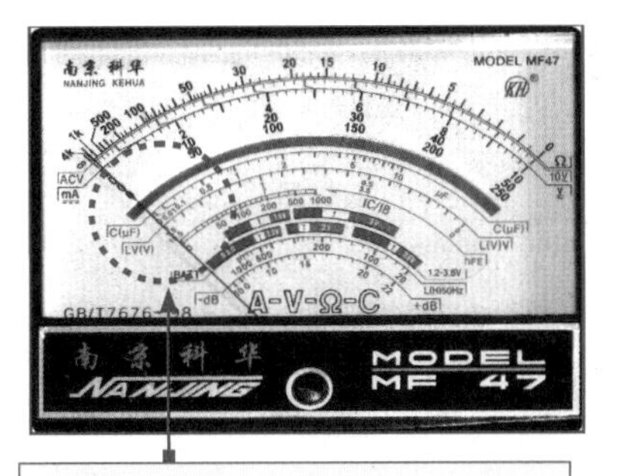

第 9 步：黑表笔不动，红表笔去接触剩余的第三只引脚，测量其阻值。

第 10 步：测量表指针，发现测量的电阻值为无穷大。

小结：由于两次测得的电阻值相等，因此可以判断黑表笔所接触的电极为栅极 G，其余两电极分别为漏极 D 和源极 S。

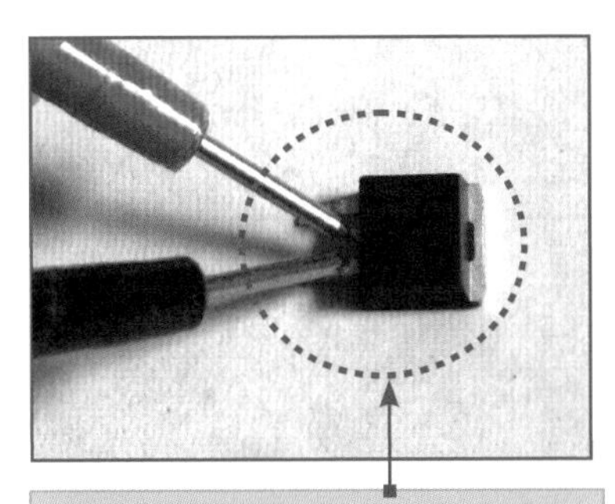

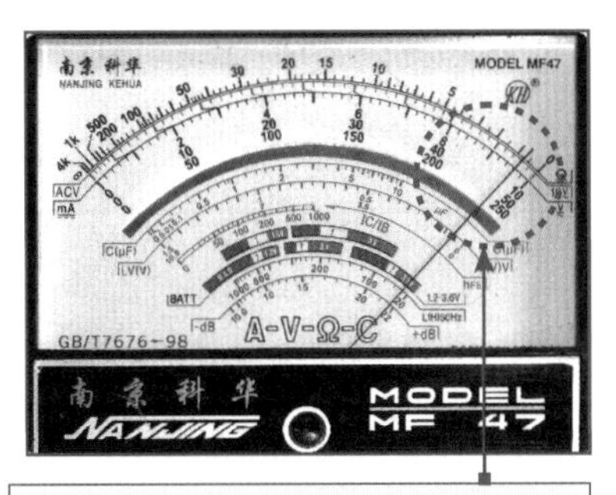

第 11 步：将两表笔分别接在漏极 D 和源极 S 的引脚上，测量其电阻值。

第 12 步：测量表指针，发现测量的电阻值为 6 k。

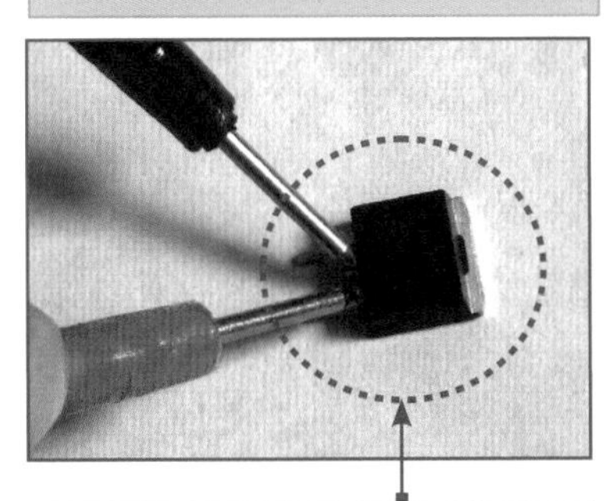

第 13 步：再调换表笔测量其电阻值。

第 14 步：测量表指针，发现测量的电阻值为 400 k。

小结：在两次测量中，电阻值为“6k”的一次（较小的一次）测量中，黑表笔接的是源极 S，红表笔接的是漏极 D。

图 7-13　液晶显示器电路中场效应管的检测方法（续）

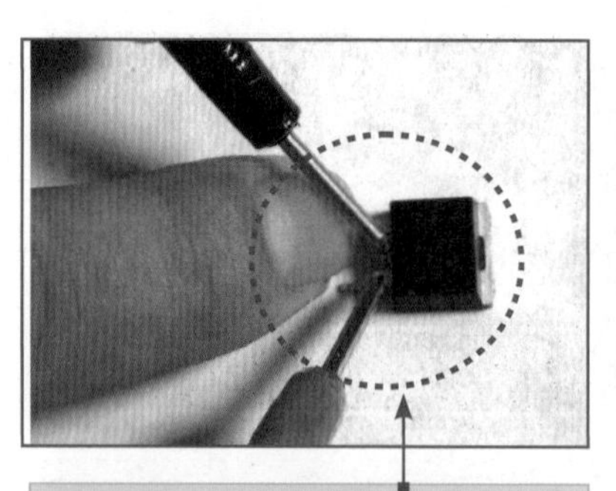

第 15 步：将万用表的黑表笔接D极，红表笔接S极，G极悬空，然后用手指触摸G极。

第 16 步：测量中发现万用表指针发生较大的偏转。

图 7-13　液晶显示器电路中场效应管的检测方法（续）

总结：由于测量场效应管时，万用表的表针有较大偏转，因此可以判断此场效应管正常。

第8章 变压器现场检测维修实操

我们经常使用的各类电子产品的电源中都会采用的一个叫变压器元器件。变压器是电压变换的一个重要元器件，由于其负责电压变换，所以较易出现故障。本章首先讲解各种变压器的特性、参数和标注规则，然后从实践角度阐述变压器在电路中的应用特点、好坏检测和代换方法。

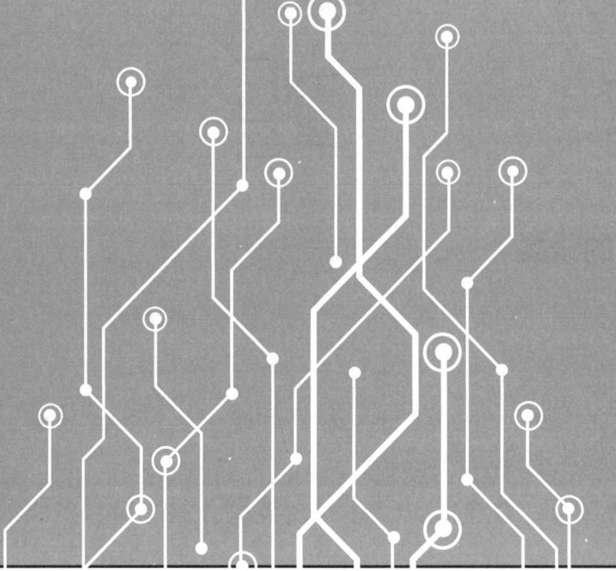

变压器（Transformer）是利用电磁感应的原理来改变交流电压的装置，它可以把一种电压的交流电能转换成相同频率的另一种电压的交流电，变压器主要由初级线圈、次级线圈和铁心（磁心）组成。生活中变压器无处不在，大到工业用电、生活用电等的电力设备，小到手机、各种家电、计算机等的供电电源都会用到变压器。

我们身边常见的变压器主要有电源变压器、音频变压器、升压变压器、电力变压器、高频变压器等。图 8-1 所示为电路中常见的变压器。

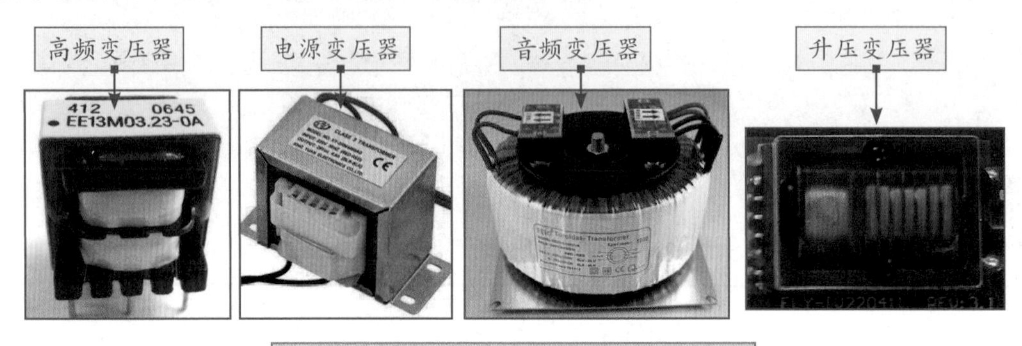

图 8-1　电路中常见的变压器

8.1 变压器的图形符号与分类

8.1.1　变压器图形符号与文字表示

在电路中变压器常用字母“T”“TR”等表示，其图形符号如表 8-1 所示。

表 8-1　常见变压器电路图形符号

单二次绕组变压器	多次绕组变压器	二次绕组带中心轴头变压器

8.1.2　变压器的分类

变压器的种类很多，分类方式也不一。一般可以按冷却方式、绕组数、防潮方式、电源相数或用途进行划分。

如果按冷却方式划分，变压器可以分为油浸（自冷）变压器、干式（自冷）变压器和氟化物（蒸发冷却）变压器。

如果按绕组数划分，变压器可以分为双绕组、三绕组、多绕组变压器以及自耦变压器等。

如果按防潮方式划分，变压器可以分为开放式变压器、密封式变压器和灌封式变压器。

如果按铁心或线圈结构划分，变压器可以分为壳式变压器、芯式变压器、环形变压器、金属箔变压器。

如果按电源相数划分，变压器可以分为单相变压器、三相变压器、多相变压器。

如果按用途划分，变压器可以分为电源变压器、调压变压器、高频变压器、中频变压器、音频变压器和脉冲变压器。

下面对几种电路中常见的变压器进行介绍。

1. 电源变压器

电源变压器的主要功能是功率传送、电压变换和绝缘隔离，作为一种主要的软磁电磁元件，在电源技术和电力电子技术中被广泛应用。图 8-2 所示为常用电源变压器。

电源变压器的种类很多且外形各异，但基本结构大体一致，主要由铁心、线圈、线框、固定零件和屏蔽层构成。

图 8-2　常用电源变压器

2. 音频变压器

音频变压器又称低频变压器，是一种工作在音频范围内的变压器，常用于信号的耦合以及阻抗的匹配。在一些纯供放电路中，对变压器的品质要求比较高。图 8-3 所示为常用的音频变压器。

音频变压器主要分为输入变压器和输出变压器，通常它们分别接在功率放大器输出级的输入端和输出端。

图 8-3　音频变压器

3. 中频变压器

中频变压器又称为“中周”，是超外差式收音机特有的一种元件。整个结构都装在金属屏蔽罩中，下有引出脚，上有调节孔。图 8-4 所示为常见的中频变压器。

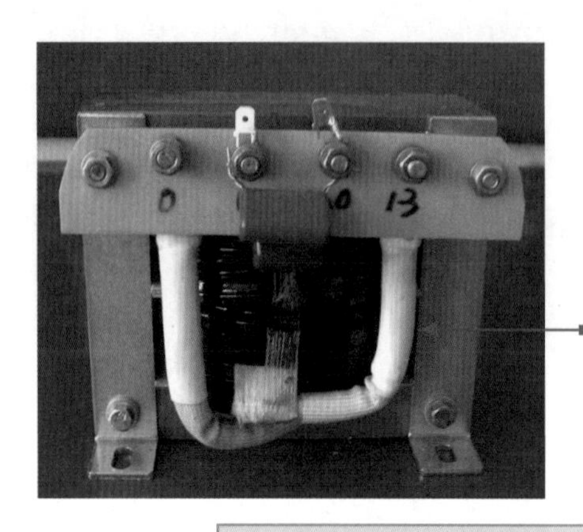

中频变压器不仅具有普通变压器变换电压、电流及阻抗的特性，还具有谐振某一特定频率的特性。

图 8-4　中频变压器

4. 高频变压器

高频变压器通常是指工作于射频范围的变压器，又称开关变压器，主要应用于开关电源中。通常情况下，开关变压器的体积都很小。图 8-5 所示为常见的高频变压器。

高频变压器的磁心虽然小，最大磁通量也不大，但其工作在高频状态下时，磁通量的改变非常迅速，所以能够在磁心小、线圈匝数少的情况下产生足够电动势。

图 8-5　高频变压器

8.2 变压器的功能结构与工作原理

8.2.1 变压器的作用

变压器是一种交流电能的变换装置，能将某一数值的交流电压、电流转变为同频率的另一数值的交流电压、电流、使电能传输、分配和使用，做到安全经济。

小知识：电能在长途运输时，通常为了减少能量的损失，采用输送电压的方法，而不是直接将电流输送到用户。原因在于电流经过电阻时会产生热量而造成能量损失。

8.2.2 变压器的结构

通常情况下，变压器是由闭合的铁心及铜质漆包线制成的线圈构成。铁心的作用是构成磁路，其通常由绝缘的硅钢片或铁氧体材料压制成一定形状的片状，然后叠积而成。绕组的作用是构成电路，通常用漆包铜线绕制，绕的圈数称为匝，用 N 表示。根据用途的不同，需要不同的绕制工艺布来制作，绕组的多少及线圈的匝数决定着变压器的功能。

在使用中，有一个绕组与电源相连通，称为初级绕组，简称初级，初级绕组的匝数用 N_1 表示；与负载相连通的绕组称为次级绕组，简称次级，次级绕组的匝数用 N_2 表示。初级、次级绕组套装在由铁心构成的同一闭合磁路中。为适应不同的需要，次级绕组可以由两个或多个构成。

8.2.3 变压器的工作原理

当一个正弦交流电压 U_1 加在变压器初级线圈的两端时，导线中就产生了交变电流 I_1，并在线圈 N_1 中产生交变磁通 ϕ_1，ϕ_1 沿着铁心穿过次级线圈 N_2 形成闭合的磁路。在次级线圈中变感应出互感电动势 U_2。同时，ϕ_1 也会在初级线圈上感应出一个自感电动势 E_1，E_1 的方向与所加电压 U_1 方向相反而幅度相近，从而抑制了初级线圈中的电流。为了保持 ϕ_1 的存在往往会消耗一部分电能。尽管次级线圈没接负载，但在初级线圈中仍会有一定的电流，这个电流被称为“空载电流”。

当次级接上负载时，次级线圈就形成了闭合电路，此时次级电路变产生了电流 I_2。前面介绍过，如果不计铁心和线圈的损耗，输入与输出电压间的关系：$U_1/U_2=N_1/N_2$，这样输出电压值可以计算出来，I_2 也就可求了。

从电路板和电路图中识别变压器

8.3.1 从电路板中识别变压器

变压器是电路中常见的元器件之一，在电源电路中被广泛的使用。图 8-6 所示为电路中的变压器。

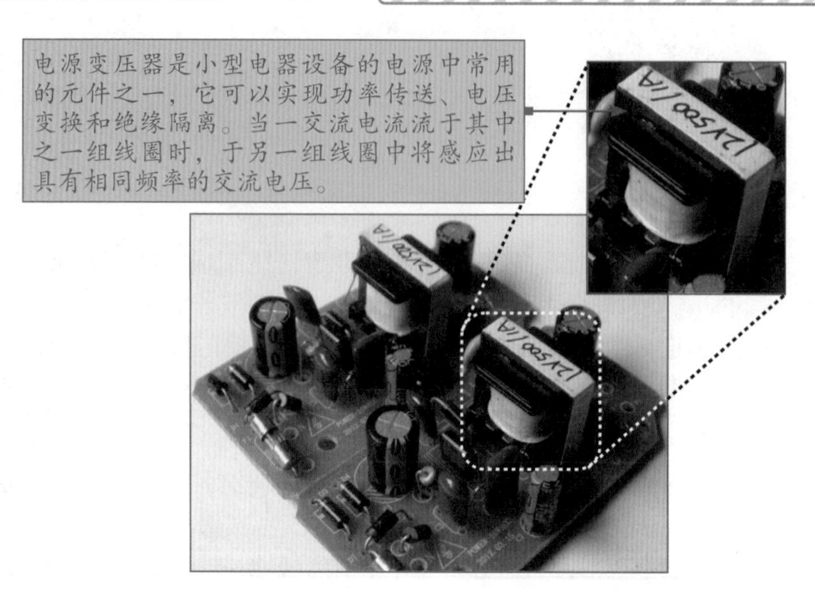

电源变压器是小型电器设备的电源中常用的元件之一，它可以实现功率传送、电压变换和绝缘隔离。当一交流电流流于其中之一组线圈时，于另一组线圈中将感应出具有相同频率的交流电压。
12V500/1A

升压变压器，用来把低数值的交变电压变换为同频率的另一较高数值交变电压的变压器。其在高频领域应用较广，如逆变电源等。

FLY-IV220411 REV:3.1

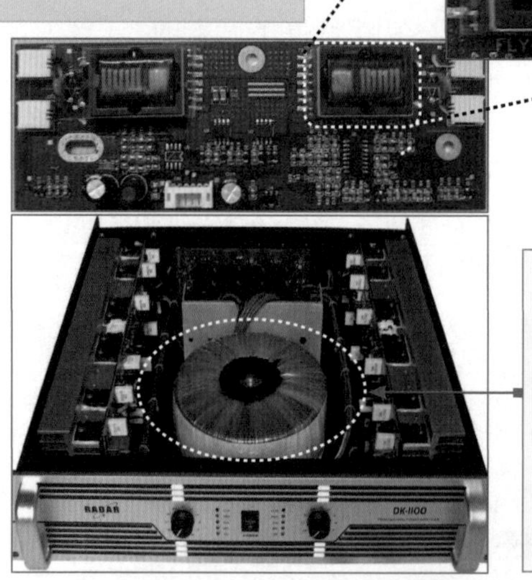

音频变压器是工作在音频范围的变压器，又称低频变压器。工作频率一般为 10 ~ 20 000 Hz。音频变压器在工作频带内频率响应均匀，其铁心由高导磁材料叠装而成，初级、次级绕组耦合紧密，这样穿过初级绕组的磁通几乎全部与次极绕组相连，耦合系数接近于 1。

图 8-6　电路中的变压器

8.3.2　从电路图中识别变压器

维修电路时，通常需要参考电器设备的电路原理图来查找问题，下面结合电路图来识别电路图中的变压器。图 8-7 为电路图中的变压器。

变压器中间的虚线表示变压器初级线圈和次级线圈之间设有屏蔽层。变压器的初级有两组线圈，可以输入两种交流电压，次级有 3 组线圈，并且其中两组线圈中间还有抽头，可以输出 5 种电压。

多次绕组变压器，T301 为其文字符号，下面的 BCK−700 A 为型号。

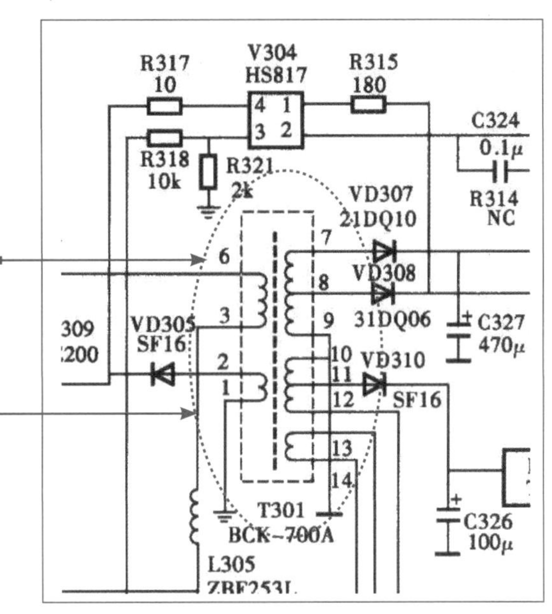

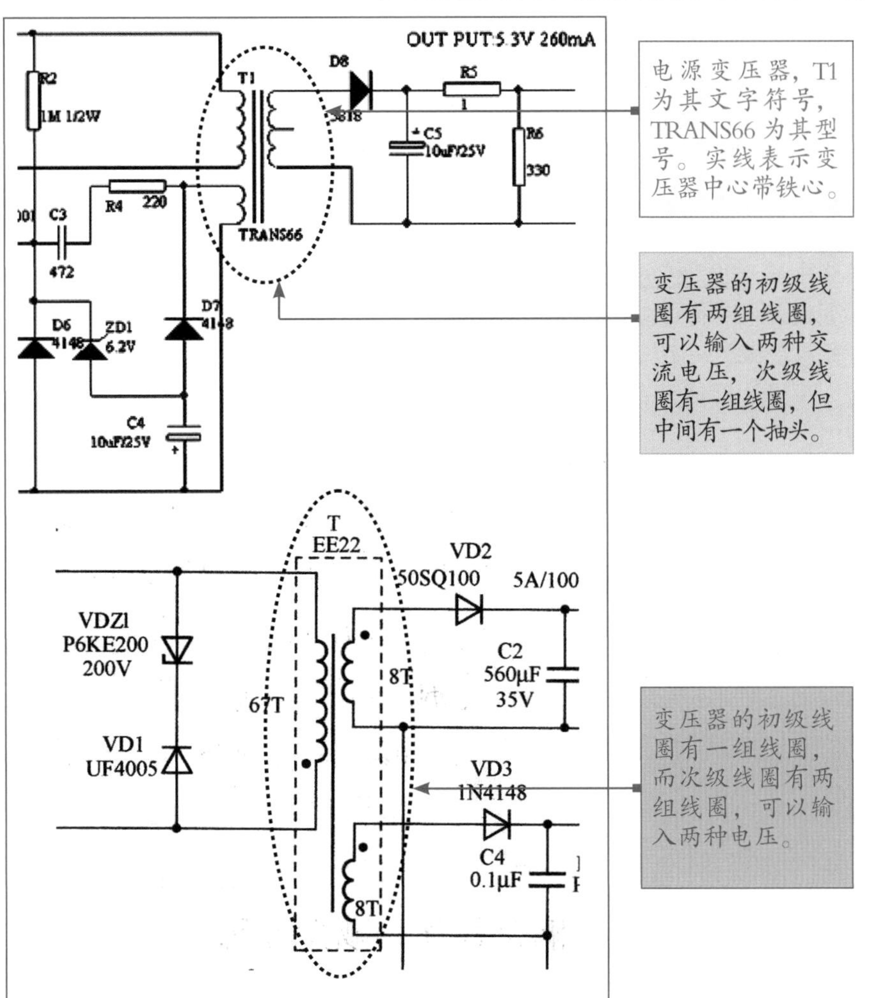

图 8−7　电路图中的变压器

8.4 变压器的常用参数

变压器在工作电路中起着十分重要的作用，了解变压器的性质将有助于我们更好地使用和解决与变压器相关的故障。变压器的常用参数主要如下。

1. 电压比

如果忽略铁心和线圈的损耗，设变压器的初级线圈匝数为 N_1，次级线圈匝数为 N_2。在初级线圈上加一交流电压 U_1 后，在次级线圈两端产生的感应电动势 U_2 与 N_1 和 N_2 有如下关系：

$$U_1/U_2=N_1/N_2=n;\ \ U_2=U_1N_2/N_1$$

式中：n 为变压比。

变压比 $n<1$ 的变压器主要用作升压；

变压比 $n>1$ 的变压器主要用作降压；

变压比 $n=1$ 的变压器主要用作隔离电压。

2. 额定功率

额定功率是指变压器长期安全稳定工作所允许负载的最大功率。次级绕组的额定电压与额定电流的乘积称为变压器的容量，即为变压器的额定功率，一般用 P 表示。变压器的额定功率为一定值，由变压器的铁心大小、导线的横截面积这两个因素决定。铁心越大，导线的横截面积越大，变压器的功率也就越大。

3. 变压器的额定频率

变压器的额定频率是指在变压器设计时确定使用的频率，变压器铁心的磁通密度与频率密切相关。

4. 绝缘电阻

绝缘电阻表示变压器各线圈之间、各线圈与铁心之间的绝缘性能。绝缘电阻的高低与所使用的绝缘材料的性能、温度高低和潮湿程度有关。变压器的绝缘电阻越大，性能越稳定。

绝缘电阻＝施加电压 / 漏电电流

5. 空载电压调整率

电源变压器的电压调整率是表示变压器负载电压与空载电压差别的参数。电压调整率越小，表明电压器线圈的内阻越小，电压稳定性越好。

电压调整率＝（空载电压 – 负载电压）/ 空载电压

6. 变压器的效率

在额定功率时，变压器的输出功率和输入功率的比值叫作变压器的效率，即

$$\eta = P_2 / P_1$$

式中：η 为变压器的效率；P_1 为输入功率；P_2 为输出功率。

7. 频率响应

频率响应，用来衡量变压器传输不同频率信号的能力。

在高频段和低频段，由于初级绕组的电感、漏电等会造成变压器传输信号的能力下降，使频率响应变差。

8. 温升

温升是指变压器通电后，当其工作温度上升到稳定值时，高出环境温度部分的数值。温升越小，变压器的使用就越安全。

该参数一般针对有功率输出要求的变压器，如电源变压器，此时要求变压器的温升越小越好。

8.5 变压器常见故障诊断

8.5.1 变压器开路故障诊断

无论是初级线圈还是次级线圈开路，变压器次级线圈都会无电压输出。变压器开路时无输出电压，初级线因输入电流很小或无输入电流。变压器开路故障诊断方法如图 8-8 所示。

产生开路的主要原因很多，如外部引线断线、引线与焊片脱焊、线包经碰撞断线和受潮后发生内部霉断等。

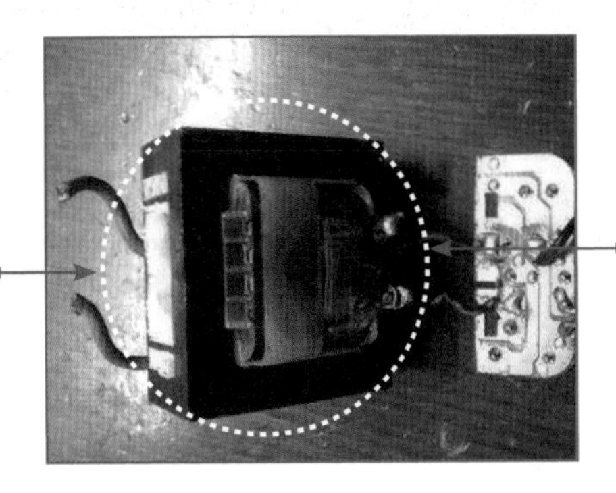

变压器开路故障一般引出线断线最常见，应该细心检查，把断线处重新焊接好。如果是内部断线或外部都能看出有烧毁的痕迹，那么只能换新件或重绕。

图 8-8　变压器开路故障诊断方法

8.5.2 电源变压器短路故障诊断

变压器短路故障一般由变压器线圈绝缘不好造成，当变压器绕组发生短路时，所产生的现象是变压器温度过高、有焦臭味、冒烟、输出电压降低、输出电压不稳定等。若发现这些现象时，则应立即切断电源，进行检查。

电源变压器短路故障诊断方法如图 8-9 所示。

方法 1：切断变压器的一切负载，接通电源，看变压器的空载温升，如果温升较高（烫手）说明一定是内部局部短路。如果接通电源 15~30min，温升正常，说明变压器正常。

方法 2：在变压器电源回路内串接一只 1 000 W 灯泡，接通电源时，灯泡只发微红，表明变压器正常，如果灯泡很亮或较亮，表明变压器内部有局部短路现象。

图 8-9 电源变压器短路故障诊断方法

8.5.3 变压器响声大故障诊断

变压器响声大故障诊断方法如图 8-10 所示。

变压器正常工作时应该听不到特别大的响声，如果有响声，说明变压器的铁心没有固定紧，或者变压器过载。对于这种故障应首先减小负载来诊断。如果故障依旧，就需要断电检查铁心。

图 8-10 变压器响声大故障诊断方法

8.6 变压器的检测方法

8.6.1　通过观察外貌和触摸来检测变压器

通过观察外貌来检测变压器的方法如图 8-11 所示。

第 1 步：检查变压器外表是否有破损，观察线圈引线是否断裂，脱焊，绝缘材料是否有烧焦痕迹，铁心紧固螺杆是否有松动，硅钢片有无锈蚀，绕组线圈是否有外露等。如果有这些现象，说明变压器有故障。

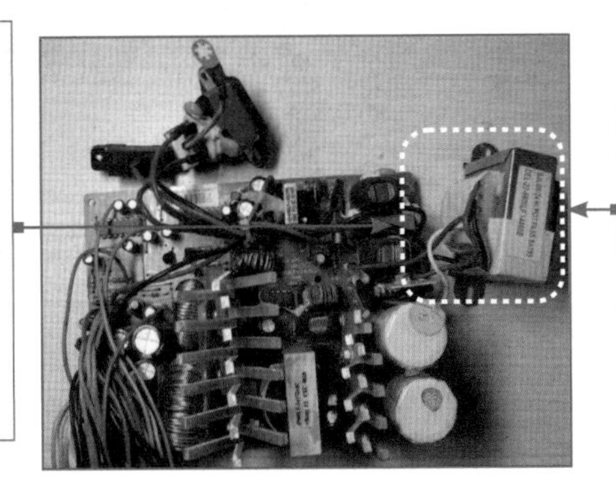

第 2 步：同时在空载加电后几十秒内用手触摸变压器的雾铁心，如果有烫手的感觉，则说明变压器有短路点存在。

图 8-11　通过观察外貌来检测变压器的方法

8.6.2　通过测量绝缘性检测变压器

变压器的绝缘性测试是判断变压器好坏的一种好方法。通过测量绝缘性检测变压器的方法如图 8-12 所示。

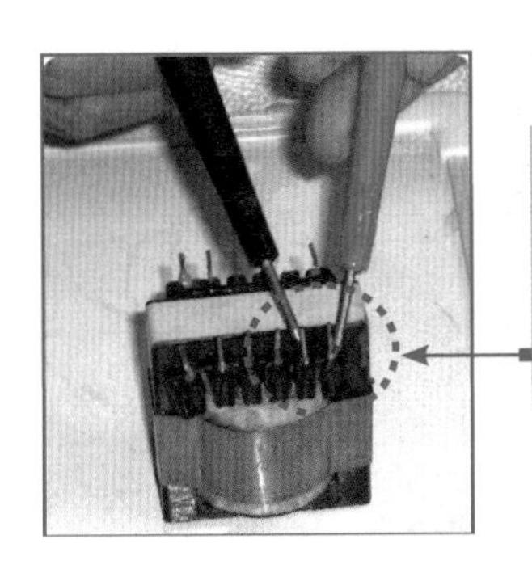

测试绝缘性时，将指针万用表的挡位调到 R × 10 k 挡。然后分别测量铁心与初级，初级与各次级、铁心与各次级、静电屏蔽层与初次级、次级各绕组间的电阻值。如果万用表指针均指在无穷大位置不动，说明变压器正常；否则，说明变压器绝缘性能不良。

图 8-12　通过测量绝缘性检测变压器的方法

8.6.3　通过检测线圈通 / 断检测变压器

如果变压器内部线圈发生断路，变压器就会损坏。通过检测线圈通 / 断检测变压器的方法如图 8-13 所示。

检测时，将指针万用表调到 R×1 挡进行测试。如果测量某个绕组的电阻值为无穷大，则说明此绕组有断路性故障。

图 8-13 通过检测线圈通 / 断检测变压器的方法

8.7 电源变压器的代换方法

电源变压器的代换方法如图 8-14 所示。

对于一般电源电路，可选用“E”型铁心电源变压器。对于高保真音频功率放大器的电源电路，则应选用“C”型变压器或环型变压器。

当电源变压器损坏后，可以选用铁心材料、输出功率、输出电压相同的电源变压器代换。在选择电源变压器时，要与负载电路相匹配，电源变压器应留有功率余量，输出电压应与负载电路供电部分的交流输入电压相同。

图 8-14 电源变压器的代换方法

8.8 打印机电路变压器现场检测实操

各电路中的变压器检测方法基本相同，下面以打印机电路中变压器为例讲解。打印机电路中常用的变压器为电源变压器，对于电源变压器，一般采用开路检测。下面将实测打印机电路中的变压器。

打印机电路中变压器的测量方法如图 8-15 所示。

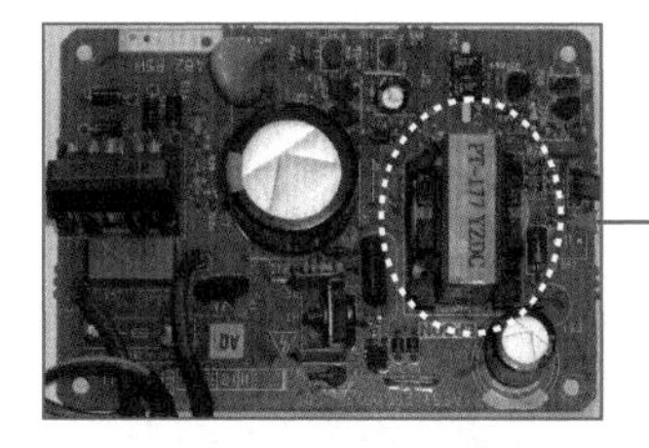

第 1 步：首先将打印机电路板的电源断开，然后对电源变压器进行观察，看待测变压器是否损坏，有无烧焦、有无虚焊等情况。

第 2 步：将待测电源变压器从电路板上焊下，并清洁变压器的引脚，去除引脚下的污物，确保测量时的准确性。

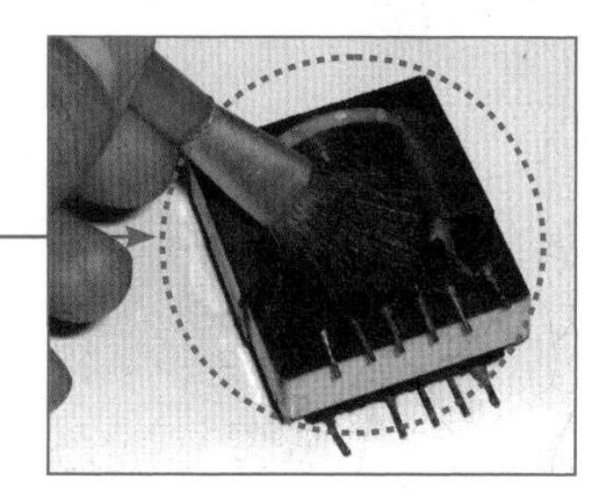

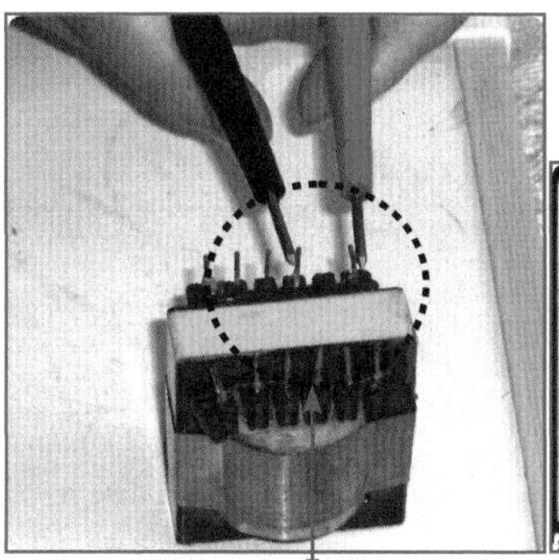

第 4 步：观察表盘，测得当前变压器的阻值为“0.5”。

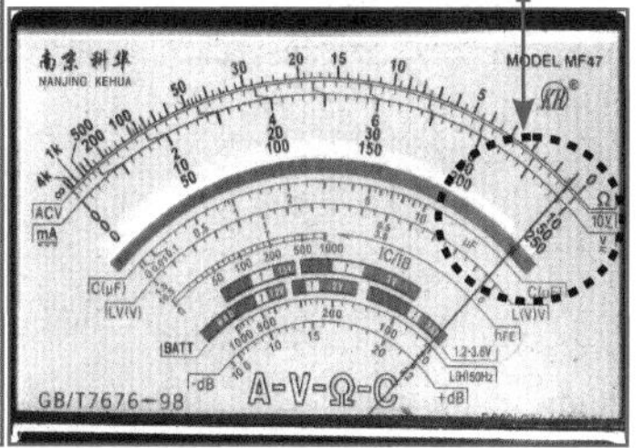

第 3 步：将红、黑表笔分别搭在电源变压器中的初级绕组中的第一组引脚上（测量的电源变压器初级绕组有 11 个引脚，其内部包含 5 个初级绕组）。

提示：如果测量的值为 0 或无穷大，则说明此绕组短路或断路。

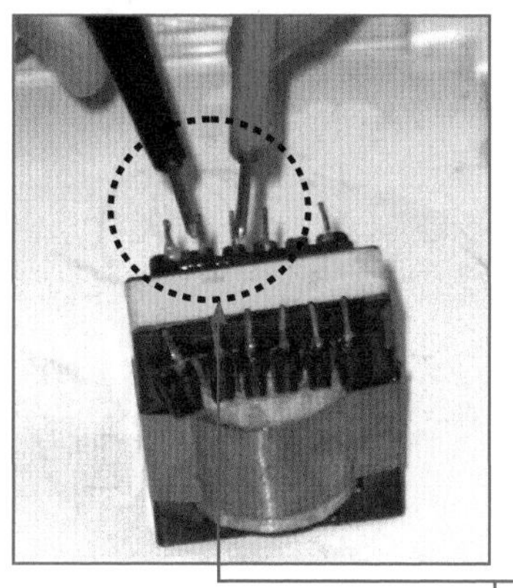

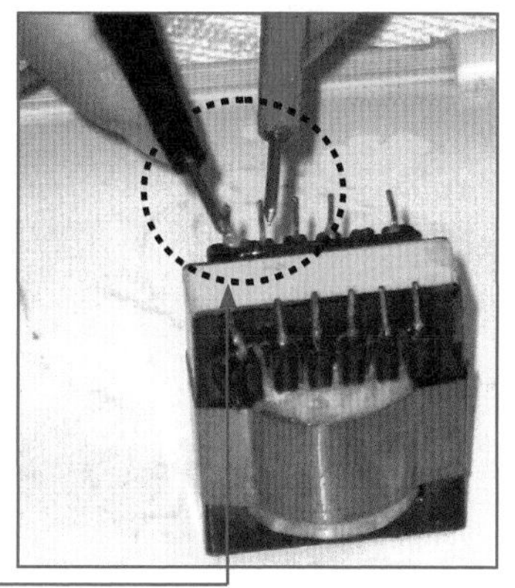

第 5 步：用同样的方法测量初级绕组的其他两组初级绕组，测量值分别为“1”和“1.5”。

图 8-15　打印机电路中变压器的测量方法

小结：由于初级绕组中的 3 个绕组的电阻值为一定值，因此可以判断此变压器的初级绕组正常。

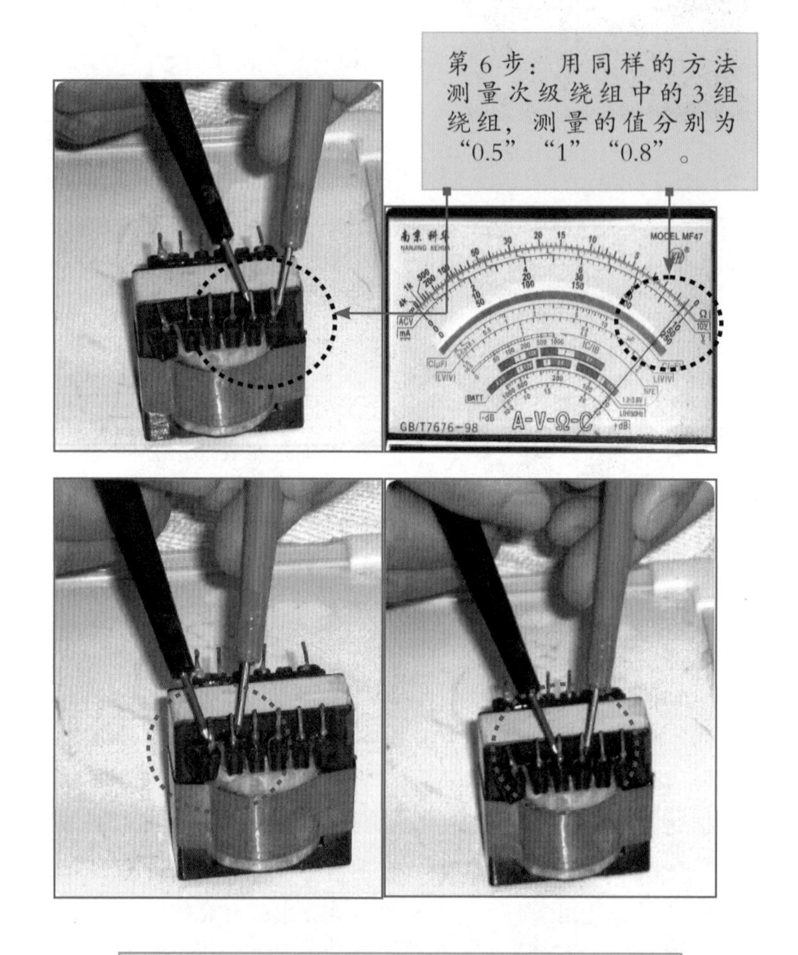

第 6 步：用同样的方法测量次级绕组中的 3 组绕组，测量的值分别为“0.5”“1”“0.8”。
MODEL MF47
GB/T7676-98
A-V-Ω-C

图8-15　打印机电路中变压器的测量方法(续)

小结：由于次级绕组中的 3 个绕组的电阻值为一定值，因此可以判断此变压器的次级绕组正常。

测量完初级和次级绕组后，将万用表调到欧姆挡的 R × 10 k 挡，并进行调零校正。然后用万用表分别测量初级绕组和次级绕组与铁心间的绝缘电阻，测量的阻值均为无穷大（具体测量步骤同上，不再赘述）。

测试结论：由于初级绕组和次级绕组与铁心间的绝缘电阻均为无穷大，说明变压器的绝缘性正常。

第9章 晶振现场检测维修实操

晶振是电路的心脏，它为电路提供稳定的工作时钟信号；因此几乎在所有的电子电路中都要用到晶振。本章中我们将详细了解晶振特性、工作原理、在电路中的应用特点以及检测代换方法，为维修电路中的元器件故障奠定知识和技能基础。

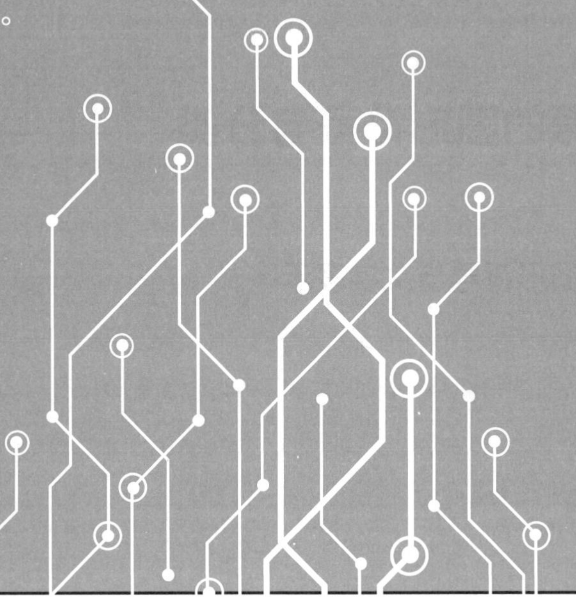

晶振是晶体振荡器（有源晶振）和晶体谐振器（无源晶振）的统称，其作用在于产生原始的时钟频率，这个频率经过频率发生器的放大或缩小后就成了电路中各种不同的总线频率。通常无源晶振需要借助于时钟电路才能产生振荡信号，自身无法振荡起来。有源晶振是一个完整的谐振振荡器。

晶振是一种能把电能和机械能相互转化的晶体，在通常工作条件下，普通的晶振频率绝对精度可达百万分之五十，可以提供稳定、精确的单频振荡。利用该特性，晶振可以提供较稳定的脉冲，被广泛应用于微芯片时钟电路里。晶片多为石英半导体材料，外壳用金属封装。图 9-1 所示为电路中常见的晶振。

图 9-1　电路中常见的晶振

9.1 晶振的图形符号与分类

9.1.1　晶振的图形符号与文字表示

晶振是电子电路中最常用的电子元件之一，一般用字母“X”“G”或“Y”表示，单位为 Hz。在电路图中每个电子元器件都有其电路图形符号，晶振的电路图形符号如图 9-2 所示。

图 9-2　晶振的电路图形符号

9.1.2　晶振的分类

常见的晶振主要分为恒温晶体振荡器、温度补偿晶体振荡器、普通晶体振荡器、压控晶体振荡器等。

1. 恒温晶体振荡器

恒温晶体振荡器（OCXO）是一种将晶体置于恒温槽内，通过设置恒温工作点，使槽体保持恒温状态，在一定范围内不受外界温度影响，达到稳定输出频率效果的晶振。OCXO 的主要优点是频率温度特性在所有类型晶振中是最好的，由于电路设计精密，其短稳和相位噪声都较好。不足之处在于消耗功耗大、体积大，使用时还需预热 5 min。OCXO 主要用于各种类型的通信设备、数字电视及军工设备等。图 9-3 所示为恒温晶体振荡器内部结构及外形图片。

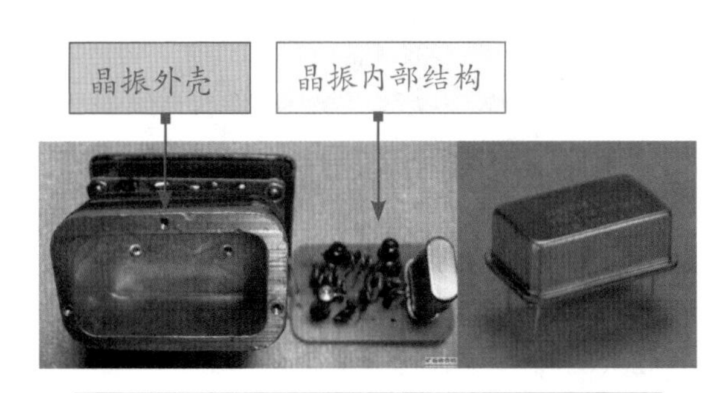

图 9-3　恒温晶体振荡器内部结构及外形

2. 温度补偿晶体振荡器

温度补偿晶体振荡器（TCXO）是一种通过感应环境温度，将温度信息做适当变换后控制输出频率的晶振。图 9-4 所示为温度补偿晶体振荡器。

TCXO 的输出频率会随着温度的不同有一些微小的变化，但是这个变化会弥补其他元件随温度产生的变化，让整体的变化减小。

图 9-4　温度补偿晶体振荡器

3. 普通晶体振荡器

普通晶体振荡器（SPXO）是一种简单的晶体振荡器，通常称为钟振，是一种完全由晶体自由振荡完成工作的晶振。图 9-5 所示为普通晶体振荡器。

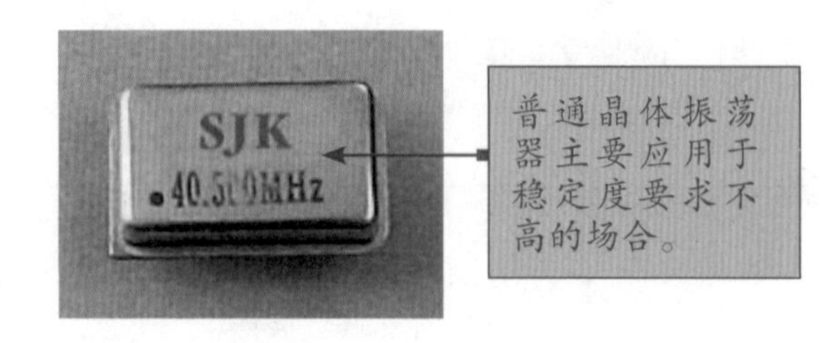

图 9-5　普通晶体振荡器

4. 压控晶体振荡器

压控晶体振荡器（VCXO）是一种通过红外控制电压使振荡效率可变或可调的石英晶体振荡器，前面提到的三种晶振也可以带压控端口。图 9-6 所示为压控晶体振荡器。

图 9-6　压控晶体振荡器

9.2 晶振的工作原理及作用

晶振具有压电效应，即在晶片两极外加电压，晶体会产生变形，反过来如外力使晶片变形，则两极上金属片又会产生电压。如果给晶片加上适当的交变电压，晶片就会产生谐振（谐振频率与石英斜面倾角等有关系，且频率一定）。晶振是一种能把电能和机械能相互转化的晶体，在通常工作条件下，普通的晶振频率绝对精度可达百万分之五十，可以提供稳定、精确的单频振荡。利用该特性，晶振可以提供较稳定的脉冲，被广泛应用于微芯片时钟电路里。晶片多为石英半导体材料，外壳用金属封装。

晶振常与主板、南桥、声卡等电路连接使用，晶振可比喻为各板卡的“心跳”发生器，如果主卡的“心跳”出现问题，必定会使其他各电路出现故障。

9.3 从电路板和电路图中识别晶振

9.3.1 从电路板中识别晶振

晶振是电路中常见的元器件之一，在电路中被广泛的使用。图 9-7 所示为电路中的晶振。

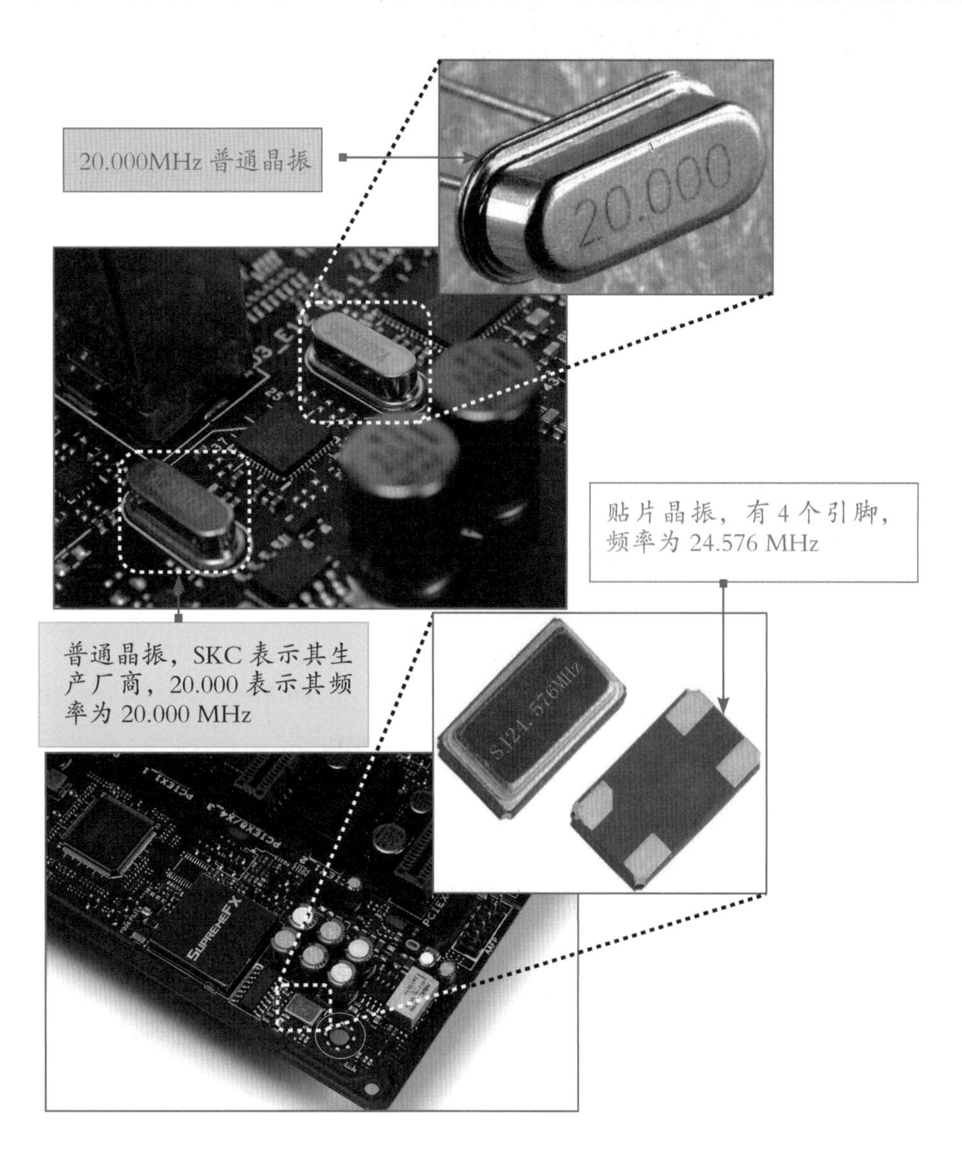
20.000MHz 普通晶振
20.000
普通晶振，SKC 表示其生产厂商，20.000 表示其频率为 20.000 MHz
贴片晶振，有 4 个引脚，频率为 24.576 MHz
SJ24.576MHz

图 9-7 电路中的晶振

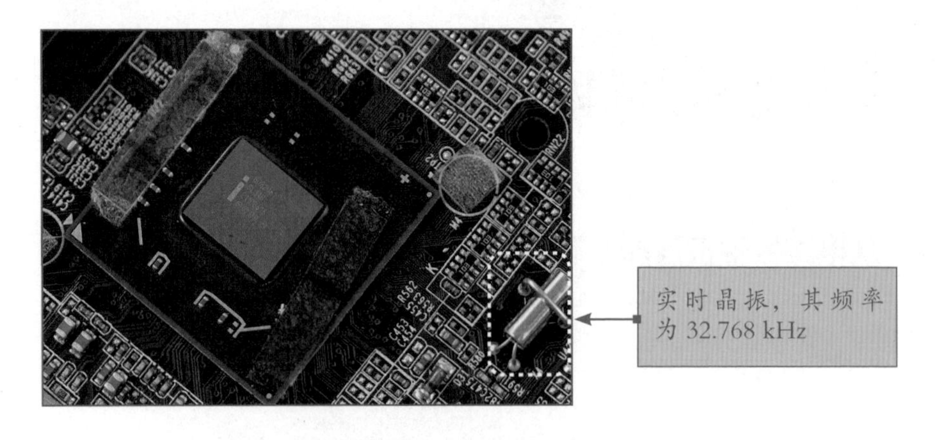
实时晶振，其频率为 32.768 kHz

图 9-7　电路中的晶振（续）

9.3.2　从电路图中识别晶振

维修电路时，通常需要参考电器设备的电路原理图来查找问题，下面结合电路图来识别电路图中的晶振。图 9-8 所示为电路图中的晶振。

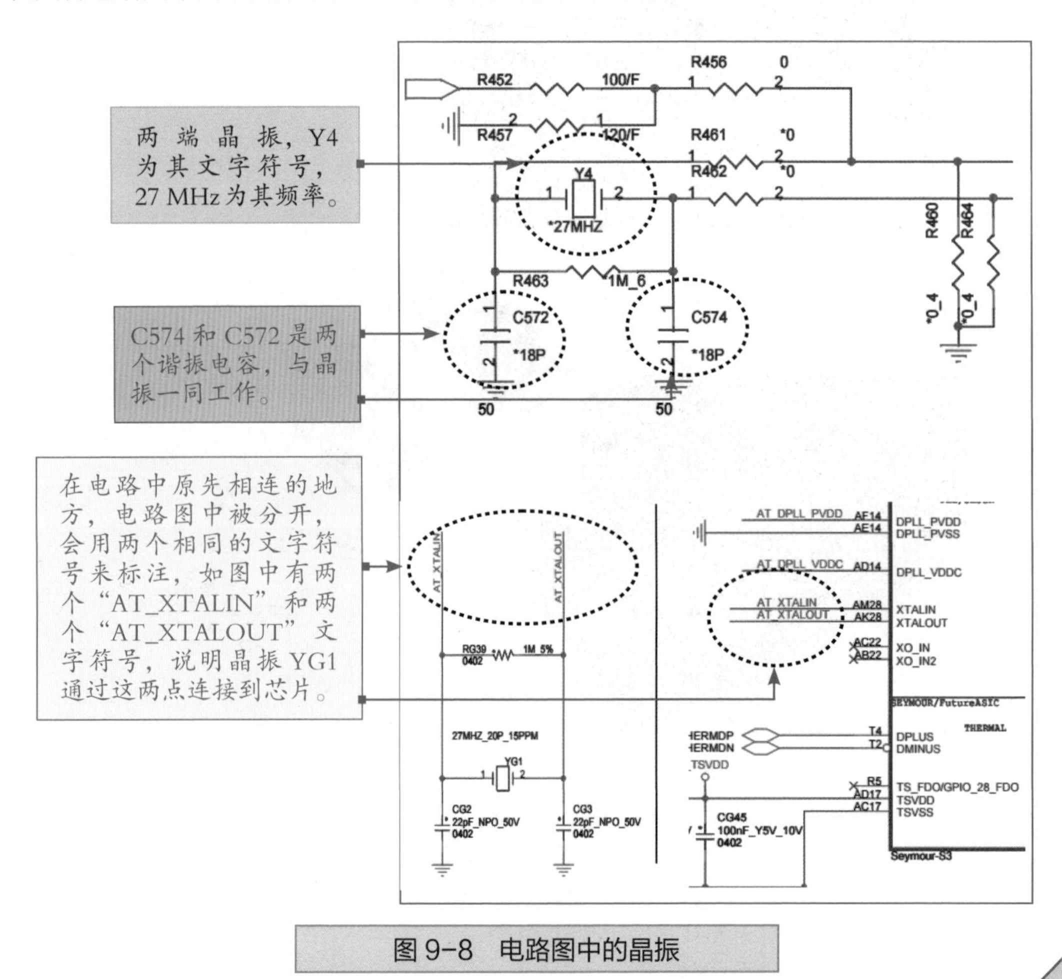
两端晶振，Y4 为其文字符号，27 MHz 为其频率。
C574 和 C572 是两个谐振电容，与晶振一同工作。
在电路中原先相连的地方，电路图中被分开，会用两个相同的文字符号来标注，如图中有两个“AT_XTALIN”和两个“AT_XTALOUT”文字符号，说明晶振 YG1 通过这两点连接到芯片。

图 9-8　电路图中的晶振

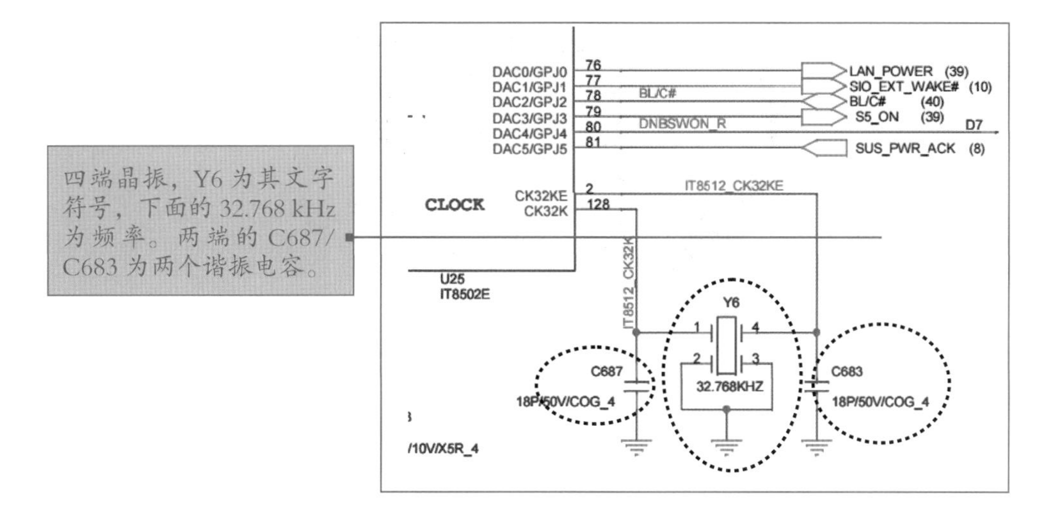

图 9-8　电路图中的晶振（续）

9.4 晶振常见故障诊断

9.4.1　晶振内部漏电故障诊断

晶振内部漏电故障诊断方法如图 9-9 所示。

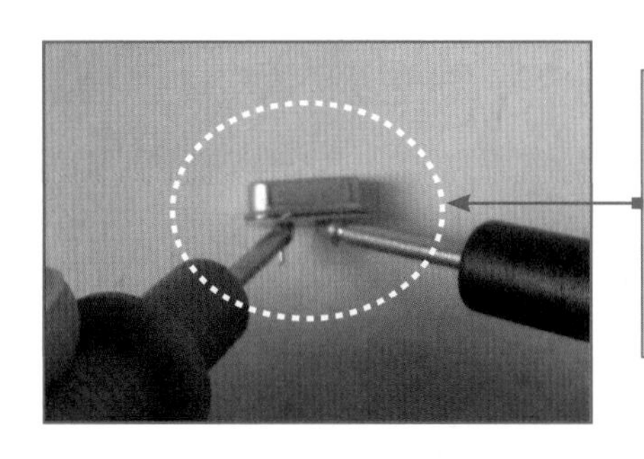

用万用表欧姆挡 R×10 k 进行检测，若检测到待测晶振的电阻为无穷大，则说明该晶振正常；若其阻值则为 0 或者阻值接近 0，则说明该晶振内部漏电。

图 9-9　晶振内部漏电故障诊断

9.4.2　晶振内部开路故障诊断

晶振内部开路故障诊断方法如图 9-10 所示。

（1）内部开路的晶振在电路中是不能产生振荡脉冲的。如果用专业的测试仪器来测量振荡脉冲，测试仪器上会显示为OPEN，这说明晶振内部开路了。

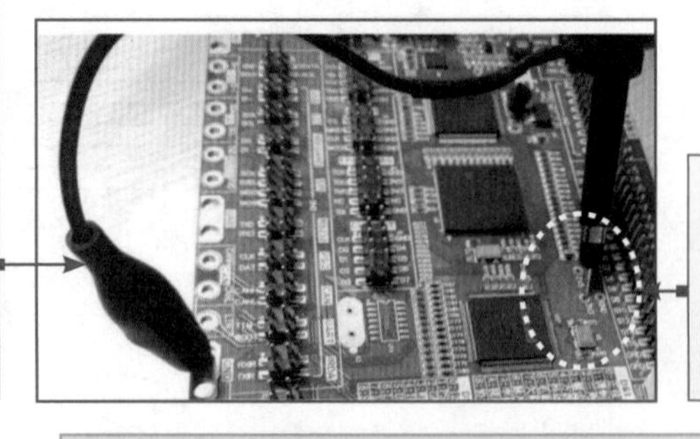

（2）晶振出现内部开路的故障时，用万用表测其电阻值，测量值可能是无穷大，但是这不表示该晶振没有问题。

图 9-10　晶振内部开路故障诊断方法

9.4.3　晶振频偏故障诊断

频偏是指出现晶振时钟频率偏离其标称值的时钟频率，频偏时晶振还有振荡脉冲，但是振荡脉冲的数量会出现错误，其所在的系统电路也不能正常工作。晶振频偏故障的诊断方法如图 9-11 所示。

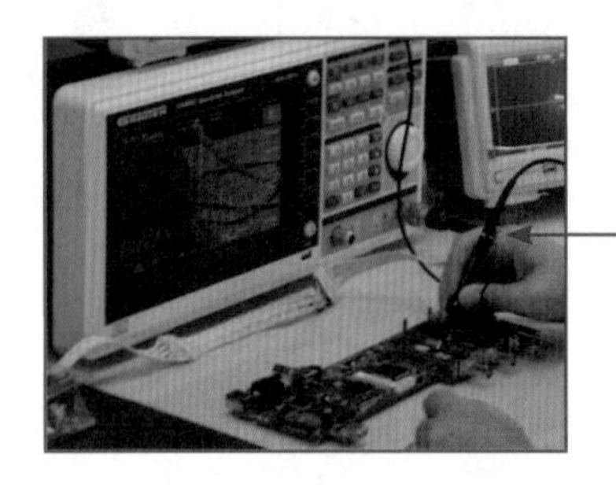

当电路工作频率不正常时，可以用示波器或频率仪进行测量。如果电路中心频率正偏时，可以增加晶振外接谐振电容的值。如果电路中心频率负偏时，可以减少晶振外接谐振电容的值。如果晶振被摔，发生频偏，直接更换晶振即可。。

图 9-11　晶振频偏故障的诊断方法

9.5 晶振好坏的检测方法

9.5.1　用万用表欧姆挡检测晶振好坏

用万用表欧姆挡检测晶振的方法如图 9-12 所示。

若测量值为无穷大，可能正常；若阻值很小，则晶振内部可能短路或漏电。

注意：如果晶振内部出现开路的情况，测量的电阻值也为无穷大。所以，如果测量的阻值为无穷大，最好再通过示波器测量其频率来判断好坏。

提示：可以通过在路测量晶振两个引脚的对地阻值判断，如果对地阻值很小（小于 50 Ω），则可能是与晶振连接的谐振电容或控制芯片损坏。

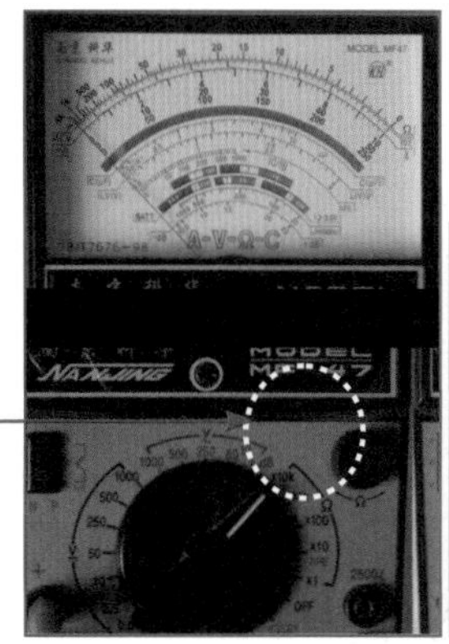

第 1 步：将指针万用表调整到欧姆挡的 R×10k 挡，并进行调零。

第 2 步：将万用表两表笔接晶振两个引脚，测量晶振两端的电阻值。

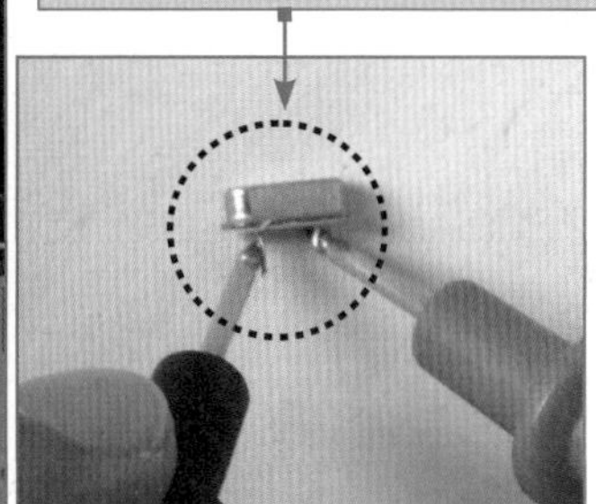

图 9-12　检测晶振两脚阻值

9.5.2　通过测量晶振电压判断晶振好坏

通过测量晶振电压检测晶振的方法如图 9-13 所示。

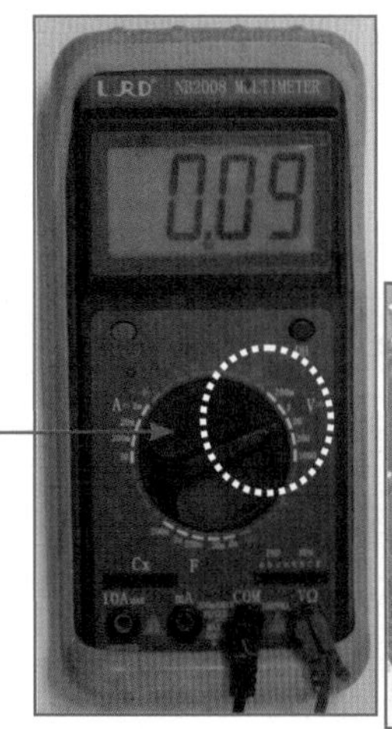

第 1 步：将万用表调整到直流电压挡的 2V 挡。

第 2 步：在路测量晶振两个引脚的对地电压值，然后比较它们之间的电压差。

图 9-13　通过测量晶振电压检测晶振的方法

总结：正常情况下，两次测量的电压应有一个压差（零点几伏的压差），如果两次测量的结果完全一样或相差非常小，说明该晶振已发生损坏。

9.6 晶振代换方法

由于晶振的工作频率及所处的环境温度普遍都比较高，所以晶振比较容易出现故障。通常在代换晶振时都要用同型号、同规格的新品进行代换，因为相当一部分电路对晶振的要求都是非常严格的，否则将无法正常工作，如图 9-14 所示。

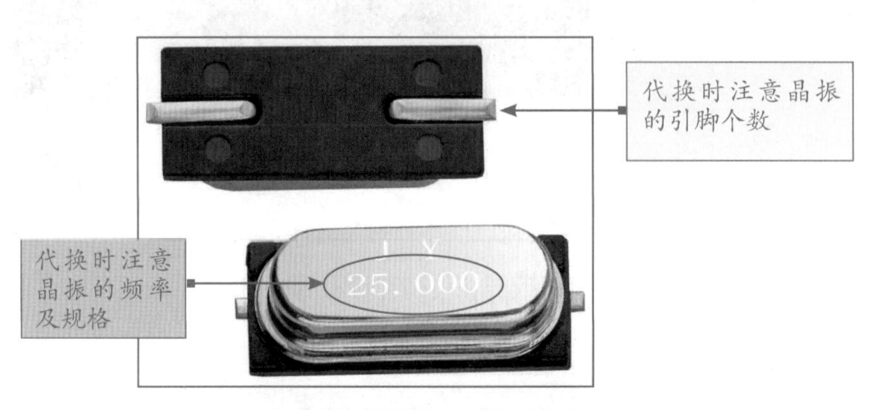
代换时注意晶振的引脚个数
代换时注意晶振的频率及规格
25.000

代换时注意晶振的引脚个数。
代换时注意晶振的频率及规格。
ISXO-3E
24.576MHz
ITC G25

图 9-14 晶振的代换方法

9.7 晶振现场检测实操

9.7.1 晶振现场检测实操（电压法）

检测晶振的好坏可以通过阻值或频率来判断，也可以通过两脚的电压来判断。下面详细讲解通过测量晶振引脚的电压检测晶振好坏的方法。

晶振两脚对地电压的检测方法如图 9-15 所示。

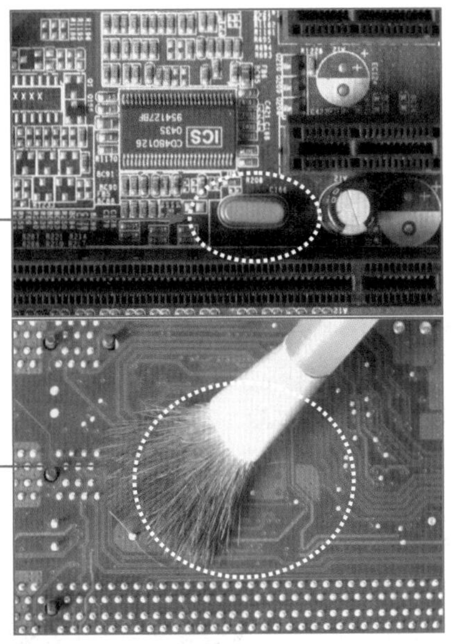

第 1 步：检查待测晶振的外观，看待测晶振是否烧焦或有针脚断裂等明显的物理损坏。

第 2 步：清洁待测晶振的引脚，以避免因油污的隔离作用而影响测量的准确性。

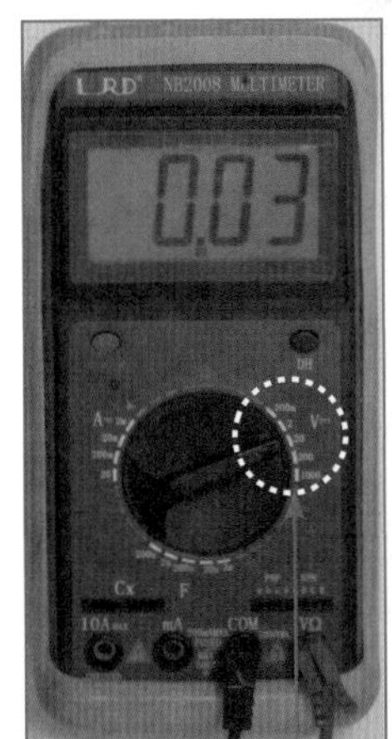

第 4 步：将数字万用表的红表笔接晶振的其中一个引脚，黑表笔接地；观察读数为 0.03。

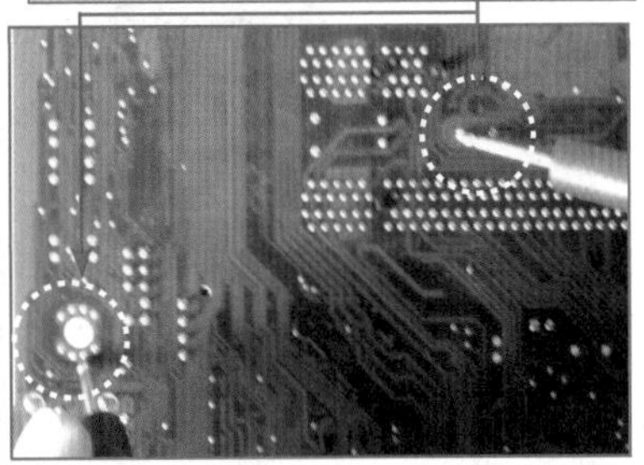

第 3 步：选用直流电压的量程 2。

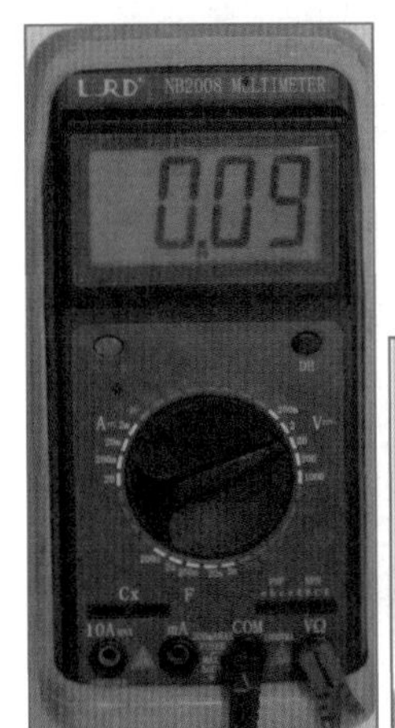

第 5 步：将数字万用表的红表笔接晶振的另一个引脚，黑表笔接地；观察读数为 0.09。

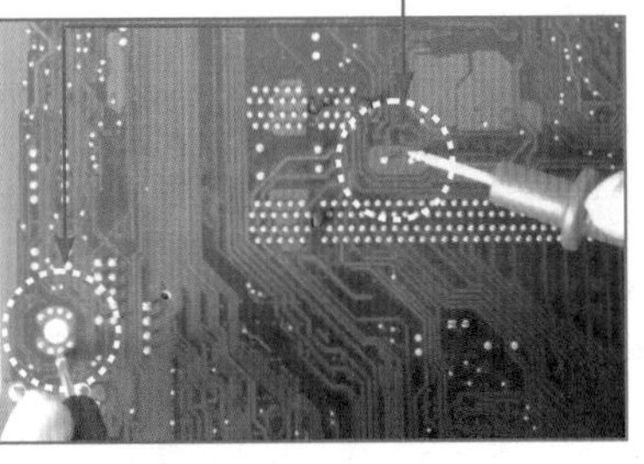

图 9-15　晶振两脚对地电压的检测方法

总结：由于两次测量的电压差为 0.06，说明晶振正常。如果两次测量的结果完全一样，说明该晶振已经损坏。

9.7.2 晶振现场检测实操（电阻法）

本例中将用指针万用表开路检测晶振的电阻值，通过电阻值来判断晶振的好坏。

用指针万用表开路检测晶振的方法如图 9-16 所示。

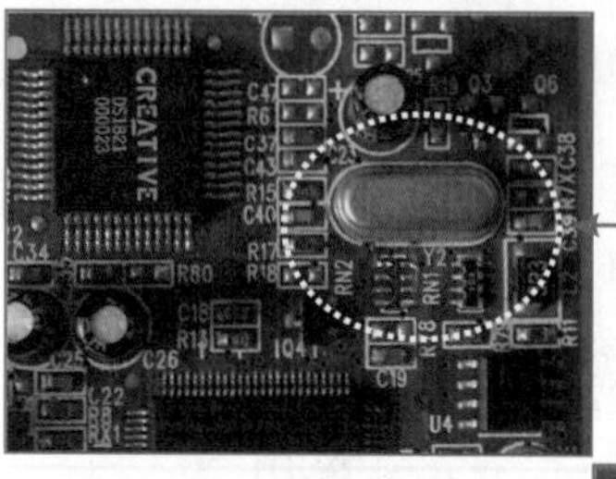

第 1 步：检查待测晶振是否烧焦或有针脚断裂等明显的物理损坏。

第 2 步：用电烙铁将待测晶振从电路板上焊下，将晶振的两引脚清洁干净，以避免污物的隔离作用而影响检测结果。

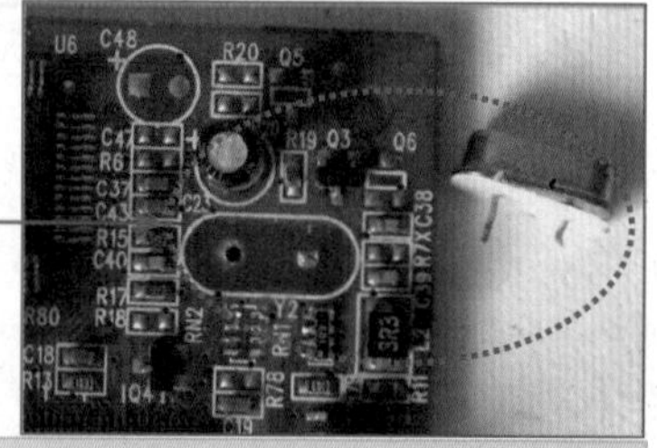

第 3 步：选用 R×10k 挡并调零，将两表笔任意接在晶振的两引脚上测量；观察表盘读数为无穷大。

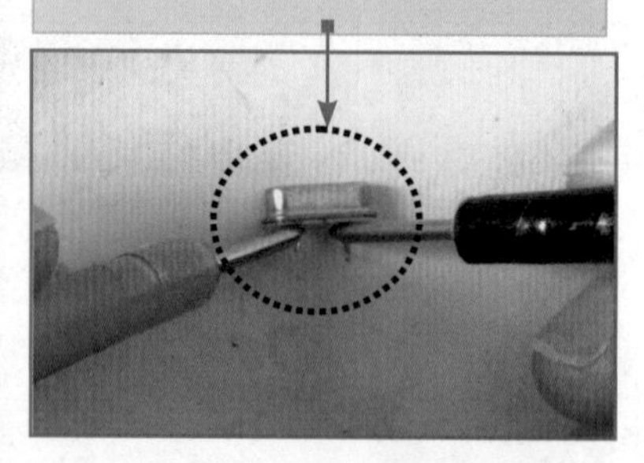

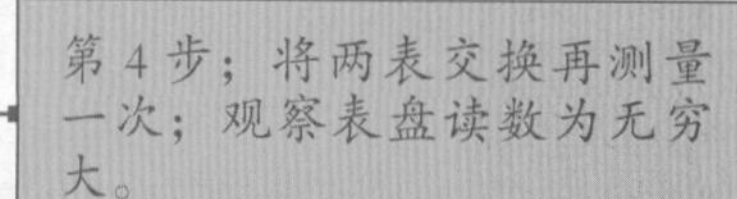

第 4 步；将两表交换再测量一次；观察表盘读数为无穷大。

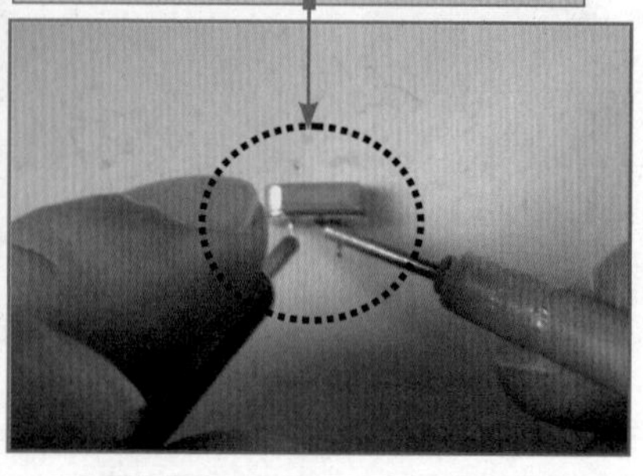

总结：两次所测的结果均应为无穷大，说明晶振未发生漏电或短路故障。

图 9-16　用指针万用表开路检测晶振的方法

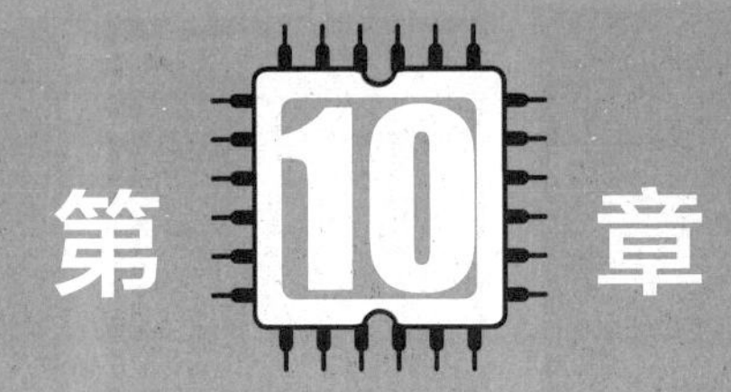

集成电路现场检测维修实操

我们在电路板上看到的各种黑色长方形或方形的元器件一般都是集成电路。它的好坏直接影响电路的正常运行，因此掌握各种集成电路的特性、参数、故障诊断方法以及检测代换方法对提升电路维修效率非常重要。

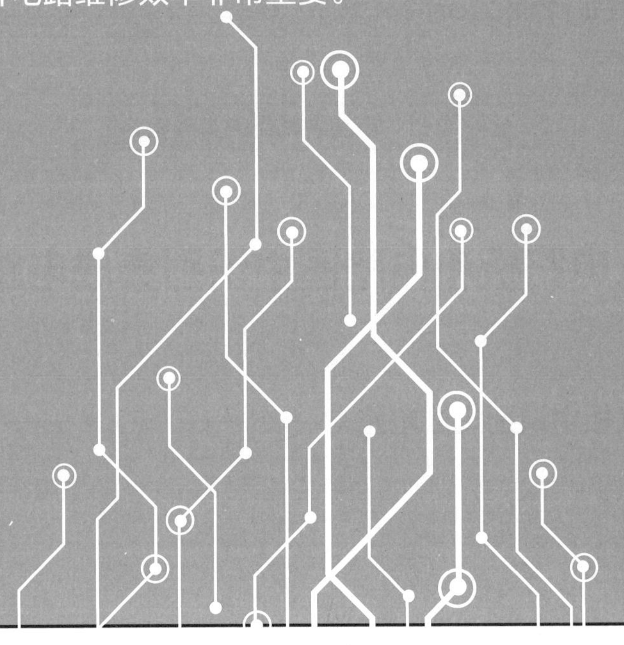

集成电路（integrated circuit）是一种微型电子器件或部件。采用一定的工艺，把一个电路中所需的晶体管、电阻、电容和电感等元件及布线互连一起，制作在一小块或几小块半导体晶片或介质基片上，然后封装在一个管壳内，成为具有所需电路功能的微型结构。集成电路通常是一个电路中最重要的元件，它影响着整个电路的正常运行。图 10-1 所示为电路中常见的集成电路。

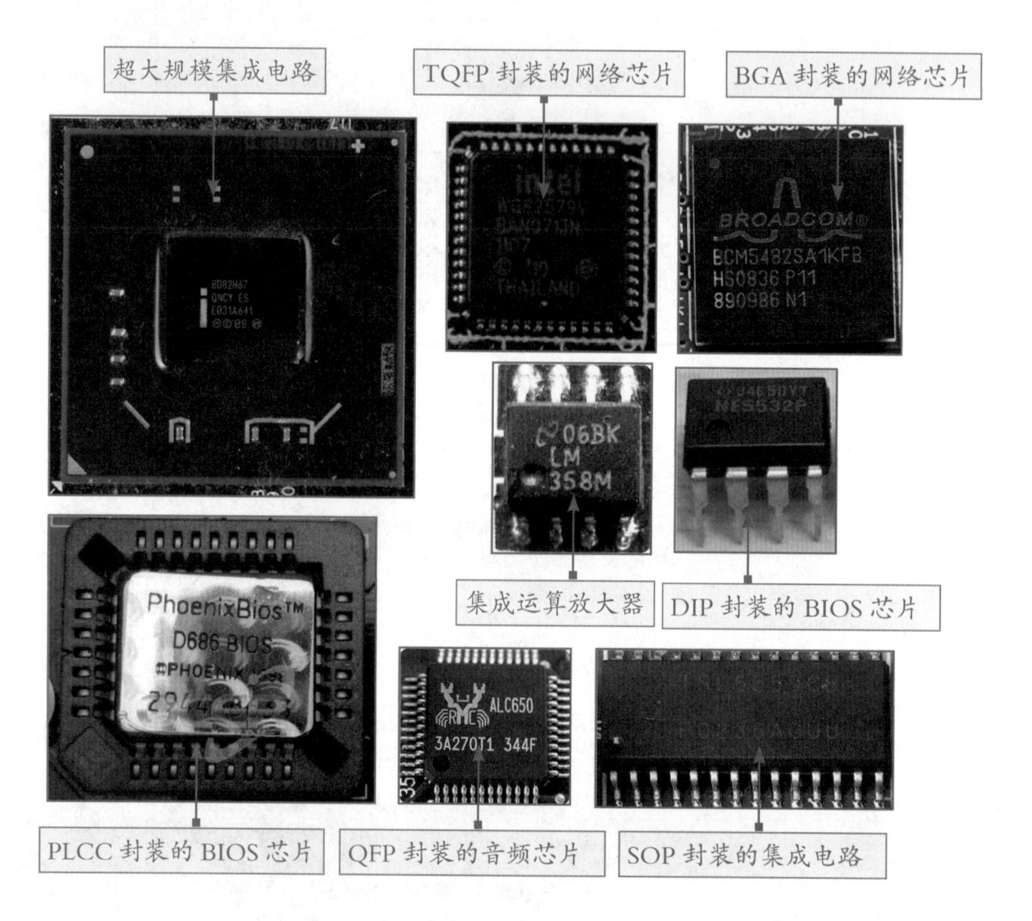

图 10-1　电路中常见的集成电路

10.1 从电路板和电路图中识别集成电路

10.1.1 从电路板中识别集成电路

集成电路是电路中重要的元器件之一，在电路中被广泛的使用。图 10-2 所示为电路中的集成电路。

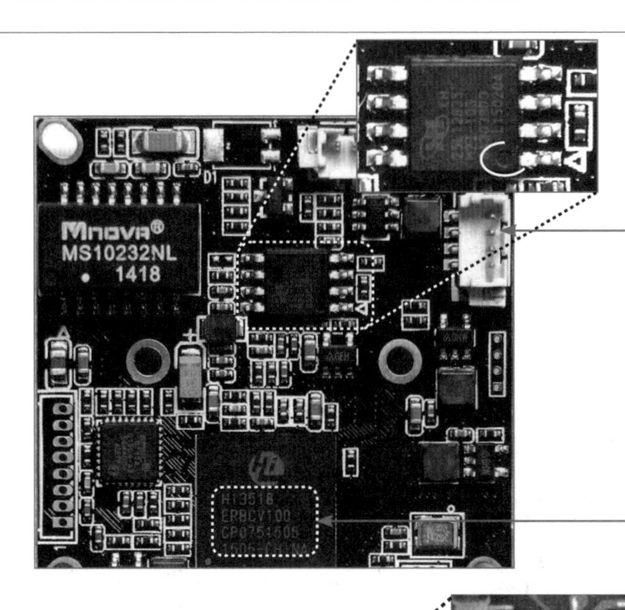

此小坑为芯片第 1 引脚的标识。

芯片上的文字为芯片的型号、厂商、生产日期等信息。

芯片上的小圆点和电路板上的三角为芯片第 1 脚的标识。

芯片上的三角也同样是用来标识引脚的。

图 10-2　电路中的集成电路

10.1.2 从电路图中识别集成电路

维修电路时，通常需要参考电器设备的电路原理图来查找问题，下面结合电路图来识别电路图中的集成电路。集成电路一般用“X”“Y”“G”等文字符号来表示。图 10-3 为电路图中的集成电路。

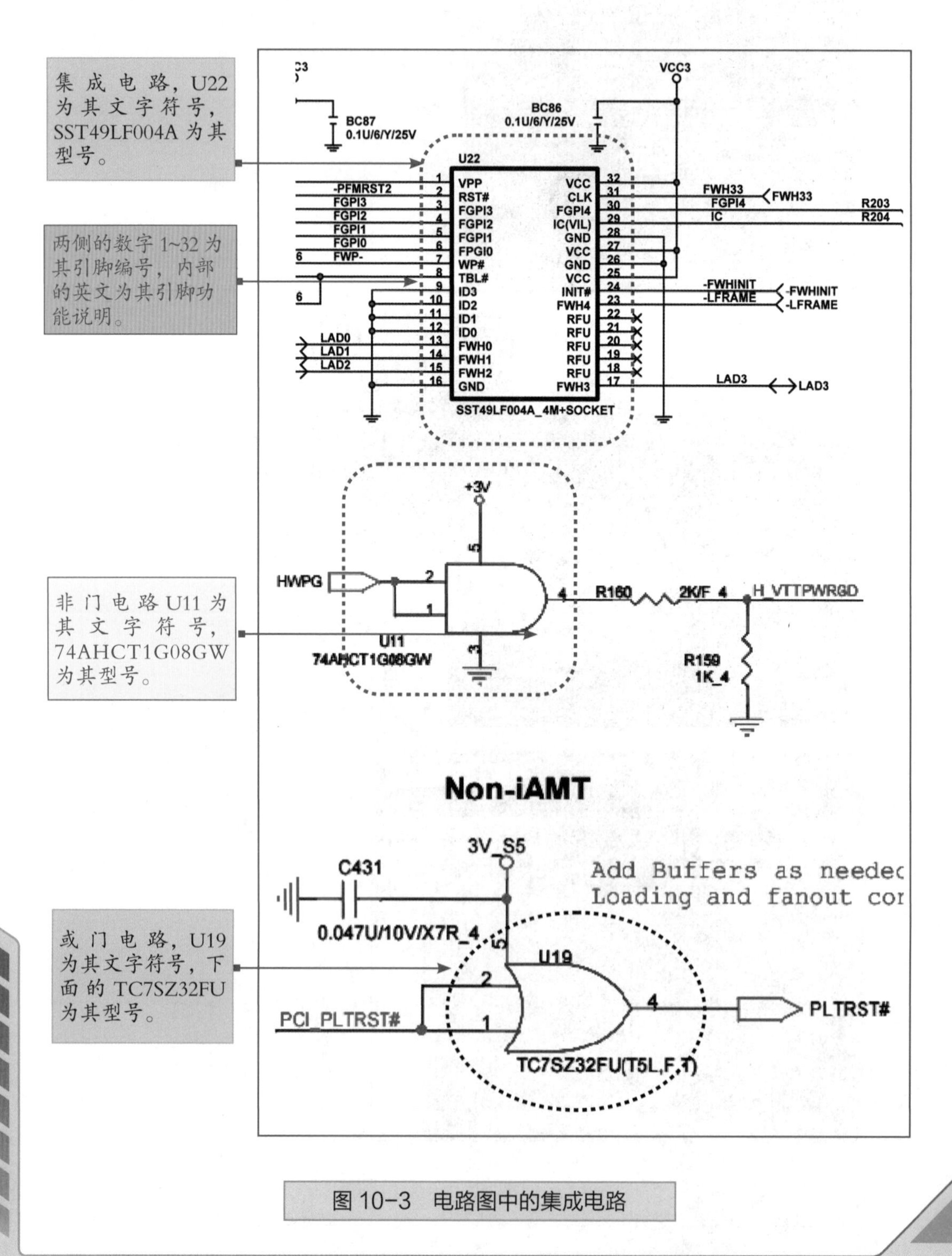

图 10-3　电路图中的集成电路

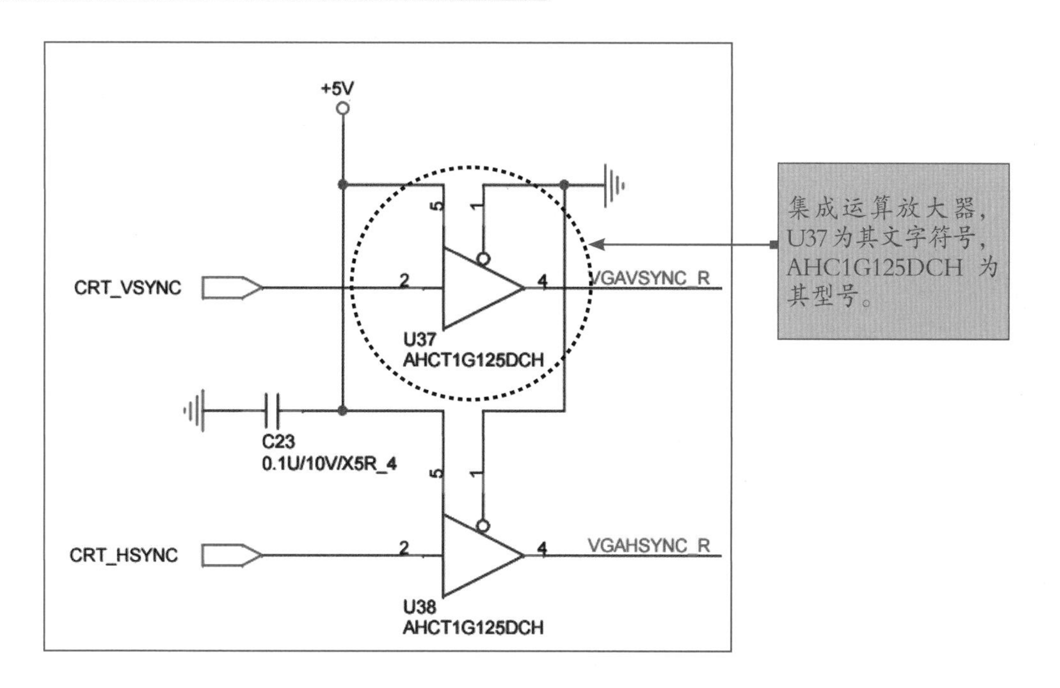

图 10-3　电路图中的集成电路（续）

10.2 集成电路的分类

1. 按制作工艺分类

按照制作工艺的不同，集成电路可分为半导体集成电路、膜集成电路和混合集成电路。

（1）半导体集成电路：是一种将晶体管、二极管等有源元件和电阻器、电容器等无源元件，按照一定的电路互联，“集成”在一块半导体单晶片上所制成的具有某种电路功能的集成电路。

（2）膜集成电路：是一种在绝缘基片上，以“膜”的形式制作电阻、电容等无源器件（无源器件，在模拟和数字电路中施以外界信号，不会改变自己本身的基本特性），构成的具有某种电路功能的集成电路，分成有厚膜集成电路和薄膜集成电路。

（3）混合集成电路：是在基片上用成膜方法制作厚膜或薄膜元件及其互连线，并在同一基片上将分立的半导体芯片、单片集成电路或微型元件混合组装，再外加封装而成。

2. 按导电类型不同分类

集成电路按导电类型可分为单极型集成电路和双极型集成电路。

（1）单极型集成电路：工作速度低，输入阻抗高，功耗也较低，制作工艺简单，易于制成大规模集成电路。常见的单极型集成电路主要有 CMOS、NMOS、PMOS 等类型。

（2）双极型集成电路：频率特性较好，但制作工艺复杂，功耗较大常见的双极型集成电路主要有 HTL、LST-TL、ECL、TTL 及 STTL 等类型。

3. 按照集成度大小的不同分类

按照集成度大小的不同来分类，集成电路可分为：

（1）小型集成电路，元件数为 10 ~ 100；

（2）中型集成电路，元件数为 100 ~ 1 000；

（3）大规模集成电路，元件数为 1 000 ~ 100 000；

（4）超大规模集成电路，元件数在 100 000 以上。

4. 按其功能分类

按照集成电路所具有的功能不同，可将集成电路划分为模拟集成电路和数字集成电路两类。

（1）模拟集成电路

模拟集成电路主要是指由电容、电阻、晶体管等组成的模拟电路集成在一起用来产生、放大和处理各种模拟信号的。常见的模拟集成电路主要有：集成运算放大器、稳压集成电路、音响集成电路、电视集成电路、CMOS 集成电路及电子琴集成电路等。图 10-4 所示为电路中常用的集成运算放大器和集成稳压器。

（a）集成运算放大器

（b）集成稳压器

图 10-4 电路中常用的集成运算放大器和集成稳压器

（2）数字集成电路

数字集成电路是将元器件和连线集成于同一半导体芯片上而制成的，用来产生、放大和处理各种数字信号的数字逻辑电路或系统。常见的数字集成电路主要有：门电路、触发器、功能部件、存储器、微处理器及可编程器等。图 10-5 所示为电路中常用的门电路和微处理器。

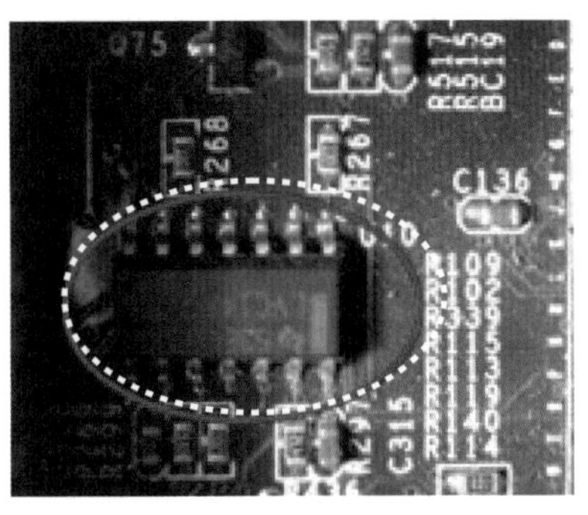

（a）门电路

（b）微处理器

图 10-5　电路中常用的门电路和微处理器

10.3 集成电路的重要参数

不同功能的集成电路，其参数项目各不相同，但多数集成电路均有最基本的几项参数，下面讲解集成电路常用的几种参数。

1. 额定电源电压

额定电源电压是指可以加在集成电路电源引脚与接地引脚之间的电压的极限值，使用中不允许超过此值；否则将会永久性损坏集成电路。

2. 静态工作电流

静态工作电流是指集成电路信号输入引脚不加输入信号的情况下，电源引脚回路中的电流大小，相当于三极管的集电极静态工作电流。该参数对确认集成电路故障具有重要意义。通常，集成电路的静态工作电流均给出典型值、最小值、最大值 3 个指示指标。

3. 允许功耗

允许功耗是指集成电路正常工作所能承受的最大耗散功率，主要用于功率放大器集成电路。

4. 最大输出功率

集成电路的最大输出功率是指信号的失真度为额定值时，集成电路输出引脚所输出的电信号功率。该参数主要针对功率放大集成电路。

5. 工作环境温度限制

工作环境温度限制是指集成电路能维持正常工作的最低和最高环境温度。如果超过或低于这个限度集成电路都不能良好的工作。

6. 储存温度

储存温度是指集成电路在储存状态下的最低温度和最高温度。

7. 增益

增益是指集成电路放大器的放大能力，通常标出开环增益和闭环增益两项，也分为典型值、最小值、最大值 3 个指标。一般集成电路的增益都不能用万用表进行测量，只能使用专门的测量仪器。

10.4 集成电路的引脚分布

在集成电路的检测、维修、替换过程中，经常需要对某些引脚进行检测。而对引脚进行检测，首先要对引脚进行正确的识别，必须结合电路图能找到实物集成电路上相对应的引脚。无论哪种封装形式的集成电路，引脚排列都会有一定的排列规律，可以依靠这些规律迅速进行判断。

10.4.1 DIP 封装、SOP 封装集成电路的引脚分布规律

DIP 封装、SOP 封装集成电路的引脚分布规律如图 10-6 所示。

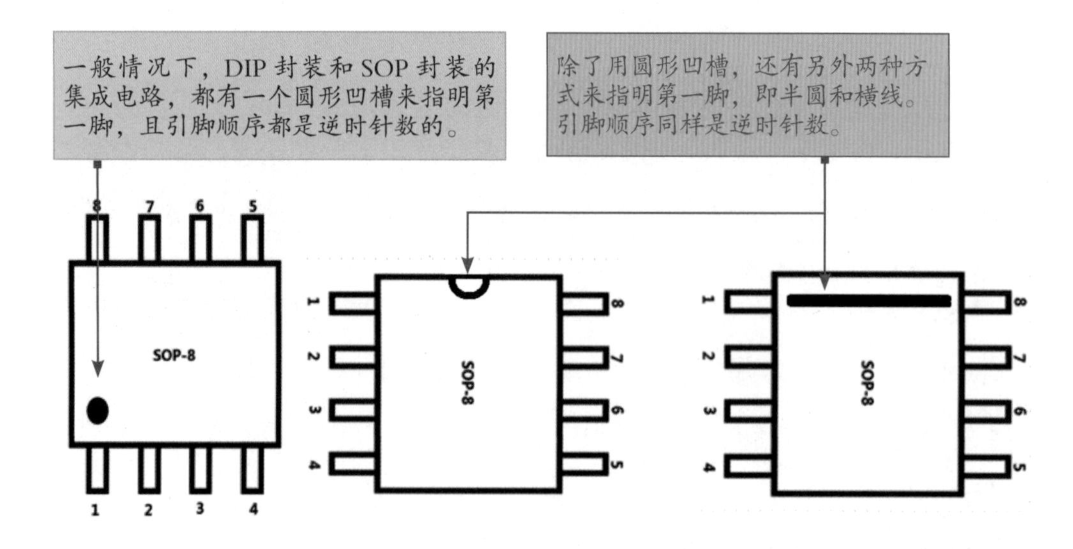

图 10-6 DIP 封装、SOP 封装的集成电路的引脚分布规律

10.4.2　TQFP 封装集成电路的引脚分布规律

TQFP 封装的集成电路的引脚分布规律如图 10-7 所示

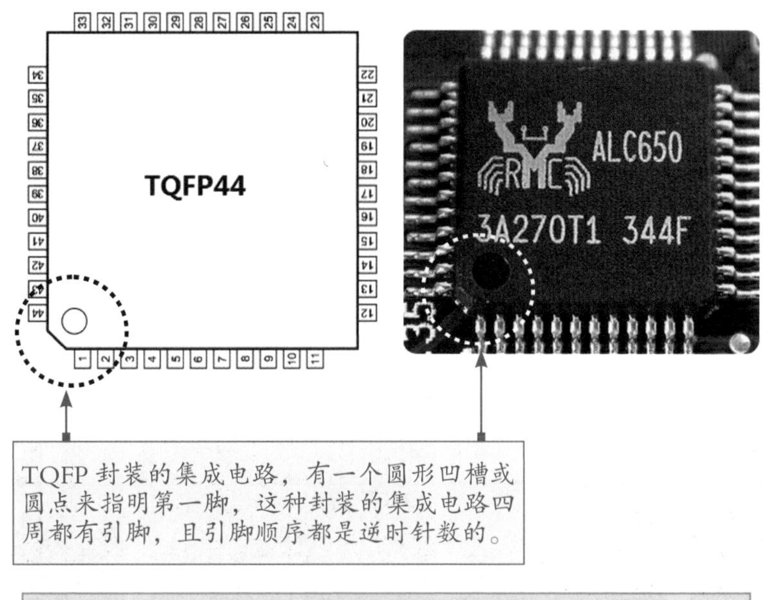

TQFP44
ALC650
3A270T1 344F
TQFP 封装的集成电路，有一个圆形凹槽或圆点来指明第一脚，这种封装的集成电路四周都有引脚，且引脚顺序都是逆时针数的。

图 10-7　TQFP 封装的集成电路的引脚分布规律

10.4.3　BGA 封装集成电路的引脚分布规律

BGA 封装的集成电路的引脚分布规律如图 10-8 所示。

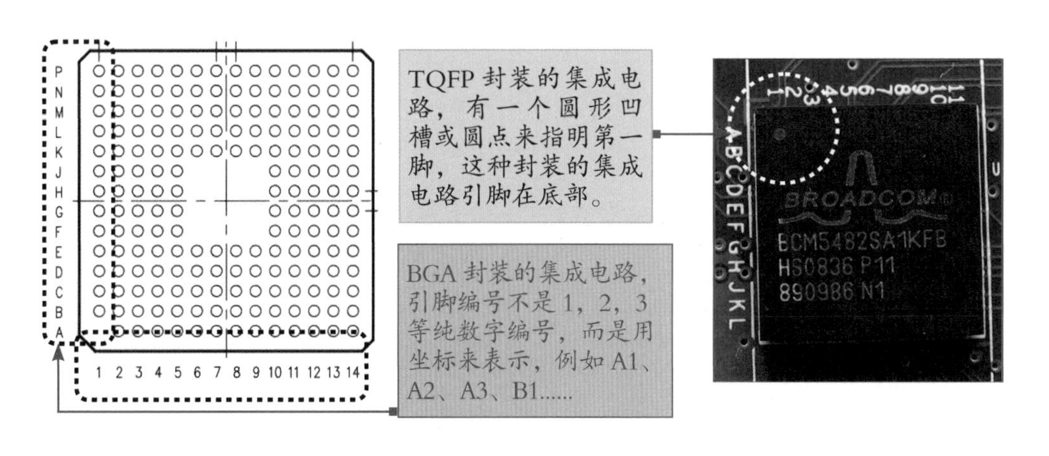

图 10-8　BGA 封装的集成电路的引脚分布规律

10.5 常见集成电路

10.5.1 集成稳压器

集成稳压器又称集成稳压电路，是一种将不稳定直流电压转换成稳定的直流电压的集成电路。与用分立元件组成的稳压电源相比，集成稳压器具有稳压精度高、工作稳定可靠、外围电路简单，体积小、重量轻等显著优点。集成稳压器一般分为多端式（稳压器的外引线数目超过三个）和三端式（稳压器的外引线数目为三个）两类。图 10-9 所示为电路中常见的集成稳压器。

图 10-9 集成稳压器

在电路图中集成稳压器常用字母“Q”表示，电路图形符号如图 10-10（a）所示为多端式，图 10-10（b）所示为三端式。

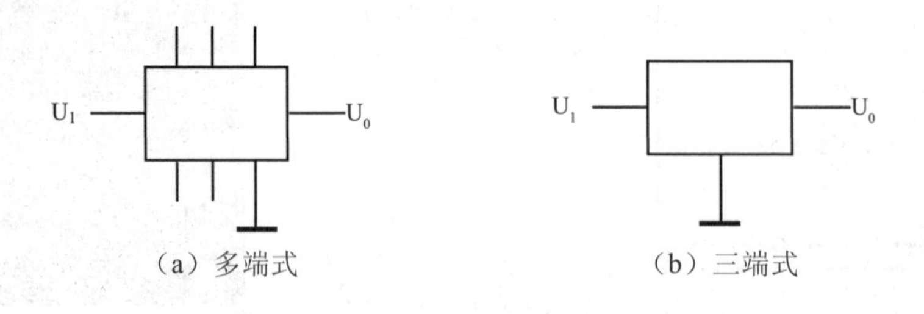

图 10-10 稳压器的电路图形符号

10.5.2 集成运算放大器

集成运算放大器（Integrated Operational Amplifier），简称集成运放，由多级直接耦合放大电路组成的高增益（对元器件、电路、设备或系统，其电流、电压或功率增加的程度）模拟集成电路。集成运算放大器通常结合反馈网络共同组成某种功能模块，可以进行信号放大、信号运算、信号的处理（滤波、调制）以及波形的产生和变换等功能。图 10-11 所示为电路中常见的集成运算放大器。

图 10-11　电路中常见的集成运算放大器

在电路中集成运算放大器常用字母“U”表示，常用的电路图形符号如图 10-12 所示。

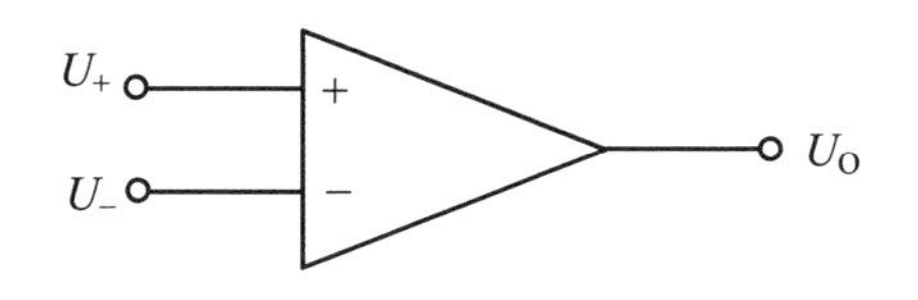

图 10-12　集成运算放大器的电路图形符号

10.5.3　门电路

用以实现基本逻辑运算和复合逻辑运算的单元电路称为门电路。门电路可以有一个或多个输入端，但只有一个输出端。只有加在输入端的各个输入信号之间满足某种逻辑关系时，才有信号输出。凡是对脉冲通路上的脉冲起着开关作用的电子线路称为门电路，是基本的逻辑电路。电路中的门电路主要有与门、或门、非门、与非门和或非门等。从逻辑关系看，门电路的输入端或输出端只有两种状态，无信号以“0”表示，有信号以“1”表示（有时也会用高电平或低电平来表示）。

1. 与门

与门又称为“与电路”，是执行“与”运算的基本门电路。有两个或两个以上的输入端，只有一个输出端。只有当所有的输入信号同时为“1”时，输出端信号才为“1”，只要有一个输入信号为“0”，输出信号即为“0”。图 10-13 所示为与门电路图形符号。

与门的关系式为 Y=AB，即只要输入端 A 和 B 中有一个为“0”时，Y 即为“0”；而所有输入端均为“1”时，Y 才为“1”。

2. 或门

或门又称为“或电路”，是执行“或”运算的基本门电路。有两个或两个以上的输入端，只有一个输出端。只要输入信号中有一个为“1”，输出信号就为“1”，只有当所有的输入信号全为“0”，输出信号才为“0”。图 10-14 所示为或门电路图形符号。

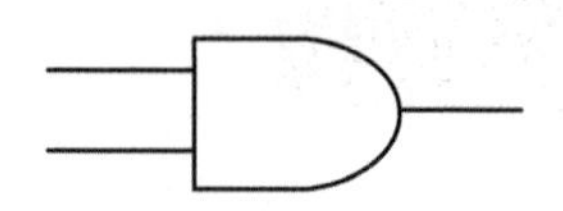

图 10-13 与门电路图形符号

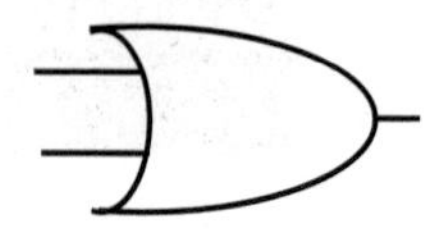

图 10-14 或门电路图形符号

或门的关系式为 Y=A+B，即只要输入端 A 和 B 中有一个为“1”时，Y 即为“1”；而所有输入端 A 和 B 均为“0”时，Y 才为“0”。

3. 非门

非门又称为“反相器”，是逻辑电路的重要基本单元，非门有输入和输出两个端，输出端的圆圈代表反相的意思。当其输入端为高电平时，输出端为低电平；当其输入端为低电平时，输出端为高电平。也就是说，输入端和输出端的电平状态总是反相的。图 10-15 所示为非门电路图形符号。

非门的关系式为 Y= $\overline{A}$，即输出端 Y 总是与输入端 A 相反，当输入端为低电平时，输出端为高电平；当输入端为高电平时，输出端为低电平。

4. 与非门

与非门是数字电子技术的一种基本逻辑电路，是与门和非门的叠加，有两个或两个以上输入端只有一个输出端。与非门的电路图形符号如图 10-16 所示。

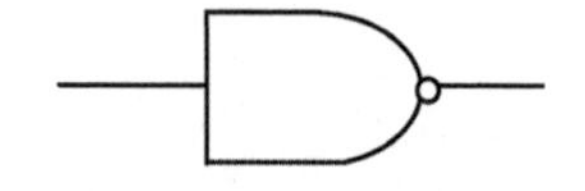

图 10-15 非门电路图形符号

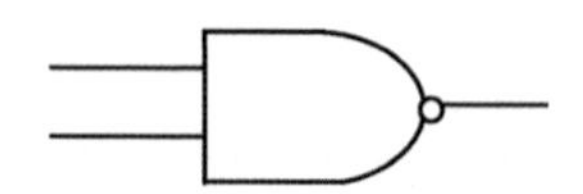

图 10-16 与非门的电路图形符号

与非门的关系式为 Y= $\overline{AB}$，即输入端 A 和 B 全部为“1”时，输出端 Y 为“0”；当输入端 A 和 B 有一个为“0”时，输出端为“1”。

5. 或非门

或非门是由或门和非门复合而成的门电路，或非门是一种对或取非的门电路。如果或逻辑输出为“1”，或非逻辑则变为“0”；如果或逻辑输出为“0”，或非逻辑则变为 1。图 10-17 所示为或非门电路图形符号。

或非门的关系式为 $Y=\overline{A+B}$，即输入端 A 和 B 全部为“0”时，输出端 Y 为“1”；当输入端 A 和 B 有一个为“1”时，输出端为“0”。

10.5.4 译码器

译码器是一个单输入、多输出的组合逻辑电路。它将二进制代码转换成为对应信息的器件。译码器在数字系统中，有广泛的用途。译码器主要分为变量译码和显示译码两类。变量译码一般是一种较少输入变为较多输出的器件，一般分为 2n 译码器和 8421BCD 译码器两类。显示译码主要解决二进制数显示成对应的十进制数或十六进制数的转换功能，一般可分为驱动 LED 和驱动 LCD 两类。图 10-18 所示为电路中常见的译码器。

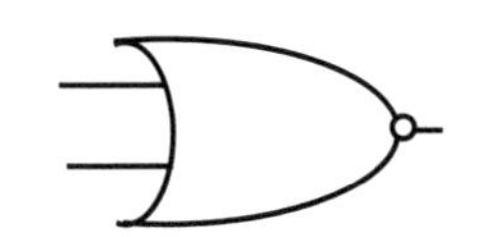

图 10-17　或非门电路符号

图 10-18　电路中常见的译码器

10.5.5 触发器

在各种复杂的数字电路中不但需要对二值信号进行数值运算和逻辑运算，还经常需要将运算结果保存下来，为此需要使用具有记忆功能的基本逻辑单元。能够存储 1 位二值信号的基本单元电路统称为触发器。触发器的执行不经由程序的调用，也不用手动启动，而是由特定事件的触发后而行使功能的。例如，对一个表进行操作时就会激活它的执行。常用的触发器型号有以下几种。

1. RS 同步触发器

RS 同步触发器的工作状态不仅要由 R、S 端的信号来决定，同时还接有 CP 端用来调整触发器节拍翻转。只有在 CP 端上出现时钟脉冲时，触发器的状态才能变化。具有时钟脉冲控制的触发器状态的改变与时钟脉冲同步，所以称为同步触发器。图 10-19 所示为 RS 同步触发器的引脚图。

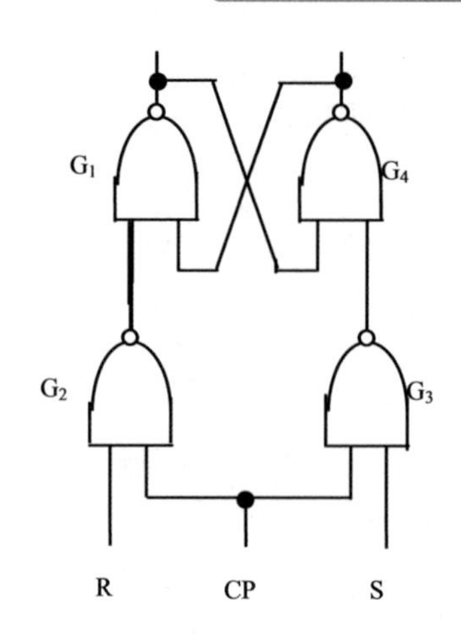

图 10-19　RS 同步触发器

当图 10-19 所示电路中 CP = 0 时，控制门 G_3、G_4 处于关闭状态，输出均为 1。此时，无论 R 端和 S 端的信号如何发生改变，触发器的状态都保持不变。当 CP = 1 时，G_3、G_4 打开，R 端和 S 端的输入信号才可以通过这两个门，使 RS 触发器的状态翻转，其输出状态由 R、S 端的输入信号决定。

2. 施密特触发器

施密特触发器也称为施密特与非门，该器件既具有普通“与非”门的特性，也可以接成施密特触发器使用。图 10-20 所示为 CD4093 型号的施密特触发器引脚图。通过观察可知，施密特触发器内部逻辑符号和“与非”门的逻辑符号有些不同，多了一个特殊的标记，那是对施密特触发器电压滞后特性的一个标明。常用它这个特性对脉冲波进行整形，使波形的上升沿或下降沿变得陡直；还可以用它来作电压幅度鉴别。在数字电路中，它也是很常用的器件。

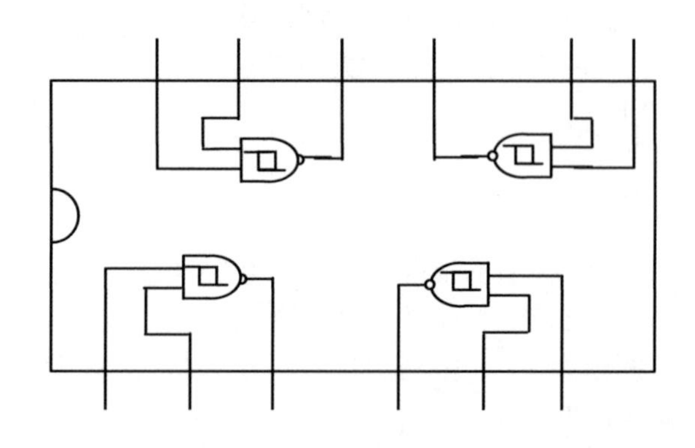

图 10-20　CD4093 型号的施密特触发器引脚图

3. JK 触发器

JK 触发器是数字电路触发器中的一种电路单元。它有两个数据输入端 J 和 K；另外还有一个时钟输入端 CP，用来控制是否接收输入信号。JK 触发器具有置 0、置 1、保持和翻转功能，在各类集成触发器中，JK 触发器的功能最为齐全。在实际应用中，它不仅有很强的通用性，而且能灵活地转换其他类型的触发器。由 JK 触发器可以构成 D 触发器和 T 触发器。图 10-21 所示为 JK 触发器的电路图形符号。

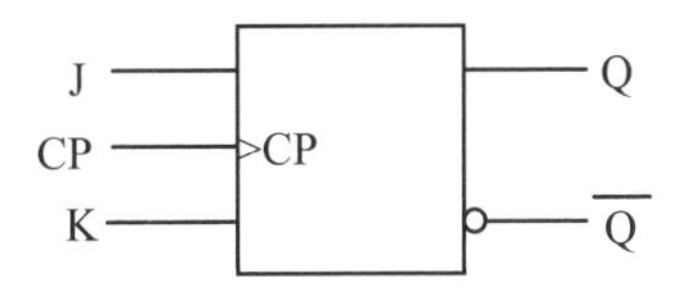

图 10-21　JK 触发器的电路图形符号

10.5.6　计数器

计数器是数字系统中应用最多的时序电路，计数器是一个记忆装置，能对输入的脉冲按一定的规则进行计数，并由输出端的不同状态予以表示。不仅如此，它还可以用于分频、定时、产生节拍脉冲和脉冲序列以及进行数字运算等。图 10-22 所示为一计数器芯片结构图。

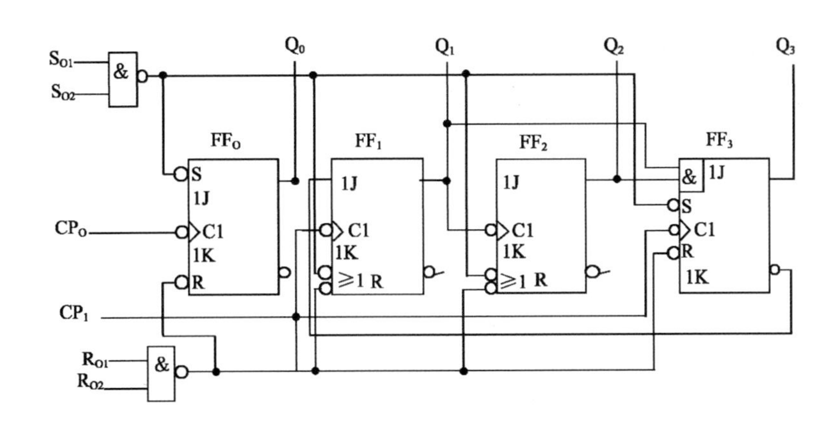

图 10-22　计数器芯片结构图

10.5.7　寄存器

数字电路中，用来存放二进制数据或代码的电路称为寄存器。寄存器是中央处理器内的重要组成部分，是有限存储容量的高速存储部件，可用来暂存指令、数据和位址。在中央处理器的算术及逻辑部件中，包含的寄存器有累加器（ACC）。而在中央处理器的控制部件中，包含的寄存器有指令寄存器（IR）和程序计数器（PC）。

10.6 集成电路常见故障诊断

电路中的集成电路一般会出现集成电路烧坏、引脚损坏或虚焊、内部局部电路损坏等故障。下面分别进行分析。

10.6.1 集成电路被烧坏故障诊断

集成电路被烧坏故障诊断方法如图 10-23 所示。

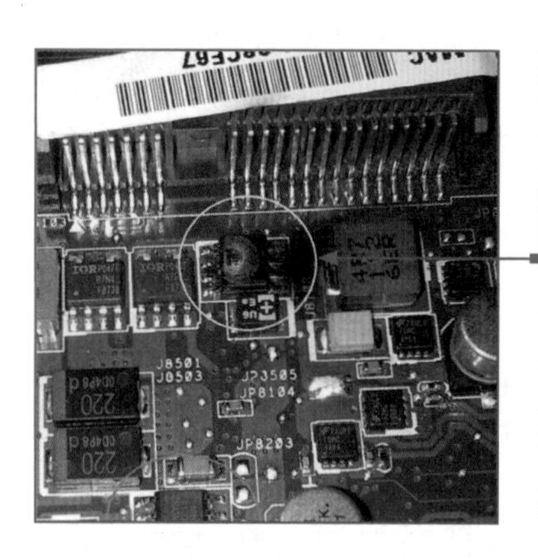

集成电路烧坏故障通常由过电压或过电流引起。集成电路烧坏后，从外表一般看不出明显的痕迹。严重时，集成电路可能会有烧出一个小洞或有一条裂纹之类的痕迹。集成电路烧坏后，某些引脚的直流工作电压也会明显变化，用常规方法检查能发现故障部位。集成电路烧坏是一种硬性故障，对这种故障的检修很简单：只能更换。

图 10-23　集成电路被烧坏故障诊断方法

10.6.2 集成电路引脚虚焊故障诊断

集成电路引脚虚焊故障诊断如图 10-24 所示。

集成电路引脚虚焊故障是常见现象，可能由于灰尘腐蚀或震荡造成引脚和电路板接触不良。对于此类故障通常用加焊锡的方法进行处理。

图 10-24　集成电路引脚虚焊故障诊断

10.6.3　集成电路内部局部电路损坏故障诊断

集成电路内部局部电路损坏故障诊断方法如图 10-25 所示。

当集成电路内部局部电路损坏时，相关引脚的直流电压会发生很大变化，检修中测量其电压很容易发现故障部位。对这种故障，通常应更换集成电路。

图 10-25　集成电路内部局部电路损坏故障诊断方法

10.7　集成电路的检测与代换方法

在维修集成电路时，除了一些通用的维修方法，对于不同功能的集成电路，根据其特点会有不同的检测方法，掌握了它们可以快速高效地处理集成电路常见的故障。

10.7.1　集成电路通用检测方法

1. 电压检测法

电压检测法检测集成电路的方法如图 10-26 所示。

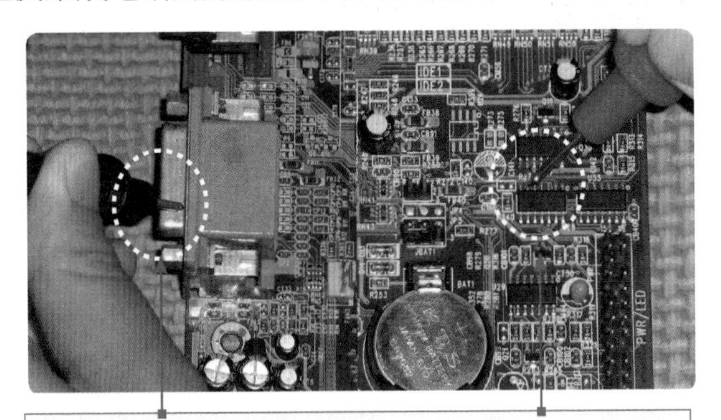

电压检测法是指通过万用表的直流电压挡，来测量电路中相关针脚的工作电压，根据检测结果和标准电压值作比较来判断集成电路是否正常的检测方法。测量时集成电路应正常通电，但不能有输入信号。如果测量结果和标准电压值有很大差距，则需要进一步对外围器件进行测量，以做出合理的判断。

图 10-26　电压检测法检测集成电路的方法

2. 电阻检测法

电阻检测法检测集成电路的方法如图 10-27 所示。

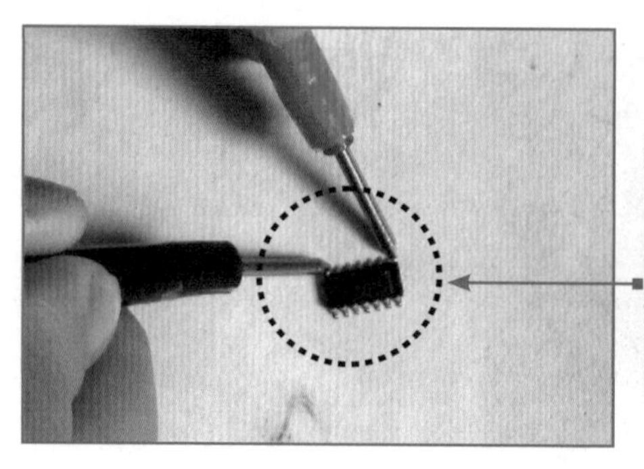

电阻检测法是一种通过检测集成电路各个引脚与接地引脚之间的正、反电阻值，然后和完好的集成电路芯片进行比较，以判断集成电路是否正常的方法。

图 10-27 电阻检测法检测集成电路的方法

3. 代换检测法

代换检测法检测集成电路的方法如图 10-28 所示。

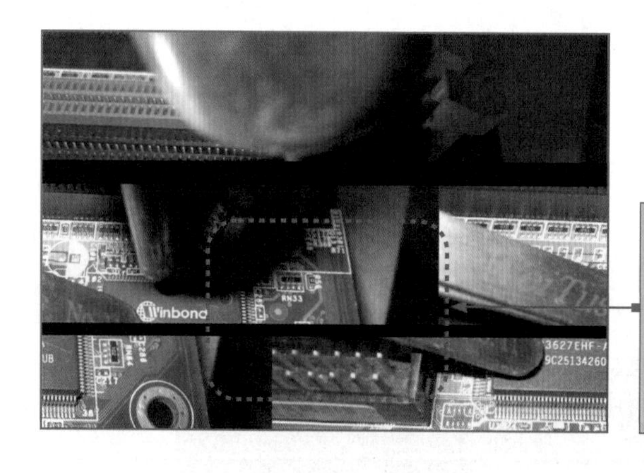

代换检测法是将原型号好的集成电路安装替换掉原先的集成电路，然后进行测试。若电路故障消失，说明原集成电路有问题；若电路故障依旧，则说明故障不在此集成电路上。

图 10-28 代换检测法检测集成电路的方法

10.7.2 集成稳压器的检测方法

集成稳压器主要通过测量引脚间的电阻值和稳压值来判断好坏。

1. 电阻检测法

电阻检测法主要通过测量引脚间的电阻值来判断好坏，具体方法如图 10-29 所示。

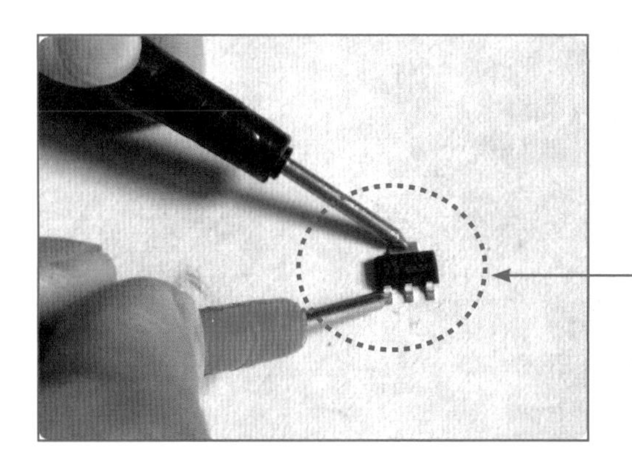

用数字万用表的二极管挡，分别去测量集成稳压器 GND 引脚（中间引脚）与其他两个引脚间的阻值，正常情况下，应该有较小的阻值。如果阻值为零，说明集成稳压器发生断路故障；如果阻值为无穷大，说明集成稳压器发生开路故障。

图 10-29　电阻检测法检测集成稳压器的方法

2. 测稳压值法

测稳压值法检测集成稳压器的方法如图 10-30 所示。

将万用表的红表笔接集成稳压器的输出端，黑表笔接地，测量集成稳压器输出的稳压值。如果测得输出的稳压值正常，证明该集成稳压器基本正常；如果测得的输出稳压值不正常，那么该集成稳压器已损坏。

图 10-30　测稳压值法检测集成稳压器的方法

首先将万用表功能旋钮调到直流电压挡的“10”挡或“50”挡（根据集成稳压器的输出电压大小选择挡位）。然后将集成稳压器的电压输入端与接地端之间加上一个直流电压（不得高于集成电路的额定电压，以免烧毁）。

10.7.3　集成运算放大器的检测方法

集成运算放大器的检测方法如图 10-31 所示。

图 10-31　集成运算放大器的检测方法

10.7.4　数字集成电路的检测方法

数字集成电路的检测方法如图 10-32 所示。

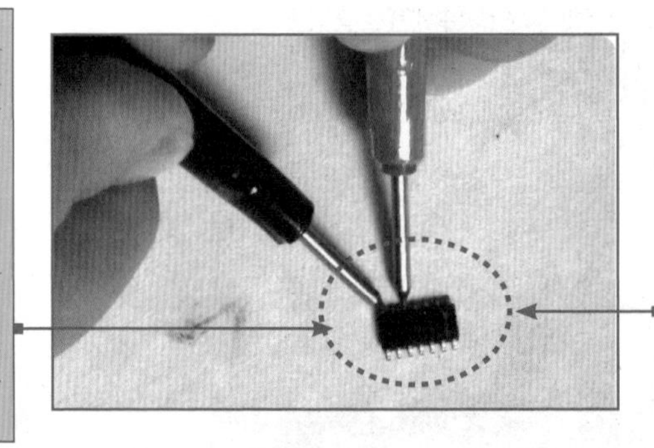

第 2 步：用金属镊子依次点触集成运算放大器的两个输入端，给其施加干扰信号。如果万用表的读数有较大的变动，说明该集成运算放大器是完好的；如果万用表读数没变化，说明该集成运算放大器已经损坏了。
第 1 步：选用数字万用表的二极管挡，分别测量集成电路各引脚对地的正、反向电阻值，并测出已知正常的数字集成电路的各引脚对地间的正、反向电阻，与之进行比较。

图 10-32　数字集成电路的检测方法

10.7.5　集成电路的代换方法

集成电路的代换主要分为直接代换和非直接代换两种方法。

直接代换法是指将其他集成电路不经任何改动而直接替换原来的集成电路，代换后不能影响机器的主要性能与指标。代换集成电路其功能（逻辑极性不可改变）、引脚用途、封装形式、性能指标、引脚序号和间隔等均相同。

非直接代换是指将不能进行直接代换的集成电路外围稍加修改，使外围引脚排列顺序与新的集成器件引脚排列顺序相对应，使之成为可代换的集成电路。

10.8 集成电路现场检测实操

10.8.1 集成稳压器现场检测实操（电阻法）

通过检测集成稳压器引脚间阻值可以判断集成稳压器是否正常。检测时可以采用数字万用表的二极管挡进行检测，也可以使用指针万用表欧姆挡的 R×1 k 挡进行检测。

使用指针万用表检测集成稳压器的方法如图 10-33 所示。

第 1 步：首先观察待测集成器的外观，看待测集成稳压器是否有烧焦或针脚断裂等明显的物理损坏。

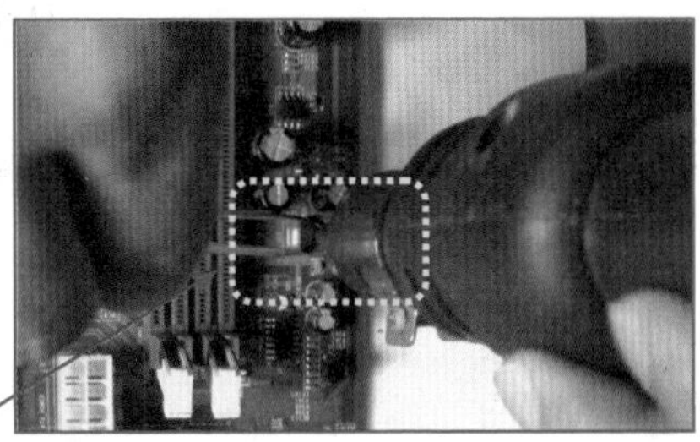

第 2 步：用电烙铁将待测集成稳压器焊下。

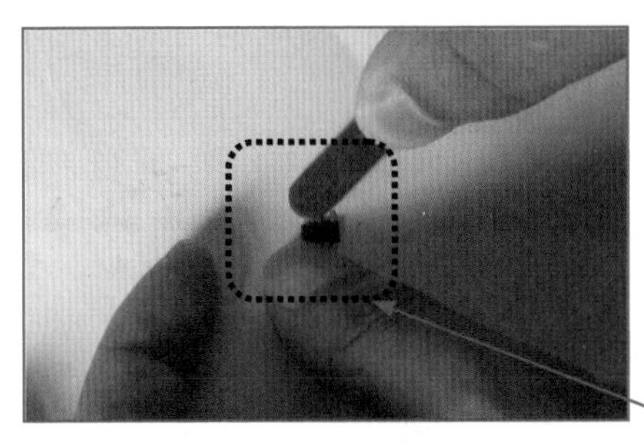

第 3 步：清洁集成稳压器的引脚，去除引脚上的污物，以避免因油污的隔离作用影响检测结果。

图 10-33　使用指针万用表检测集成稳压器的方法

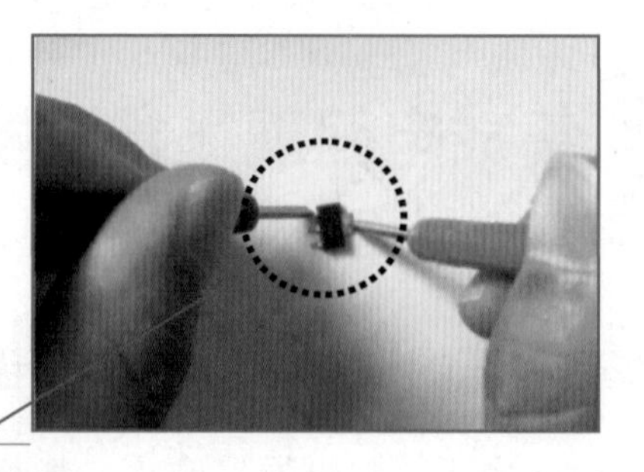

第 4 步：使用 R×1k 挡并调零，将黑表笔接触集成稳压器 GND 引脚（中间引脚），红表笔接触其他两个引脚中的一个引脚测量阻值。

第 5 步：观察表盘，测量的阻值为 20.5k。

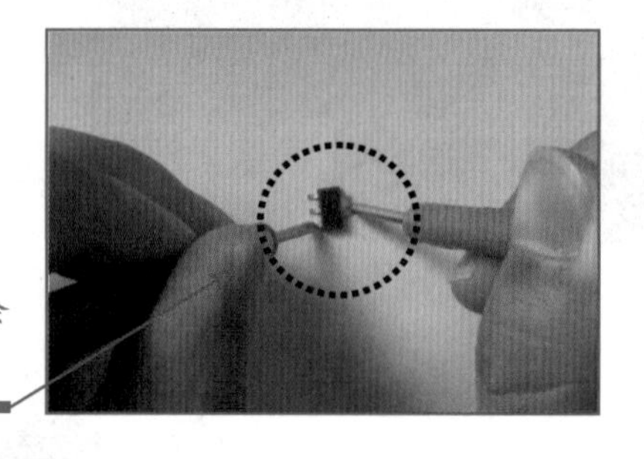

第 6 步：黑表笔不动，红表笔接触剩余的第三只引脚测量阻值。

第 7 步：观察表盘，测量的阻值为 26 k。

图 10-33　使用指针万用表检测集成稳压器的方法（续）

检测结论：由于测量的电阻值不为“0”和“无穷大”，因此可以判断此集成稳压器基本正常，不存在开路或短路故障。

10.8.2　集成稳压器现场检测实操（电压法）

使用测电压的方法检测集成稳压器也是常有的方法，具体检测方法如图 10-34 所示。

第 1 步：首先观查待测集成稳压器的外观，看待测集成稳压器是否有烧焦或针脚断裂等明显的物理损坏。

第 2 步：清洁待测集成稳压管的引脚，以避免因油污的隔离作用而影响测量的准确性。

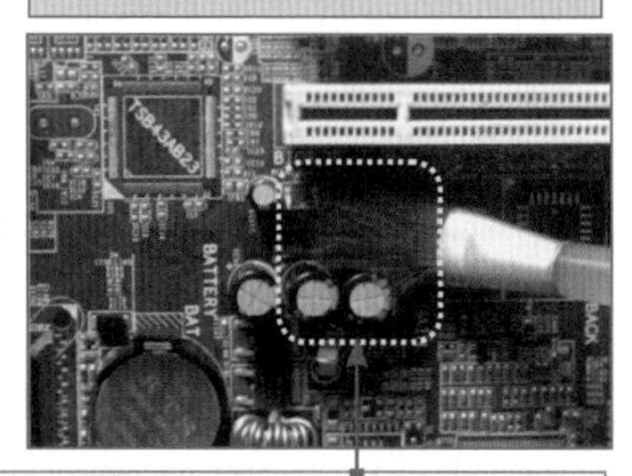

第 3 步：将待测集成稳压管电路板接上正常的工作电压，并将数字万用表旋至直流电压挡的量程 20 挡。

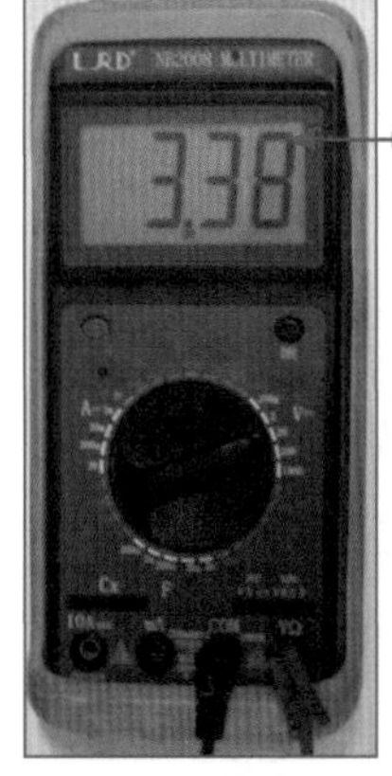

第 5 步：记录读数 3.38V。

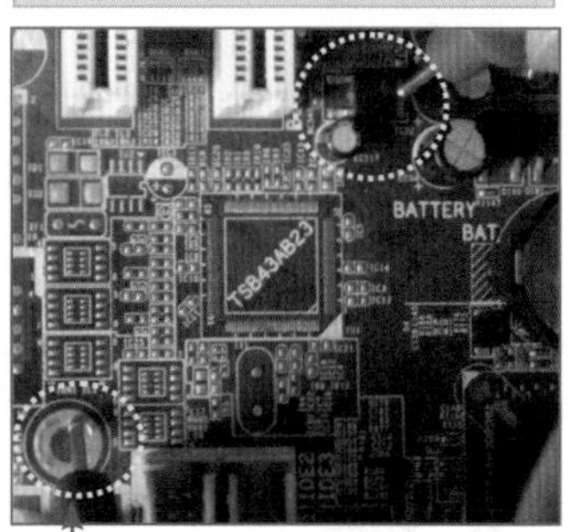

第 4 步：给电路板通电，将数字万用表的红表笔接集成稳压器电压输出端引脚，黑表笔接地。

图 10-34　主板电路中集成稳压器的检测方法

第 7 步：记录读数 5.03V。

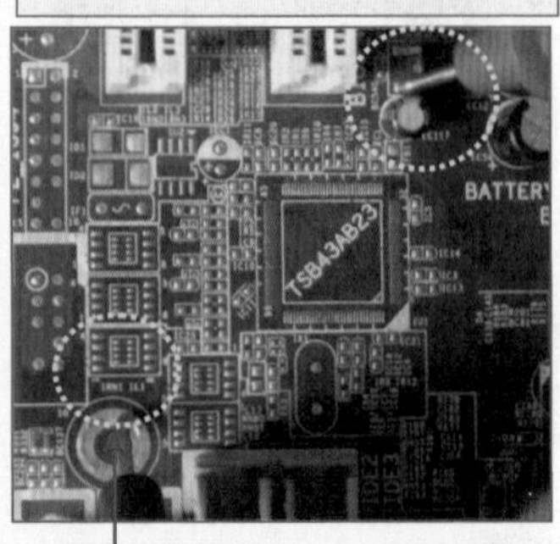

第 6 步：如果输出端电压正常，则稳压器正常；如果输出端电压不正常，则测量输入端电压。然后将数字万用表的红表笔接集成稳压器的输入端，黑表笔接地。

图 10-34　主板电路中集成稳压器的检测方法（续）

检测结论：如果输入端电压正常，输出端电压不正常，则稳压器或稳压器周围的元器件可能有问题。接着检查稳压器周围的元器件，如果周边元器件正常，则稳压器有问题，需更换稳压器。

10.8.3　集成运算放大器现场检测实操

主板中的集成运算放大器主要是双运算放大器集成电路（如 LM358、LM393 等）和四运算放大器集成电路（如 LM324 等）。

主板中的集成运算放大器一般采用在路测量电压或开路测量各引脚间的电阻值，下面以在路测量为例讲解（以 LM393 为例），如图 10-35 所示。

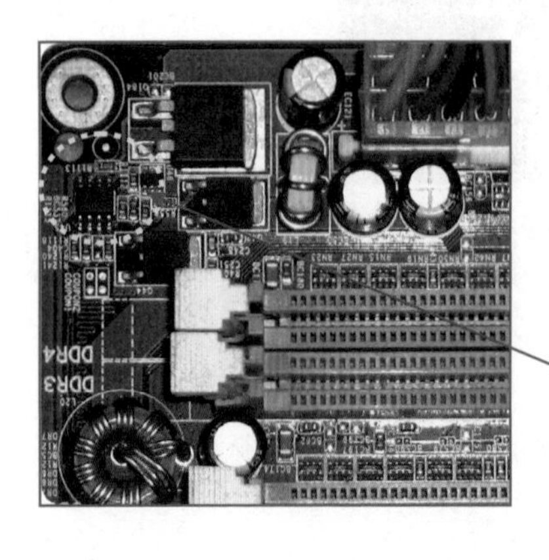

第 1 步：观察集成运算放大器的外观，看待测集成运算放大器是否损坏，有无烧焦或针脚断裂等情况。

图 10-35　主板电路中的集成运算放大器的检测方法

第 2 步：清洁集成运算放大器的引脚，去除引脚上的污物，确保测量时的准确性。

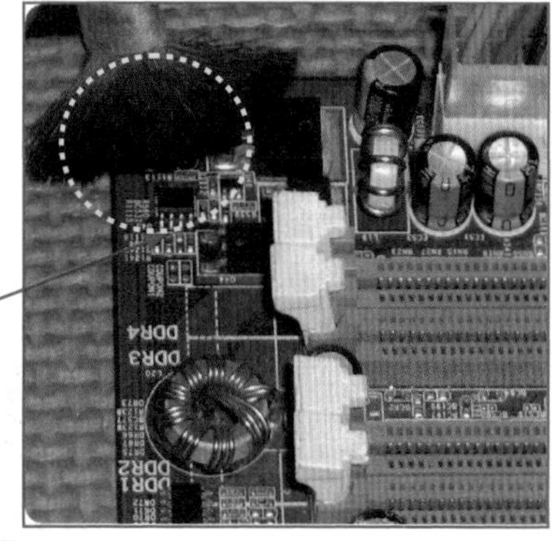

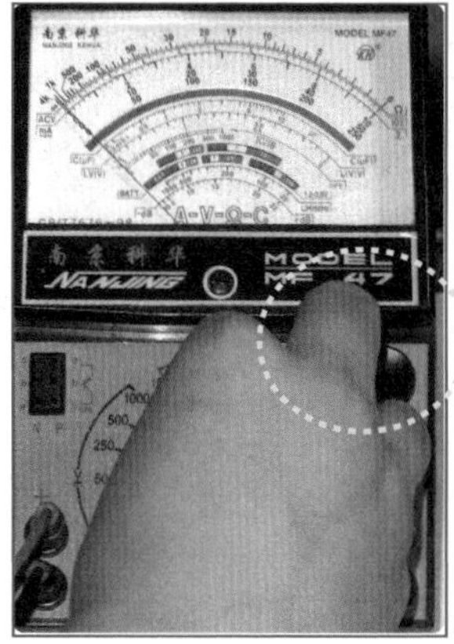

第 3 步：将指针万用表的功能旋钮旋至直流电压挡的“10 V”挡。

第 4 步：给主板通电，然后将万用表的黑表笔接 LM393 的第 4 脚（负电源端），红表笔接 LM393 的第 1 脚（输出端 1）。

第 5 步：观察表盘，测量的电压值为“5.1 V”。

图 10-35　主板电路中的集成运算放大器的检测方法（续）

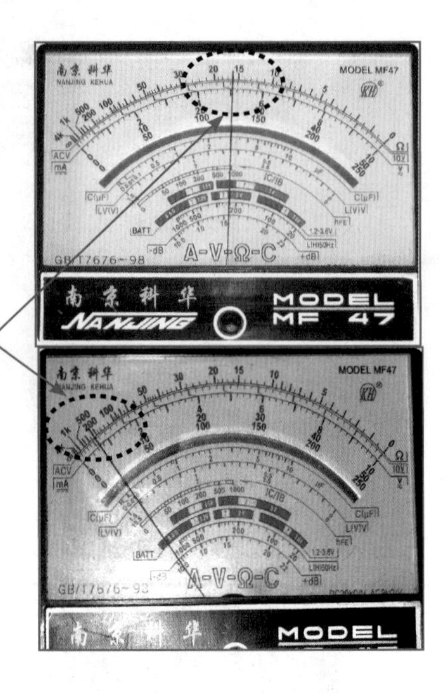

第6步：用金属镊子依次点触运算放大器的第2脚和第3脚两个输入端（加入干扰信号），发现万用表的表针有较大幅度的摆动。

图 10-35　主板电路中的集成运算放大器的检测方法（续）

检测结论：由于万用表表针有较大幅度的摆动，说明该运算放大器 LM393 正常。

提示：如果万用表表针不动，则说明运算放大器已损坏。

10.8.4　数字集成电路的现场检测实操

电路中的数字集成电路通常采用开路检测对地电阻的方法进行检测，数字集成电路的检测方法如图 10-36 所示。

第1步：观察待测数字集成电路的外观，看待测数字集成电路是否有烧焦或针脚断裂等明显的物理损坏。

图 10-36　数字集成电路的检测方法

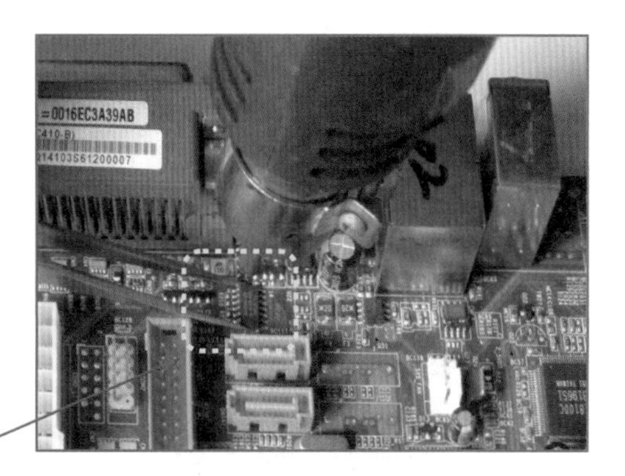

第 2 步：用热风焊台将待测数字集成电路取下。

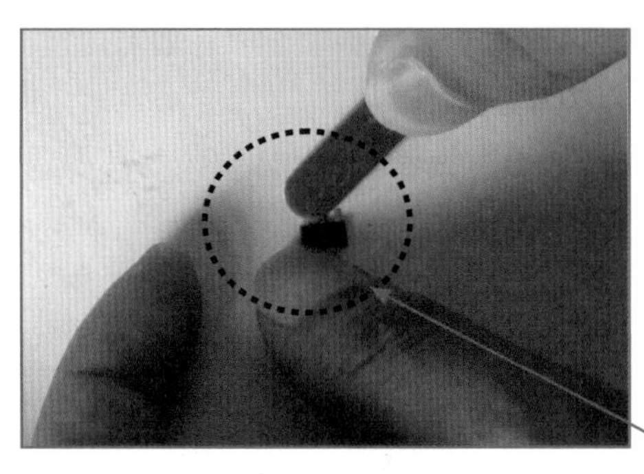

第 3 步：清洁数字集成电路的引脚，去除引脚上的污物，以避免因油污的隔离作用而影响检测结果。

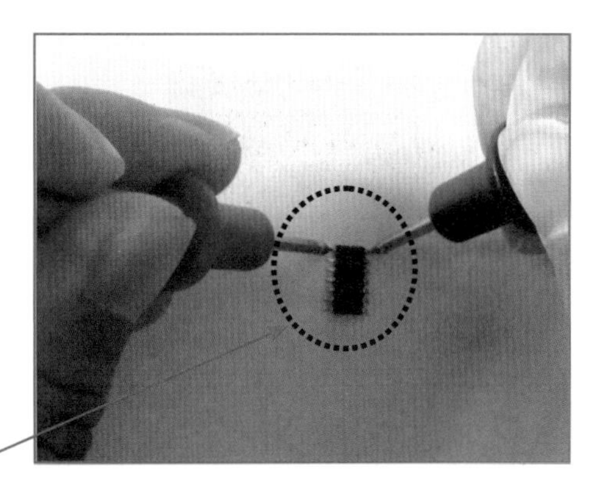

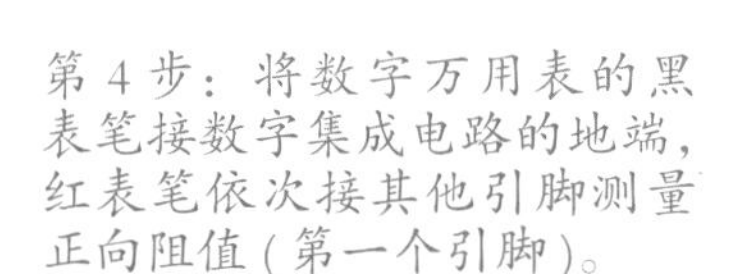

第 4 步：将数字万用表的黑表笔接数字集成电路的地端，红表笔依次接其他引脚测量正向阻值（第一个引脚）。

第 5 步：观察表盘，测量的阻值为 0.511。

图 10-36　数字集成电路的检测方法（续）

第 6 步：将数字万用表的黑表笔接数字集成电路的地端，红表笔依次接其他引脚测量正向阻值（第二个引脚）。

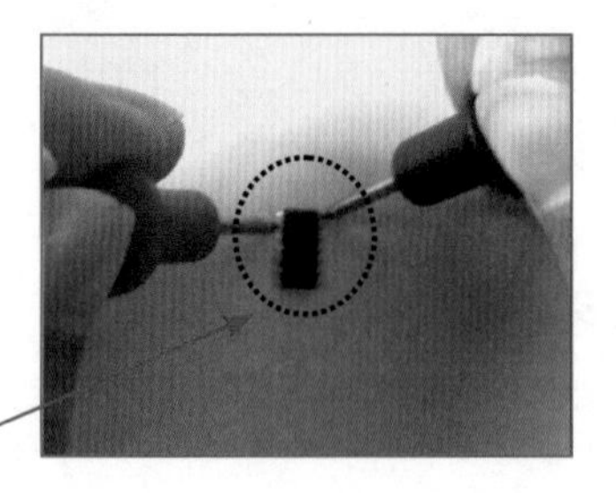

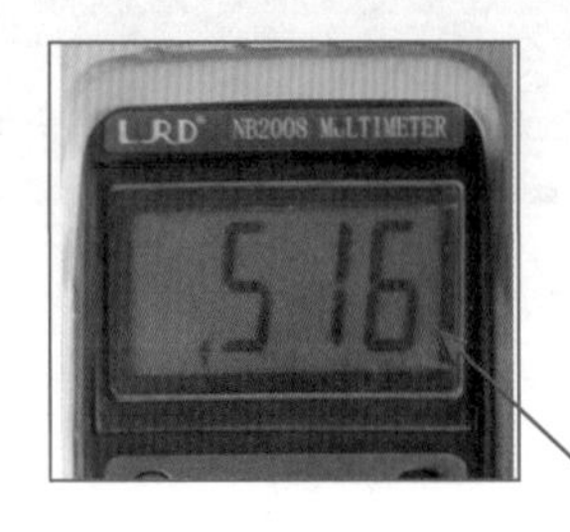

第 7 步：观察表盘，测量的阻值为 0.516。

第 8 步：将数字万用表的黑表笔接数字集成电路的地端，红表笔依次接其他引脚测量正向阻值（最后一个引脚）。

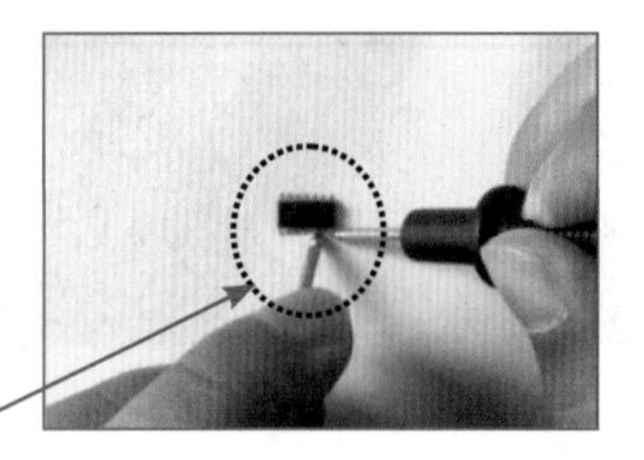

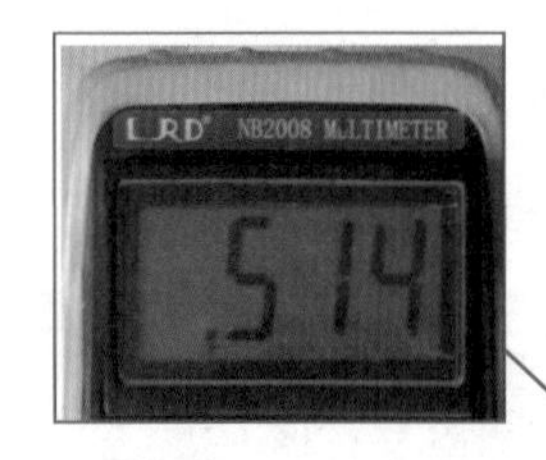

第 9 步：观察表盘，测量的阻值为 0.514。

第 10 步：将数字万用表的红表笔接数字集成电路的地端，黑表笔依次接其他引脚测量正向阻值（第一个引脚）。

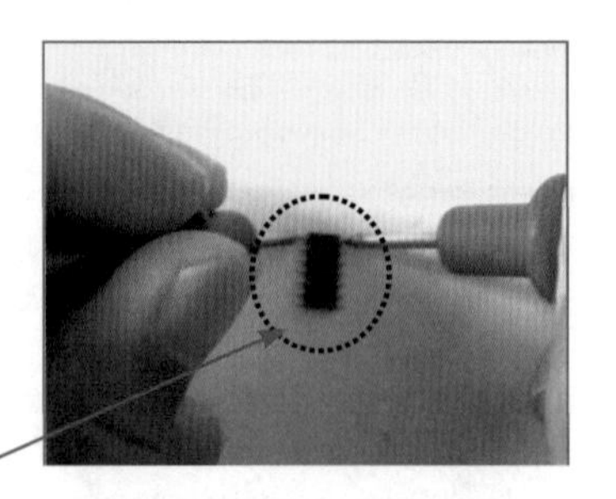

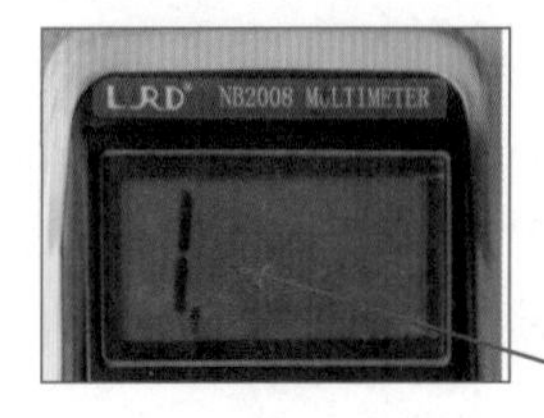

第 11 步：观察表盘，测量的阻值为 1（无穷大）。

图 10-36　数字集成电路的检测方法（续）

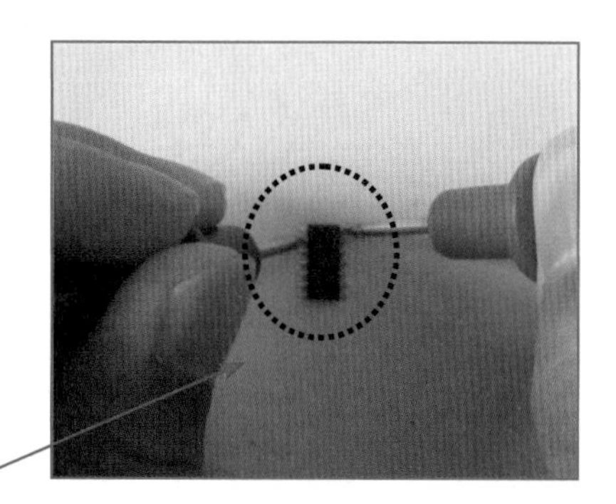

第 12 步：将数字万用表的红表笔接数字集成电路的地端，黑表笔依次接其他引脚测量正向阻值(第二个引脚)。

第 13 步：观察表盘，测量的阻值为 1（无穷大）。

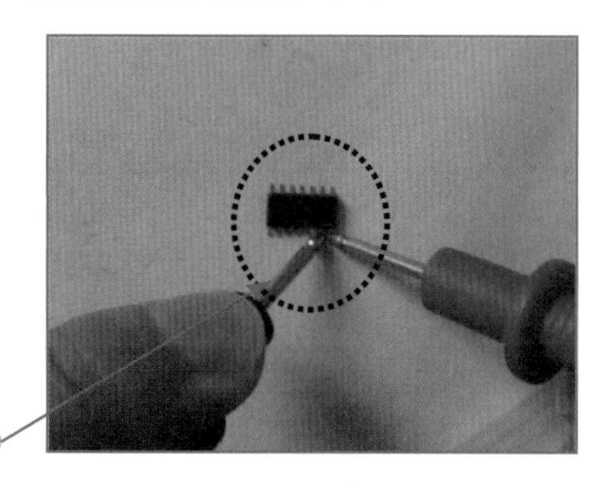

第 14 步：将数字万用表的红表笔接数字集成电路的地端，黑表笔依次接其他引脚测量正向阻值(最后一个引脚)

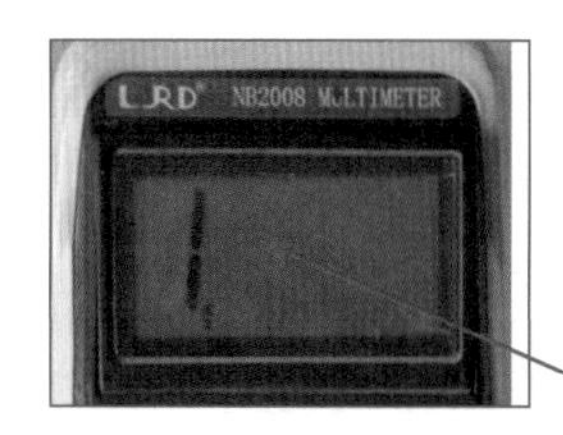

第 15 步：观察表盘，测量的阻值为 1（无穷大）。

图 10-36　数字集成电路的检测方法（续）

检测结论：由于测得地端到其他引脚间的正向阻值为固定值，反向阻值为无穷大，因此该数字集成电路功能正常。

基本单元电路检测维修

电子电路本身有很强的规律性，不管多复杂的电路，经过分析可以发现，它是由少数几个单元电路组成的。因此初学者只要先熟悉常用的基本单元电路，再学会分析和分解电路的本领，掌握电路的基本维修就会变得简单。

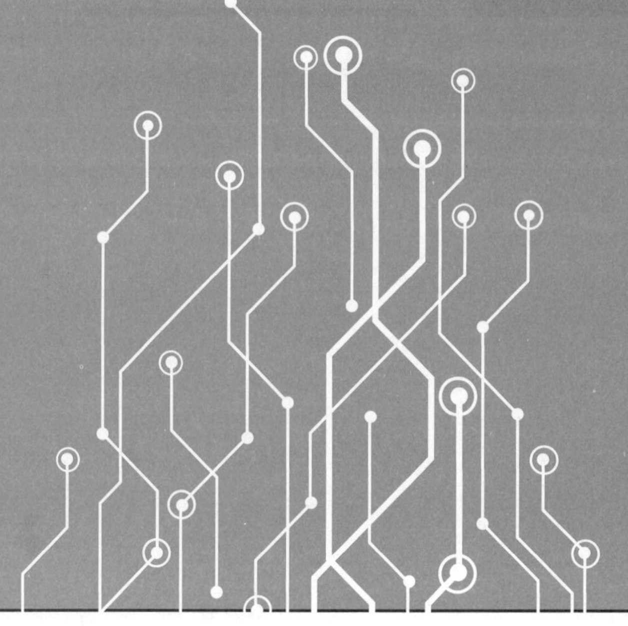

11.1 整流滤波电路

我们知道，日常生活中普遍使用的市电是 220V 的正弦波交流电。交流市电的特性是：有效值为 220 V，峰值等于有效值的$\sqrt{2}$倍，频率为 50 Hz，周期（T）是 0.02 s。而绝大多数电子设备使用的是低压直流电，所以，交流市电必须要经过降压，再经变换成为直流电，才能用于电子设备。在电路中，将交流电压（电流）变换为单向脉动直流电压（电流）的过程叫作整流，通常称为 AC-DC 转换。下面将分析整流滤波电路。

11.1.1 单相半波整流滤波电路

1. 半波整流

半波整流主要由变压器 T、整流二极管 D 和负载 RL 组成。半波整流的电路工作原理如图 11-1 所示。

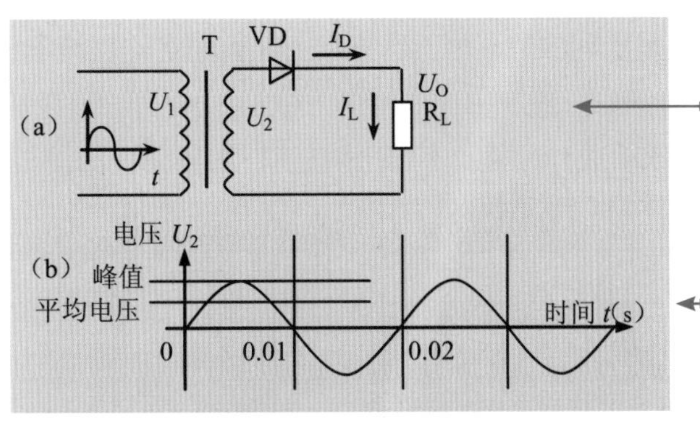

图（a）为半波整流电路，T 为电源变压器，假定初级接入 220 V 交流市电电压 U_1，利用变压器的原理在次级得到交流电压 U_2（假定变压器为降压），其波形如图（b）所示。

从波形图中可以看出，正负极性、幅值随时间变化，U_2 为有效值，峰值为$\sqrt{2}$ U_2。在 U_2 的正半周期间，U_2 的上端为正，下端为负。

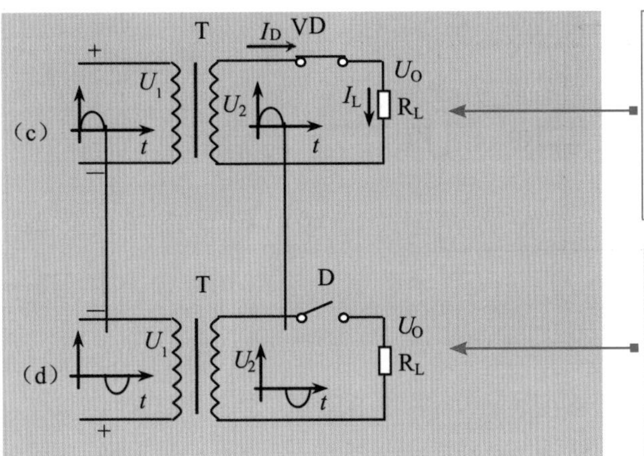

当二极管 VD 正向导通，相当于开关接通，如图（c）中，有电流流过二极管和负载 R_L，若二极管正向压降忽略不计，那么在负载上的电压 $U_O \approx U_2$。如图（e）中 0~0.01s 期间。

在 U_2 的负半周期间，U_2 变为上负下正，二极管 VD 因反偏而截止，相当于开关断开，如图（d）所示，没有电流流过负载，在负载上的电压 U_O 为 0，如图（e）中 0.01~0.02s 期间。

图 11-1　半波整流电路的工作原理

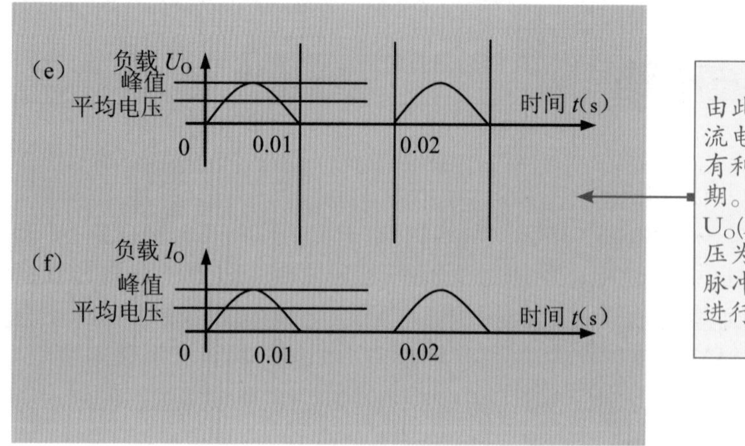
(e)
负载 U_O
峰值
平均电压
时间 t(s)
0
0.01
0.02
(f)
负载 I_O
峰值
平均电压
时间 t(s)
0
0.01
0.02
由此可看出，半波整流只用了交流电的半个周期，另半个周期没有利用，而且负载有0.01s的缺电期。在负载上形成的平均电压为$U_O(AV)=0.45\ U_2$。这里以交流电压为例来说明，实际上也可以对脉冲电压进行整流。对脉冲电压进行整流在开关电路中应用很多。

图 11-1　半波整流电路的工作原理（续）

2. 滤波电路

从图 11-1（e）可以看出，整流后在负载上得到的电压呈间断状态，称为单向脉动直流电（电流方向不变，总是自上而下流过负载），大多数电子设备在这样的供电情况下还是不能正常工作的，表现出来就是出现故障。为了给负载上供给稳定的直流电压，还需要进行滤波。

滤波的目的是要将脉冲直流电的脉动成分削弱、使输出电压更加平稳。滤波的方式包括电容滤波、电感滤波、阻容滤波和 π 形滤波。

（1）电容滤波

电容滤波的电路原理图如图 11-2 所示。

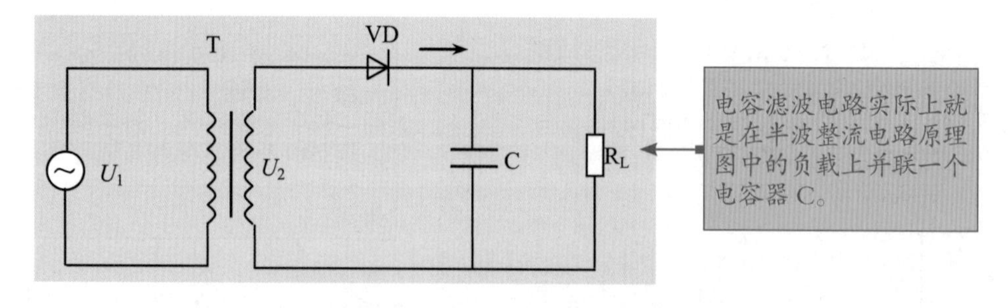
T
VD
U_1
U_2
C
R_L
电容滤波电路实际上就是在半波整流电路原理图中的负载上并联一个电容器C。

图 11-2　电容滤波的电路原理图

下面分析增加电容后工作情况有什么变化，如图 11-3 所示。

（1）变压器次级电压 U_2 波形如图（a）中虚线所示。当 U_2 处在第一个正半周的上升期（$0 \sim T_1$）时，二极管 VD 导通，其电流向电容 C 充电，电容上的电压很快被充到 U_2 的峰值。当 U_2 下降时，电容 C 上的电压暂时保持在其峰值，因电容两端电压不能突变，所以二极管处于反向截止，电容上的电压通过负载缓慢放电，电压渐渐降低，如图（a）中 $T_1 \sim T_2$ 期间。

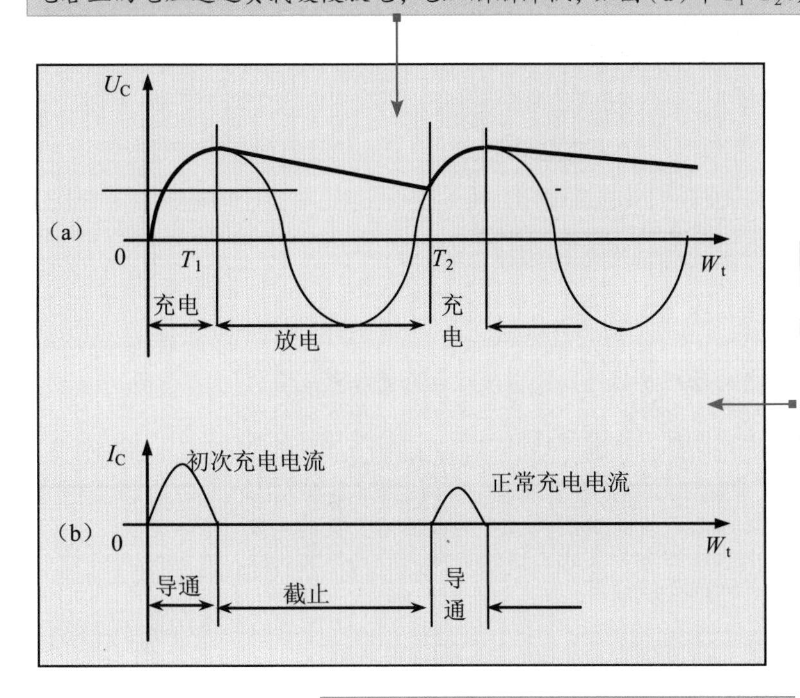

（2）到达 T_2 时，由于 U_2 变到第二个正半周上升期并使二极管重新导通，再向电容 C 充电，电容的电压 U_C 又随着 U_2 升高，再次达到峰值，这样重复下去得到如图（a）中实线波形，呈锯齿波形或三角波形。其负载电压 U_L 的平均电压大幅提高。

图 11-3　电容滤波波形图

在电网电压发生突变时（升高或降低），电容两端的电压不会发生大幅波动。当电网电压突然升高时，U_2 整流后对电容的充电电流加大，因电容两端电压不能突变，所以，电容上的电压上升缓慢，削弱了浪涌电流对负载的冲击，还能起到保护负载的作用。同理，若 U_2 突然下降，但电容上被充的电压不能突变降低，只能通过负载缓缓放电，使负载上的电压也不会突然降低。

电容滤波电压的特点如图 11-4 所示。

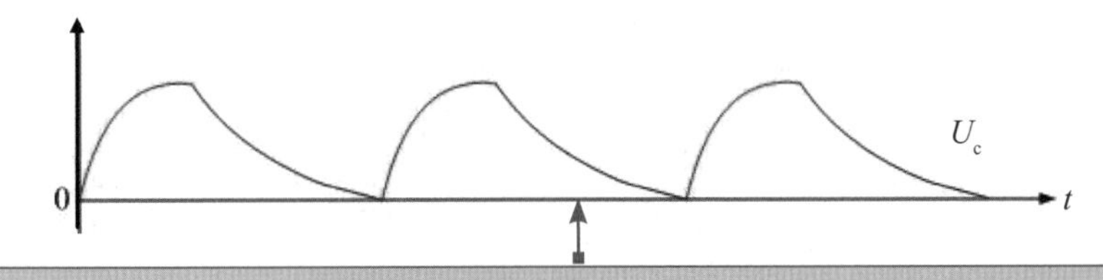

（1）输出电压没有了间断区，滤波后的直流电压比无电容时提高了，几乎达到 U_2 的峰值。在实际中，由于电容 C 的放电及整流管内阻等因素会使输出电压略低，约等于 U_2。
（2）C 越大，R_L 越大，放电所引起的电压下降就越小，输出电压略有提高。
（3）滤波后的电压还呈锯齿波形，用示波器可清楚地看到其波形。
（4）由于电源电压只在半个周期内有输出，电源利用率低，脉冲成分太大。

图 11-4　电容滤波电压的特点

（2）电感滤波

电感滤波电路原理图如图 11-5 所示。

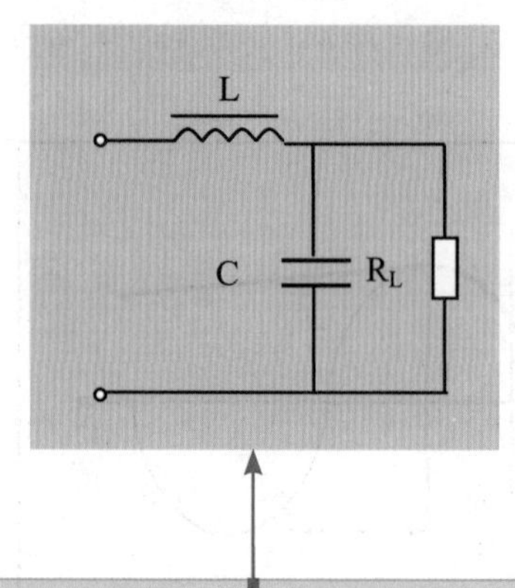

由电感本身的物理特性可知，当通过电感的原电流突然增大时，电感自身就产生一个感应电动势，其方向与增大的电流方向相反，两者相抵消一部分，结果阻碍突然增大的电流；当通过电感的原电流突然减小时，电感自身同样能产生一个感应电动势其方向与减小的方向相反，结果又阻碍电流的减小。这样的特性使变化的电流不能通过电感线圈加到负载上，使负载上的电压变化较小，从而起到稳压的作用。

图 11-5　电感滤波电路原理图

（3）阻容滤波

阻容滤波电路原理图如图 11-6 所示。

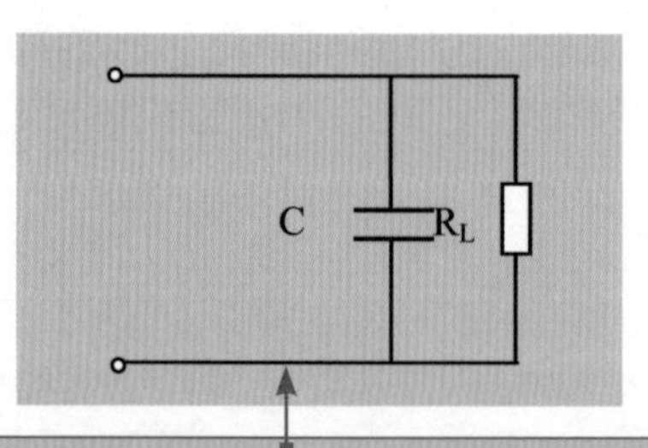

阻容滤波电路是利用电阻器和电容器进行滤波的电路，一般在整流器的输出端串入电阻，在电阻的两端并联接入电容，这种阻容滤波电路是最基本的滤波电路。阻容滤波电路的优点是：滤波效能较高、能兼降压限流作用；缺点是：带负载能力差、有直流电压损失。阻容滤波电路适用场合是：负载电阻较大，电流较小及要求纹波系数很小的情况。对直流电源的质量要求不太高的情况下，也能满足要求。

图 11-6　阻容滤波电路原理图

（4）π 形滤波电路

π 形滤波电路原理图如图 11-7 所示。

（1）π 型滤波电路有 RC 滤波电路和 LC 滤波电路两种，图中的 C_1、C_2 是两只滤波电容，R 是滤波电阻，C_1、R 和 C_2 构成一节 π 型 RC 滤波电路。电路中 R 的取值不能太大，一般为几个至几十欧姆，其优点是成本低，缺点是电阻要消耗一些能量。

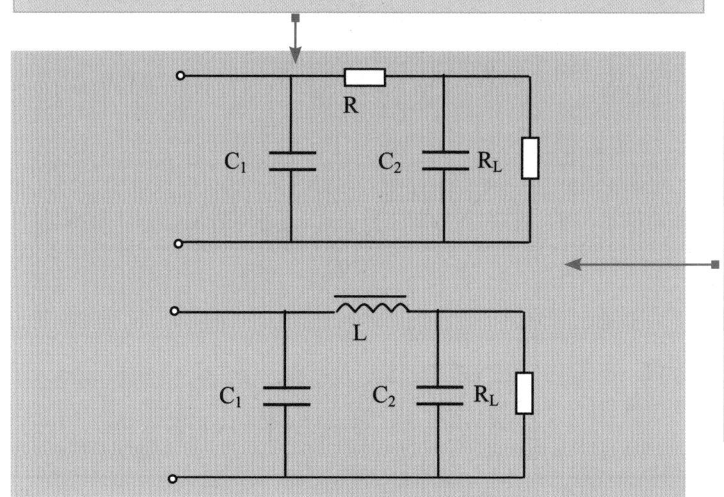

（2）π 型 LC 滤波电路中将电阻 R 换成了电感 L，因为滤波电阻对直流电和交流电存在相同的电阻，而滤波电感对交流电感抗大，对直流电的电阻小，这样既能提高滤波效果，又不会降低直流输出电压。LC 滤波电路的缺点是：电感体积大、笨重、价格高、用在要求高的电源电路中。

图 11-7 π 形滤波电路原理图

11.1.2 单相全波整流滤波电路

由于半波整流存在输出电压脉动大、电源利用率低等缺点，因而常采用全波整流。其电路组成如图 11-8 所示。与半波整流不同的是变压器多了一个中间抽头，其 1~0 绕组与 0~2 绕组匝数相等。

（1）图中（a）和（b）图，输入交流电压 U_1 为正半周时，变压器次级感应电压 U_2 被分为两部分，U_{2a} 和 U_{2b}。U_{2a} 由变压器次级 1~0 绕组产生，设极性为“1 正 0 负”；U_{2b} 由变压器次级 0~2 绕组产生，极性为“0 正 2 负”。二极管 VD_1 因正偏而导通（相当于开关接通），电流自上而下流经负载 R_L 到变压器器中心抽头 0 端；二极管 D_2 因反偏而截止（相当于开关断开）。当输入交流电压 U_1 为负半周时，变压器次级感受应电压极性为“1 负 0 正”“0 正 2 负”，因而，VD_1 截止，VD_2 导通，电流还是自上而下流经负载到中心抽头 0 端。

（2）当交流电进入下一个周期时，又重复上述过程。可见，交流电的正负半周使 VD_1 与 VD_2 轮流导通，在负载上总是得到自上而下的单向脉动直流电电流。与半波整流相比，它有效地利用了交流电的负半周。

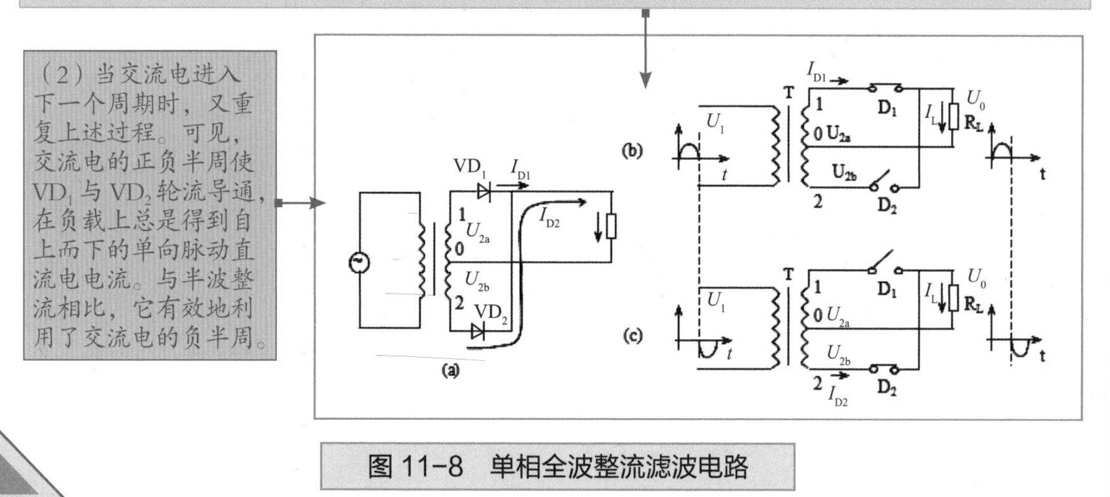

图 11-8 单相全波整流滤波电路

单相全波整流电路的波形如图 11-9 所示。

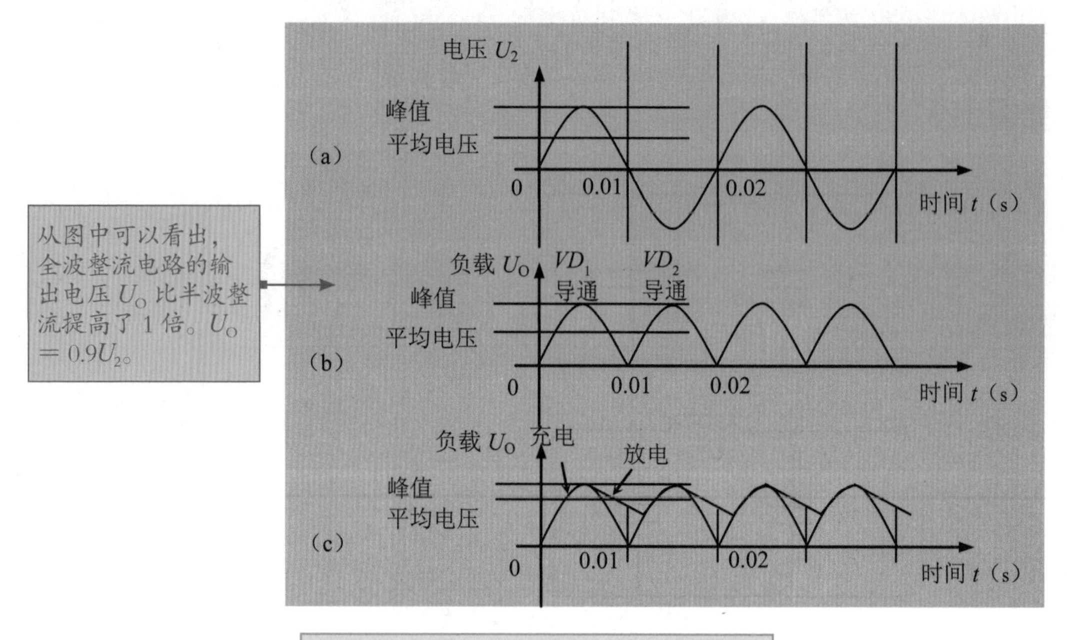

图 11-9　单相全波整流电路的波形

11.1.3　桥式整流滤波电路

由于半波整流电路中，电源电压只在半个周期内有输出，电源利用率低，脉冲成分较大。所以为了克服半波整流的缺点，实际设计电路时，多采用桥式整流滤波电路。桥式整流滤波电路原理图如图 11-10 所示。

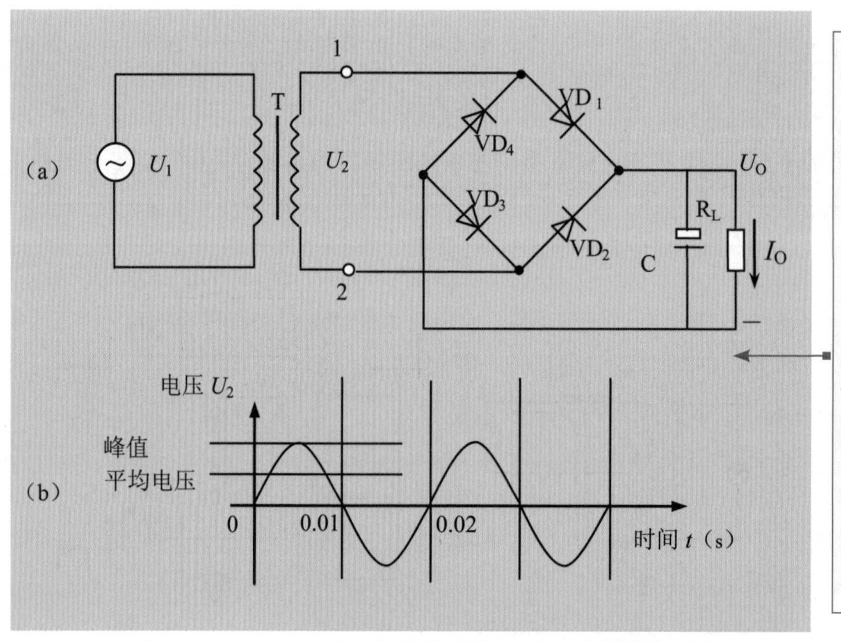

从电路图（a）中可以看出，该电路用了四个整流二极管，其工作原理为：假设 U_2 为变压器次级交流电压，在 U_2 的正半周期间，变压器次级为上正下负，二极管 VD_1、VD_3 因正偏导通，电流由 1 端流出，经 VD_1、RL 和 VD_3 回到变压器 2 端，在负载上得到“上正下负”的电压，此时，VD_2 和 VD_4 因反向而截止，波形如图（b）所示。请注意电流的方向和通路。

图 11-10　桥式整流滤波电路原理图

在 U_2 的负半周期间，变压器次级为上负下正，二极管 VD_2、VD_4 导通，VD_1、VD_3 截止，电流由 2 端流出，经 VD_2、R_L 和 VD_4 回到变压器 1 端，在负载上得到的还是“上正下负”的电压，可见在 U_2 的整个周期内 VD_1、VD_3 和 VD_2、VD_4 各工作半周，两组轮流导通，在负载上总是得到上正下负的单向脉动直流电压，其波形变化如图 11-10（c）所示。

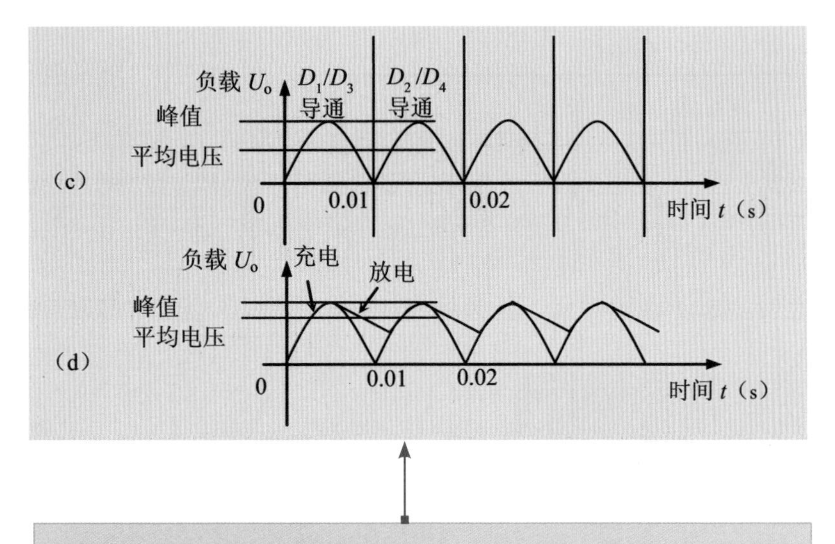

图 11-10 桥式整流滤波电路（续）

桥式整流及滤波电路的特点是：脉动减小，电源利用率提高。桥式整流电路的输出电压在无电容时约为 $0.9U_2$。

桥式整流后的滤波电路同单相滤波电路。滤波后的输出电压 $U_o=\sqrt{2}\ U_2$。

11.2 基本放大电路

放大电路也称放大器，是电子设备中最基本的单元电路。在学习放大电路之前，我们先了解一下放大电路的组成、元器件的作用及放大原理等，然后简要介绍由场效应管构成的放大电路，最后再介绍用三极管构成的开关电路。

11.2.1 放大电路的组成

放大电路一般由三极管、电阻、电源、耦合电容、负载等构成的。图 11-11 所示为电路原理图，三极管是放大电路的核心元件，担负着电流放大作用。

（1）图中 V_{BB} 是基极偏置电源，V_{CC} 是集电极偏置电源，使三极管具备放大条件。R_b 为基极偏置电阻，通过 V_{BB} 为三极管提供合适的基极电流（I_b）。这个电流通常叫作基极偏置电流。R_b 过大或过小都会造成三极管不能正常放大。偏置，就是为放大电路建立条件，交流就是要放大的信号。R_c 为集电极负载电阻，一方面给集电极提供适当的直流电位（静态电位），还能防止 I_c 过大使三极管过热而损坏，另一方面通过它将电流变化转变为电压变化。

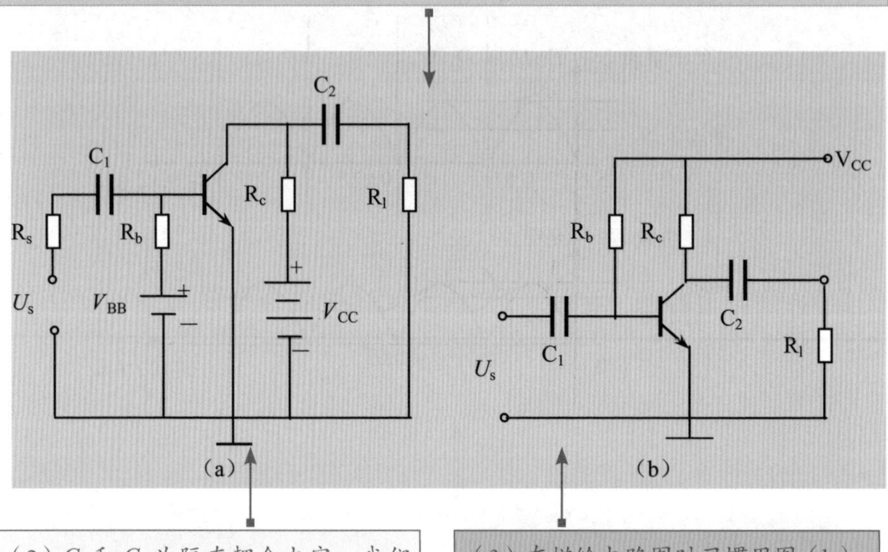

（2）C_1 和 C_2 为隔直耦合电容。我们已经知道电容对高频信号呈短路（电阻很小），对直流呈高电阻，相当于不通（直流电被隔断）。在实际应用电路中，使用两个电源很不方便，一般从 V_{CC} 中通过电阻分压获取 V_{BB}，即使用同一个电源，这时要适当改变 R_b 的阻值，以提供合适的 I_b。

（3）在描绘电路图时习惯用图（b）所示形式，不再画出电源符号。输入端（输入回路）接信号源电压 U_s，R_s 表示信号源内阻，输入信号电压为 U_i；输出端（输出回路）接负载电阻 R_l，输出电压为 U_o。

图 11-11　放大电路的组成

11.2.2　共射极放大电路

共射电路是放大电路中应用最广泛的三极管接法，信号由三极管基极和发射极输入，从集电极和发射极输出。因为发射极为共同接地端，故命名为共射极放大电路。共射极放大电路的种类有很多，下面重点讲解固定偏置放大电路和分压偏置放大电路。

1. 固定偏置放大电路

固定偏置放大电路结构如图 11-12 所示。当电路接通时，就有 I_b 和 Ic 产生，并且 I_b 是固定不变的，I_b=（V_{CC}−U_{be}）/R_b，U_{be}=0.6~0.7 V。因此 $I_b \approx V_{CC}/R_b$。$I_c=\beta \times I_b$，受 I_b 控制变化，$I_e=I_b+I_c$。这三个电流一定要合适。集电极电流流过 R_c 产生压降，集电极电压 $U_c=V_{CC}-I_c \times R_c$。

（1）在输入端加上正弦波信号源后，信号源电压（U_s）通过电容 C_1、三极管的 b-e 结形成的回路产生信号电流 i_b（变化的），信号电流是随着信号内容变化的。
（2）在信号电压的正半周，信号电流 i_b 通过电容 C_1、三极管的 b-e 结回到信号源的负极，对电容 C_1 充电（电容对高频信号呈低电阻），其充电电流就是信号电流 i_b，加到 I_b 上使基极电流增大为 $I'_b=i_b+I_b$。由三极管的电流放大原理可知，集电极电流也增大，集电极电流增大为 $I'_c=\beta\times I'_b$，集电极电压 $U_c=V_{CC}-I'_c\times R_c$。

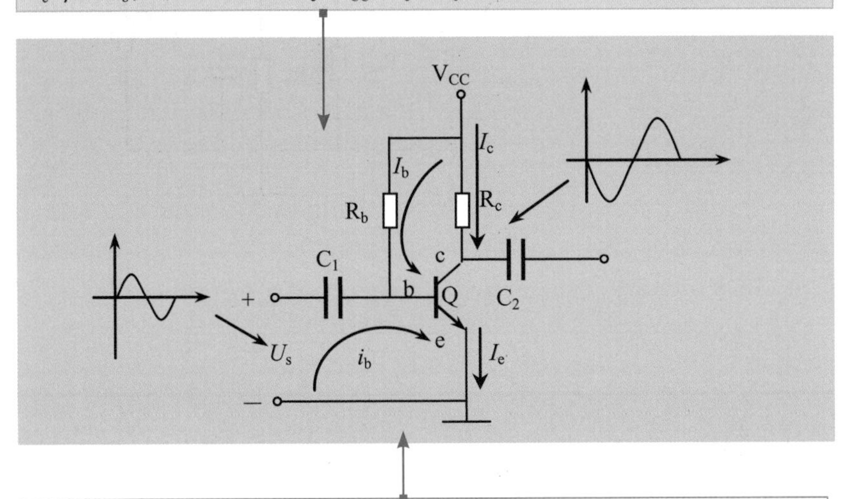

（3）在信号电压的负半周，信号电流 i_b 使 I_b 减小，从而使三极管的基极电流减小。同时集电极电流 I_c 也减小、集电极电压跟着减小。可见，基极电流变化了，集电极电压也变化了，这就是三极管的电流和电压放大原理。

图 11-12　固定偏置放大电路图

这里还要注意，集电极输出的信号波形与输入信号波形是相反的，也就是呈反相。所以该放大器又称为反相放大器。

这种放大电路由于基极偏置电流是由固定电阻 R_b 提供的，R_b 的阻值确定后，I_B 和 I_C 就确定了，$I_b=V_{CC}/R_b$，所以属于固定偏压放大电路。另外，环境温度变化、电源电压波动、元件老化等因素，都会使原来设置好的静态工作点（偏置电流）发生改变，从而影响放大器的正常工作。比如，温度上升时，三极管的穿透电流增大，导致电路不能正常工作。

2. 分压偏置放大电路

分压偏置放大电路形式如图 11-13 所示。

11.2.3　共集电极放大电路

共集电极放大电路原理图如图 11-14 所示。

该电路中，R_{b1}、R_{b2} 对电源电压串联分压得到 $U_b=V_{CC}/(R_{b1}+R_{b2})\times R_{b2}$，所以基极电压 U_b 不随温度发生变化。$U_e=U_b-0.7V$，$I_e=U_e/R_e$，$Ic\approx Ie$，$U_{ce}=V_{CC}-I_c\times(R_c+R_e)$。其放大原理与固定偏置放大电路相同，即变化的集电极电压通过负载 R_L 对电容 C_2 充电、放电，在 R_L 上得到被放大了的信号。

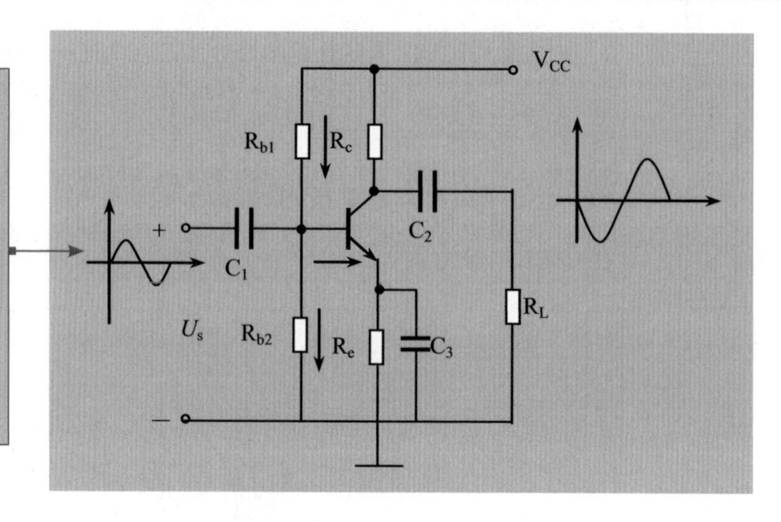

图 11-13　分压偏置放大电路

（1）与共射极放大电路不同的是，集电极上没有接电阻。输入信号为 U_i，输出信号从 R_e 两端取出。
（2）共集电极放大电路的特点是：偏置固定，由 R_b、R_e 和三极管的 b-e 结内阻决定了基极电压 U_b。电压放大特点是：从固定偏置上可看出，输出电压 U_e 在任何时候都比 U_b 低 0.6 V。所以该电路的电压放大倍数略小于 1。因此该电路又称射极跟随器、射极输出器、电压跟随器。电流放大特点是：$I_c=\beta\times I_b$，与前述电路相同。

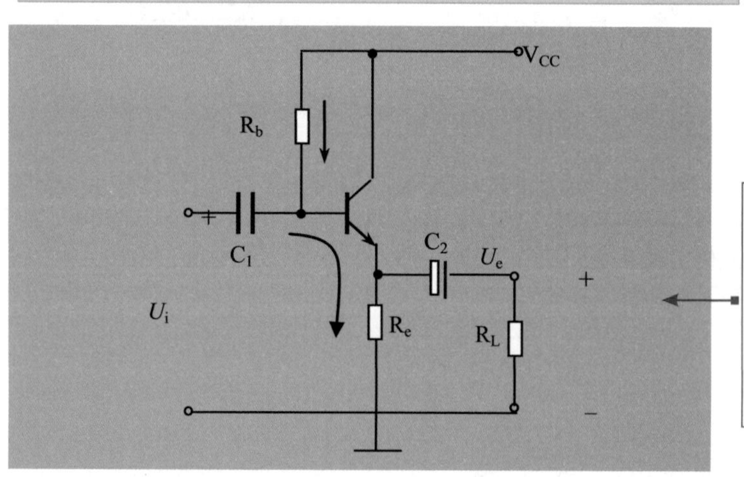

（3）该电路虽然没有电压放大能力，但仍有较大的电流放大能力，这是该电路的最大特点。也正因如此，绝大多数电子设备中都使用该电路来带动负载。

图 11-14　共集电极放大电路原理图

11.2.4 共基极放大电路

共基极放大电路原理如图 11-15 所示。

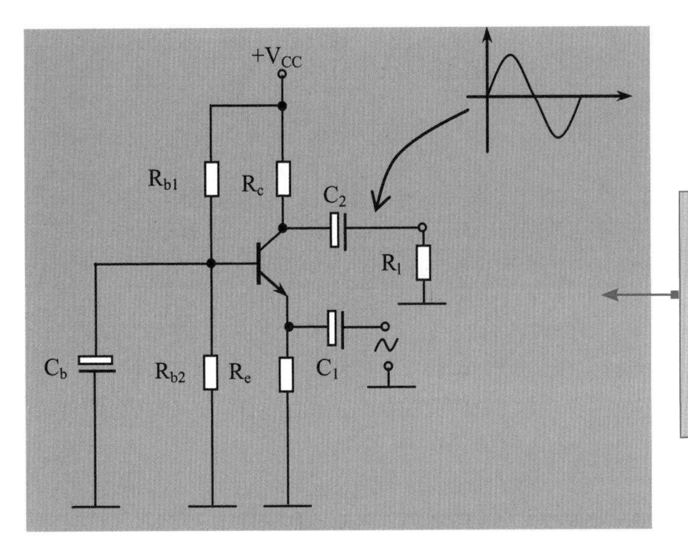

共基极放大电路的特点是：放大电路的基极由电容 C_b 接地，用以稳定基极电压。信号通过 C_1 由发射极输入，被放大了的信号从集电极经 C_2 输出。

图 11-15 共基极放大电路

11.3 多级放大电路

多级放大电路如图 11-16 所示。

（1）多级放大电路是由若干个单级放大电路串联起来构成的。单级放大电路的放大倍数不大，一般不超过 200，在实际应用的电子设备中，放大倍数往往要高达成千上万，这样单级放大电路就不能胜任，需要把若干个单级放大电路串联起来构成多级放大电路。

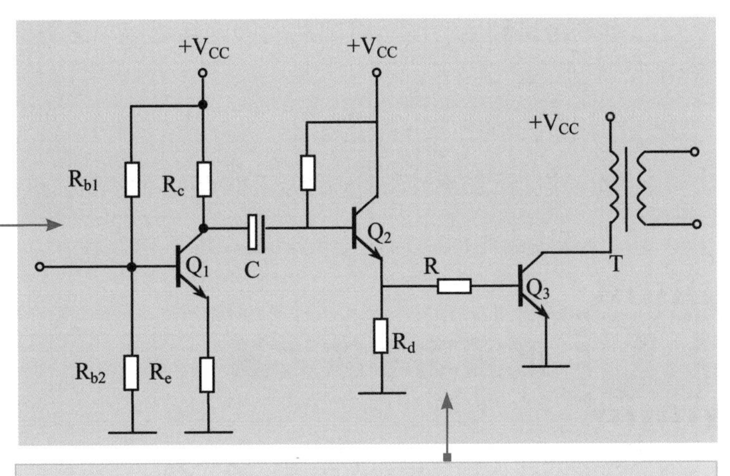

（2）信号在 Q_1 和 Q_2 二级放大电路间通过电容器 C 传递；信号在 Q_2 与 Q_3 二级间通过电阻 R 传递；经 Q_3 放大的信号由变压器 T 输送到下级。

图 11-16 多级放大电路

信号在多级放大器之间的传递称为耦合，耦合的方式有阻容耦合、直接耦合、变压器耦合三种方式，下面逐一介绍其特点。

1. 阻容耦合

阻容耦合就是用电容、电阻将前后两级放大器连接起来，如图 11-16 中 Q_1 与 Q_2 之间的电容 C。

阻容耦合的特点如下：

（1）前后两级工作点互不影响，方便检修。

（2）由于电容对低频信号的衰减大，不适合传送变化缓慢的信号。

（3）由于电容的体积较大，不能集成化。

2. 直接耦合

直接耦合就是将前级与后级直接连接或中间串联一个小阻值电阻，如图 11-16 中 Q_2 和 Q_3 之间的电阻 R（很多电路不用电阻）。

直接耦合的特点如下：

（1）元器件少，便于集成。

（2）前后级工作点互相影响，任一级有问题，整个电路工作点都将发生变化。易产生“零漂”。“零漂”就是输入级短路（无信号输入）时，输出端直流电位出现缓慢变化。“零漂”对放大电路非常有害。

3. 变压器耦合

变压器耦合是利用变压器将前后两级连接起来，信号通过变压器在两级之间传送，如图 11-16 中的 T。

变压器耦合的特点如下：

（1）能够进行阻抗变换，前后级工作点互不影响；这是它的最大优点。

（2）但变压器体积稍大，不能集成，频率特性差。

低频功率放大器

前面介绍的放大器，一般属于电压放大器，任务是将微弱的信号进行电压放大。输入和输出的电压电流都比较小，不能直接驱动功率较大的设备。这就要在放大器的末级增加功率放大器。功率放大器的任务是放大信号的功率（电压和电流都要放大）。因此属于大信号放大器。

在本节中，我们介绍电子设备中常用的几种功率放大器。

11.4.1　双电源互补对称功率放大器（OCL 电路）

双电源互补对称功率放大器（OCL 电路）的电路组成如图 11-17 所示。

（1）该电路主要由 Q_1（NPN 型）和 Q_2（PNP 型）及负载构成，采用正、负相等的两组电源供电，信号为 U_i，从两管的基极输入，负载为 R_l，Q_1 又称为上功率管，Q_2 称为下功率输出管。

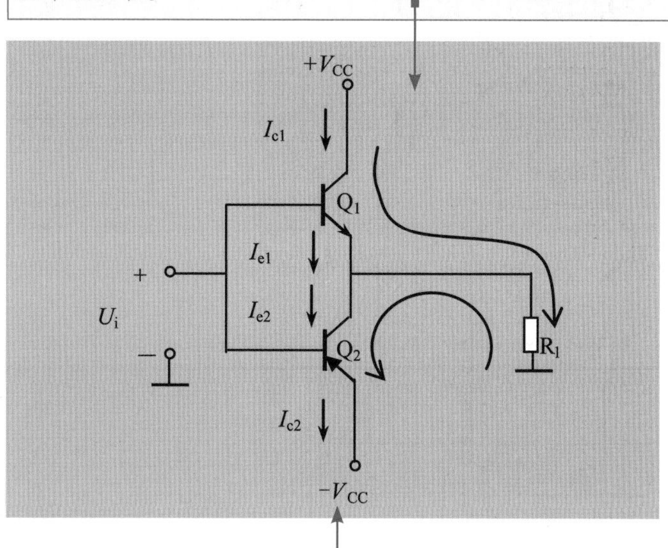

（2）双电源互补对称功率放大器的工作原理为：当信号电压为正半周时，Q_1 正向导通，Q_2 截止。V_{CC} 通过 Q_1 的 c–e 结，流过负载，在负载上得到放大了的正半周信号；当信号电压为负半周时，Q_1 截止，Q_2 正向导通，$-V_{CC}$ 通过负载 Q_2 的 e–c 结到负电源，在负载上得到放大了的负半周信号，正负半周信号在负载上合成为全波。两管交替工作，互为补充，所以该电路称为互补对称电路。这种电路输出功率大，效率高，应用广。在显示器中主要用在场输出集成电路、平行四边形校正电路中。

图 11-17　双电源互补对称功率放大器原理图

11.4.2　单电源互补对称功率放大器（OTL 电路）

由于 OCL 电路需要两个电源，在某些场合使用不便，为此，可采用单电源供电的互补对称功放电路，又称 OTL 电路。

图 11-18 所示为单电源互补对称功率放大器电路原理图。

该电路存在动态范围小、最大输出电压幅值不够的问题。当 Q_3 集电极电压升高时，Q_1 因基极电位升高而导通，导通越强，中点电压升上越多，这样会使正偏电压 V_{BE1} 下降，Q_1 动态范围变小，最大输出电压偏小。解决办法是增加一个自举电容 C_2 和电阻 R_5。图 11-19 所示为增加电容和电阻后的单电源互补对称功率放大器（OTL）电路原理图。

（1）图中，Q_3 为前置放大管，Q_1、Q_2 组成互补对称输出级，VD_1、VD_2 提供偏置，并有温度补偿作用。C_1 为信号输入耦合电容，C_L 为输出耦合电容。R_1、R_2、R_3 提供偏置。A 点为功放中点，其正常工作电压为 $1/2V_{CC}$，C_L 容量很大，相当于一个 $1/2V_{CC}$ 的电源。

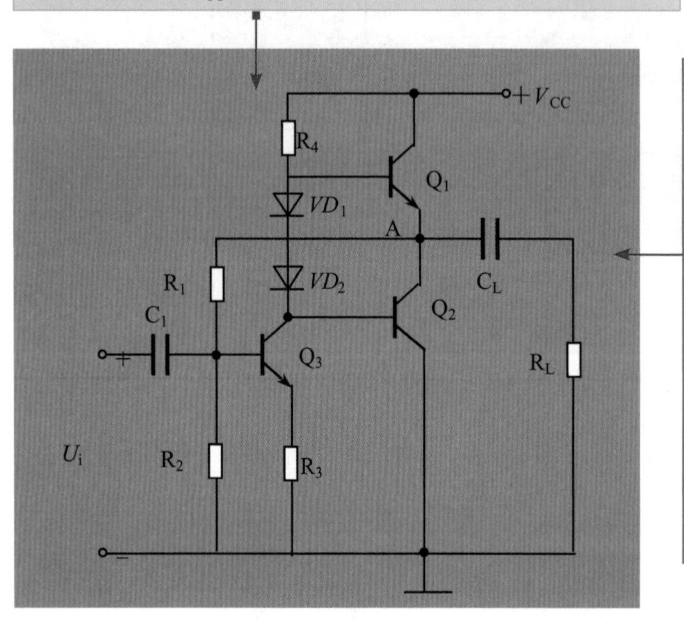

（2）单电源互补对称功率放大器（OTL）电路的工作原理是：在 U_i 的负半周，Q_3 导通程度减弱，其集电极电压升高。引起 Q_1 导通加强，Q_2 截止，V_{CC} 经过 Q_1、R_L 对 C_L 充电，其充电电流在负载 R_L 上产生自上而下的电流（i_{C1}），在负载上形成输出电压 U_O 正半周。同时，电容 C_L 被充上了左正右负的电压；在 U_i 的正半周，Q_3 导通程度增大，Q_1 截止，Q_2 导通，C_L 上的电压经 Q_2、R_L 放电，其放电电流在负载 R_L 上产生自下而上的电流（i_{C2}），在负载上形成输出电压 U_O 负半周。其结果在负载上得到放大了的输出信号 U_O。

图 11-18　单电源互补对称功率放大器（OTL）电路原理图

加入 C_2 后，由于其容量较大，其两端电压可视为不变。当 Q_1 导通使中点电压升高时，C_2 正极电压也跟着升高，使 Q_1 基极电位升高而获得正常偏压，保证了 Q_1 的大电流输出。电阻 R_5 为隔离电阻，将电源与隔开，使 C_2 上自举的电压不被电源吸收。正是因为加入电容 C_2 和电阻 R_5 后使 Q_1 基极电位自动升高获得正常偏压，所以，电容 C_2 和电阻 R_5 组成的电路又称为自举电路，C_2 称为自举升压电容。该电路被广泛应用在显示器、彩电场输出电路及各种音频功率放大电路。

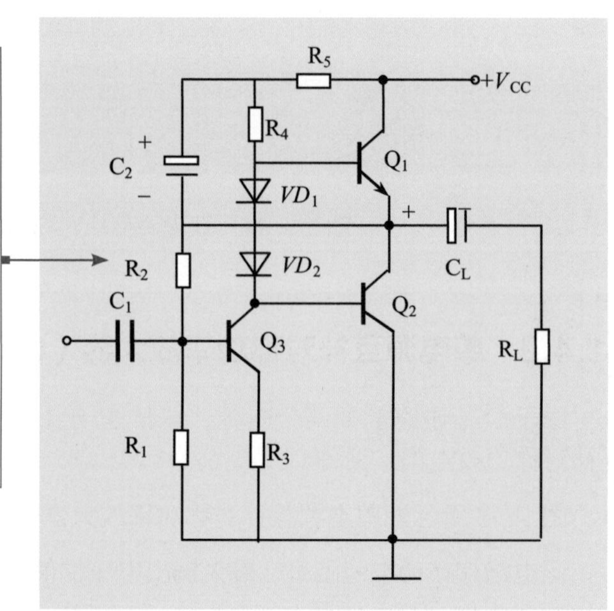

图 11-19　增加电容和电阻后的单电源互补对称功率放大器电路原理图

11.4.3　单电源互补对称功率放大器电路故障检修

单电源互补对称功率放大器电路应用极为普遍，下面对该功率放大器的检修进行简单介绍。常见故障现象为：中点电压不正常。

易损坏元件主要有：上功率输出管和下功率输出管及自举升压电容 C_2。

OTL 电路与 OCL 电路都是直接耦合，直流工作点互相影响，电路中任何一个元件发生故障都会使中点电压不正常。

单电源互补对称功率放大器电路故障检修方法为：在加电情况下检测中点电压。如电压不正常，说明电路中有损坏的元件，需要断电，用检测电阻法逐个检查电路的每个元件。

稳压电路

电子设备要正常工作，都需要稳定的直流电源。一般通过整流滤波后得到的电压仍呈为不稳定的三角波形，会随着电网电压产生波动，同时电子设备工作时负载电流变化及受温度等影响而变化，都会引起输出电压不稳定。为了解决这个问题，就要配置专门的直流稳压电源。图 11-20 所示为直流稳压电源。

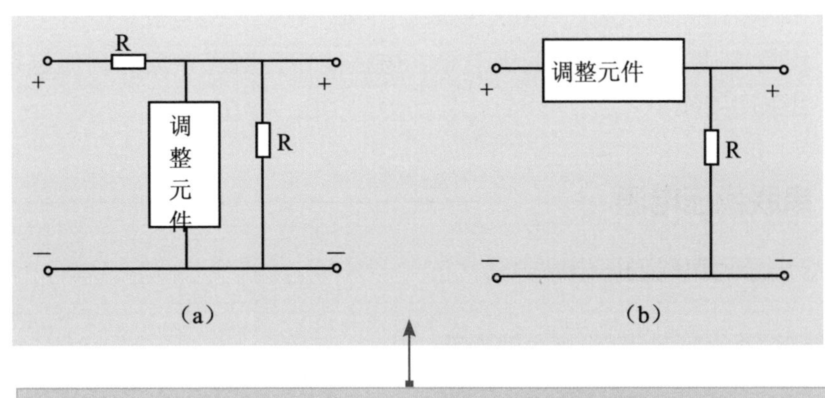

稳压电源电路的形式主要有两种：一种是并联型，调整元件与负载并联如图(a)所示；另一种是串联型，调整元件与负载串联如图(b)所示。

图 11-20　稳压电路的两种形式

11.5.1　稳压二极管构成的稳压电路

稳压二极管作调整元件构成的稳压电路如图 11-21 所示。

电路中调整元件采用硅稳压二极管，供电电压用电阻 R 限流后，在负载上并联稳压二极管。输出的稳定电压由稳压管的稳压值决定。

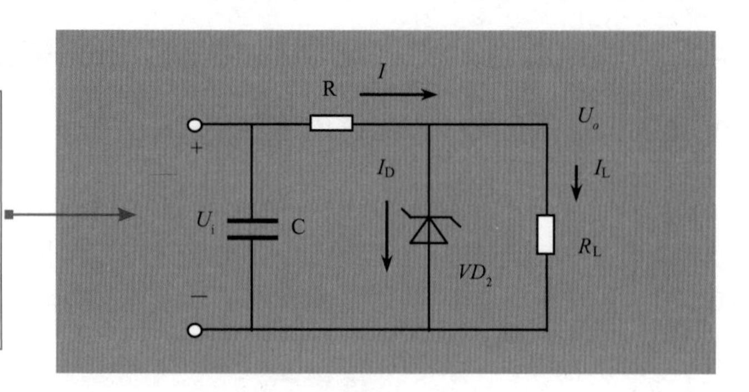

图 11-21　稳压二极管构成的稳压电源

下面分几种情况分析稳压二极管构成的稳压电路工作过程。

（1）负载电流不变，输入电压变高时的稳压过程。

当输入电压升高时，输出电压也略增加，稳压管的工作电流（I_D）将增加，使流过限流电阻 R 的电流也增大，同时电阻 R 上电压降也增大，而输出电压 $U_o=U_i-U_R$，U_R 增加，U_o 必减小，从而保持输出电压 U_o 基本不变。

（2）输入电压不变，负载电流变化时的稳压过程。

当负载电流增大时，在 R 上的压降增大，引起输出电压 U_o 下降，稳压管的工作电流 I_D 下降，最后使通过 R 的电流基本不变。

稳压二极管构成的稳压电路的优点是：电路简单，稳压效果好，但是输出电压值不能调整，且输出电流小。

11.5.2　串联稳压电源

图 11-22 所示为串联稳压电源电路。

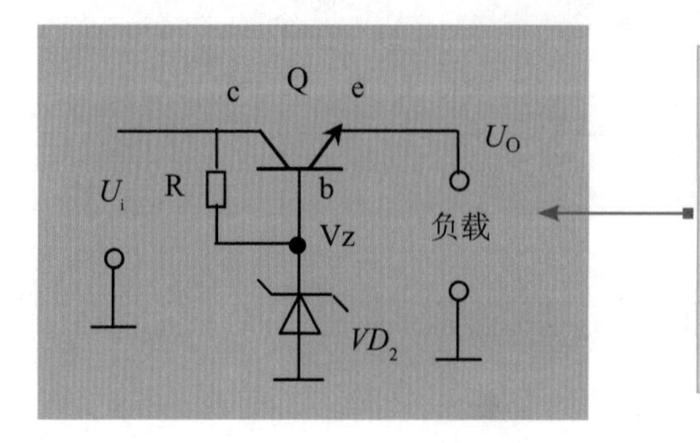

由三极管 Q、电阻 R、稳压二极管 VD_2 稳压电源。U_i 为输入电压，U_o 为输出电压。电阻为稳压二极管提供基础电流，稳压二极管提供基准电压 V_z，三极管 Q 为调整元件。从电路中，可以看出：$U_o=U_i-U_{ce}$，$U_o=V_z-U_{be}$

图 11-22　简单串联稳压电源

若输入电压 U_i 升高时，可能会引起输出电压升高，稳压电源电路将通过自动调整，使输出电压降低，达到稳定输出电压。简述如下：当 U_o 升高时，根据 $U_o = V_z - U_{be}$，V_z 不变，因此 U_{be} 下降，又根据三极管的特性，U_{be} 降低使三极管基极电流 I_b 减小，三极管导通程度降低，I_c 减小，使 U_{ce} 升高。根据 $U_o = U_i - U_{ce}$ 可知，U_o 也将降低，从而使输出电压稳定。其稳压控制过程可简述如下：

$$U_i\uparrow \rightarrow U_o\uparrow \rightarrow U_{be}\downarrow \rightarrow I_b \rightarrow I_c\downarrow \rightarrow U_{ce}\uparrow \rightarrow U_o\downarrow$$

从而使输出电压稳定。

相反，当输入电压降低时，输出电压可能降低，其稳压控制过程与上述相反。

当负载变重时，会引起输出电压降低；当负载减轻时又会使输出电压有所升高。同样，稳压电源都会通过自动调整使输出电压得到稳定。

从稳压过程可看出，稳压电源由以下几部分组成：取样环节、基准电压源、比较环节及调整环节等。输出电压 U_o 被用作样品（取样），与基准电压（V_z）比较，产生的误差就是 U_{be}，三极管 Q 根据误差电压调整导通程度（改变输出电流），使输出电压稳定。

11.5.3　具有放大环节的稳压电源

具有放大环节的稳压电源如图 11-23 所示。

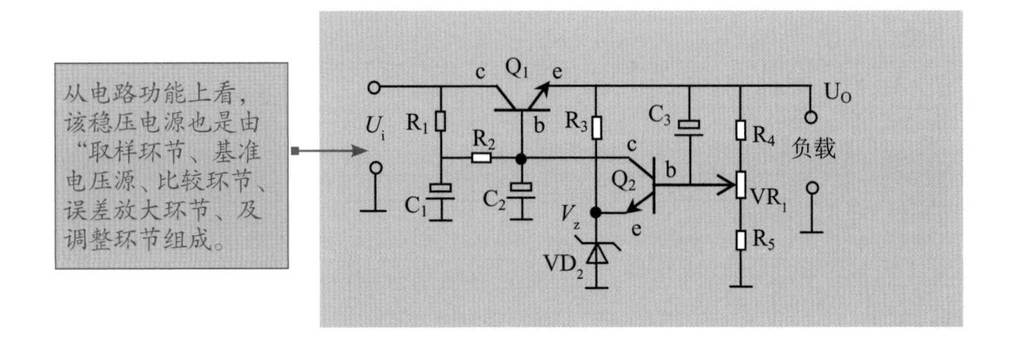

图 11-23　具有放大环节的稳压电源

1. 各环节分析

（1）取样环节。

取样环节由电阻 R_3、V_{R1} 及电阻 R_4 组成。取样环节对输出电压分压，在 V_{R1} 的中间端获得样品电压，加到三极管 Q_2 的基极。该电压与输出电压成比例，即：

$$U_{b2} = \frac{(R_4+V_{R1下})\times Uo}{Rü+V_R+R}$$

（2）基准电压源。

电阻 R_2 为稳压二极管 VDz 提供基础电流，稳压二极管为电路提供基准电压 Vz。

（3）比较放大环节。

样品电压 U_b 经三极管 Q_2 的 B-E 结与基准电压 V_z 相比较，产生误差电压 U_{be}。误差电压被三极管 Q_2 放大，其导通程度受 U_{be} 控制，流过 Q_2 的集电极电流发生改变（U_{ce} 改变）。

（4）调整环节。

调整电路由三极管 Q_1 组成。通过控制 Q_1 的基极电流，进而改变 Q_1 的集电极电流，调整 U_{ce} 使输出电压得到控制。

提示：$\frac{R_4+V_{R1下}}{R_3+V_{R1}+R_4}$称为分压比，用 n 表示。$U_b=V_z+U_{be}$（Q_2），因 V_z 远远大于 U_{b2} 忽略不计，则输出电压 $U_o=\frac{Vz}{n}$。

2. 稳压控制过程

设负载变重，引起输出电压降低。当输出电压 U_o 降低时，样品电压 U_b 与 U_o 成比例降低，经 Q_2 的 B-E 结与基准电压 V_z 相比较，因 $U_b = V_z+U_{be}$，产生的误差电压 U_{be} 必将减小。减小的 U_{be} 使误差放大三极管 Q_2 的基极电流 Ib 减小，引起 Q_2 集电极电流 Ic 变小（U_{ce} 增大），输入电压 Ui 流经 R_1 进入三极管 Q_1 的基极电流被 Q_2 集电极电流分流减少，Q_2 基极电压升高，使 Q_2 集电极电流增大，U_{ce} 减小，根据 $U_o = U_i - Uce$，输出电压 U_o 将升高，结果输出电压被调整升高，弥补负载变重引起的下降，从而使输出电压得以稳定不变。这一过程可简述如下：

负载重 U_o 降低 $\to U_b(Q_1)\downarrow\to U_{be}(Q_1)\downarrow\to I_b(Q_1)\downarrow\to I_c(Q_1)\downarrow\to U_{ce}(Q_1)\uparrow\to U_b(Q_2)\uparrow\to I_b(Q_2)\uparrow\to I_c(Q_2)\uparrow\to U_{ce}(Q_2)\downarrow\to U_o\uparrow$。

相反，负载变轻引起输出电压升高时的稳压控制过程与上述相反。

11.6 开关电路

11.6.1 三极管的三种工作状态

前面介绍了三极管构成的放大电路，在实际应用中，三极管除了用作放大器外（在放大区），三极管还有两种工作状态，即饱和状态与截止状态。

1. 饱和状态

所谓饱和，就是指当三极管的基极（I_b）电流达到某一值后，三极管的基极电流无论怎样变化，集电极电流不再增大，达到最大值，这时三极管就处于饱和状态。

三极管的饱和状态以三极管集电极电流来表示，但测量三极管的电流很不方便。可以通过测量三极管的 U_{be} 电压及 U_{CE} 电压来判断三极管是否进入饱和状态。

当 U_{be} 略大于 0.7 V 后，无论 U_{be} 怎样变化，三极管的 Ic 将不能再增大。此时三极管内（R_{CE}）阻很小，U_{ce} 低于 0.1 V，这种状态称为饱和。三极管在饱和时的 U_{ce} 称为饱和压降。当在维修过程中测量到 U_{be} 在 0.7 V 左右、而 U_{CE} 低于 0.1 V 时，就可以知道三极管处在饱和状态。

三极管的三个工作状态对于维修来说具有很重要的指导意义，请读者认真领会。

2. 截止状态

所谓截止，就是三极管在工作时，集电极电流始终为 0，接近于无穷大。此时，集电极与发射极间电压 (U_{CE}) 接近电源电压。

对于 NPN 型硅三极管来说，当 U_{be} 为 0~0.5 V 时，I_b 很小，无论 I_b 怎样变化 Ic 都为 0。此时，三极管的内阻（R_{CE}）很大，三极管截止。

当在维修过程中测量到 U_{be} 低于 0.5 V 或 U_{CE} 接近电源电压时，就可以知道三极管处在截止状态。

3. 放大状态

当 U_{be} 为 0.5~0.7 V 时，U_{be} 的微小变化就能引起 I_b 的较大变化，I_b 随着 U_{be} 基本呈线性变化，从而引起 I_c 的较大变化 $I_c=\beta\times I_b$。这时三极管处于放大状态，此时，集电极与发射极间电阻（R_{CE}）随 U_{be} 可变。当在维修过程中测量到 U_{be} 为 0.5~0.7 V 时，就可以知道三极管处在放大状态。

11.6.2　三极管构成的开关电路

三极管构成的开关电路是把三极管的截止与饱和当作机械开关的“开和关”来使用。当三极管在截止时，集电极电流为0，相当于开关“断开”；而在饱和时，由于饱和压降很小，相当于开关的“接通”。因此，三极管广泛用作开关器件，主要是用在数字电路中。

图 11-24 所示为三极管构成的开关电路原理图。

当三极管接通 U_1 信号时，U_1 为上负下正，在输入电路中，三极管因 b-e 结反偏而截止，三极管处于截止，此时 $I_b = 0$，$I_c = 0$，$U_{ce} = U_o = V_{CC}$。三极管的三个电极间相当于开路，等效于图（b）。

当三极管输入正极性信号 U_2 时，三极管处于饱和状态，流过三极管的基极电流不小于基极临界饱和基极电流，集电极电流不随 I_b 变化；U_{ce} 一般低于 0.1 V。c、e 二极近似短路。等效于图（c），可见三极管相当于一个由基极电流控制的无触点开关。截止时相当于断开，饱和时相当于闭合。

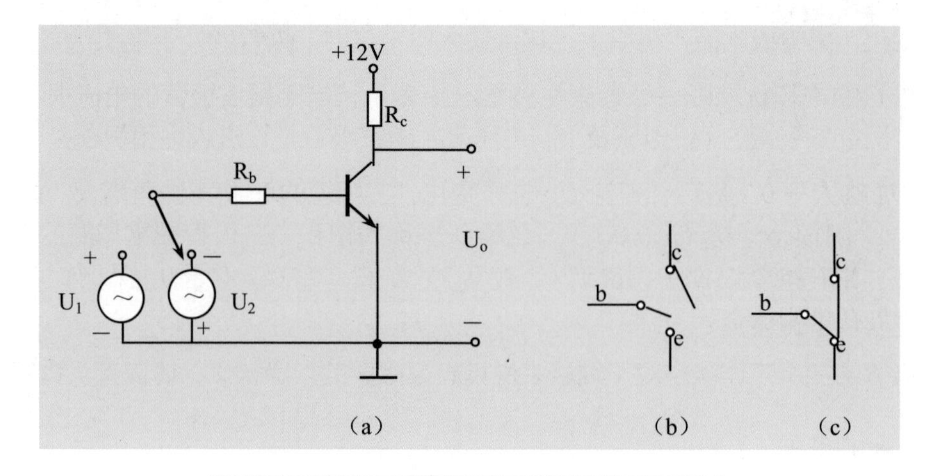

图 11-24　三极管构成的开关电路

当三极管用作开关来使用时，三极管从截止到饱和的过程需要一定时间，尽管用时很短。在维修代换管子时一定要注意管子的开关参数，如行输出电路中的行输出管对管子的开关时间要求就要高一些。为了加速三极管的开关速度，常在开关电路中的 R_1 上并接一个电容 C_1，这个电容称为加速电容，如图 11-25 中的电容 C_1。

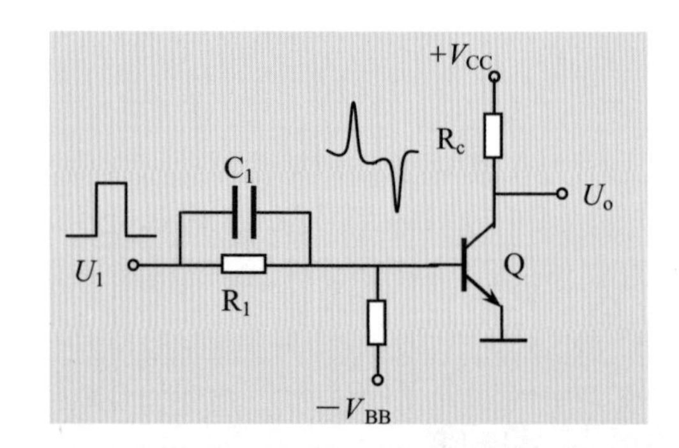

图 11-25　三极管开关电路中的加速电容

场效应管有比普通三极管更好的特性，被大量用在数字电路中。这里不再举例。